寒区河道采砂管理
关键技术与实践

陆　超　黄　鹤　贺石良　胡春媛　主编

黄河水利出版社

·郑州·

图书在版编目（CIP）数据

寒区河道采砂管理关键技术与实践／陆超等主编
. —郑州：黄河水利出版社，2024.5
ISBN 978-7-5509-3887-8

Ⅰ.①寒… Ⅱ.①陆… Ⅲ.①寒冷地区-河道-砂矿
开采-管理 Ⅳ.①TD806

中国国家版本馆 CIP 数据核字（2024）第 105623 号

组稿编辑：王志宽　电话：0371-66024331　E-mail：278773941@qq.com

责任编辑	郭　琼	责任校对	鲁　宁
封面设计	张心怡	责任监制	常红昕

出版发行　黄河水利出版社
　　　　　地址：河南省郑州市顺河路 49 号　邮政编码：450003
　　　　　网址：www.yrcp.com　E-mail：hhslcbs@126.com
　　　　　发行部电话：0371-66020550
承印单位　河南新华印刷集团有限公司
开　　本　787 mm×1 092 mm　1/16
印　　张　23.75
字　　数　550 千字
版次印次　2024 年 5 月第 1 版　　　　2024 年 5 月第 1 次印刷
定　　价　198.00 元

《寒区河道采砂管理关键技术与实践》

编委会

前　言

　　河道砂石资源是河床的组成部分和重要建筑材料。在保证河道防洪及生态安全、维护河势稳定等特定条件下，通过科学规划、有效监管，科学挖掘河砂潜力，积极盘活河砂存量，合理开发利用河道砂石资源，对于缓解建筑市场供需矛盾、促进经济社会高质量发展意义重大。为科学指导河道采砂，防止无序开采、滥采乱挖等行为影响河道防洪安全和河流生态健康，必须对其实施规范化管理。

　　建设社会主义生态文明是全面推进社会主义现代化建设的重要组成部分，是实现中华民族伟大复兴的必然选择，经济发展不能以牺牲环境为代价，要始终将生态文明建设摆在重要位置上。这既是人民群众的热切期盼，也与中华民族的永续发展有着密切联系。加强和规范河道采砂管理是保护江河湖泊的重要举措，也是生态文明建设中不可或缺的关键环节。为进一步加强河道采砂管理工作，水利部于 2019 年颁布了《水利部关于河道采砂管理工作的指导意见》，对落实采砂管理责任、强化规划约束、严格许可管理、加强监管执法等做出明确规定，提出了以河长制、湖长制为平台，建立完善河道采砂管理机制，加强日常监督巡查，严厉打击非法采砂，强化监管能力建设等治理意见。在此背景下，松辽水利委员会流域规划与政策研究中心依托多年来在河道采砂规划和管理领域的业务实践和探索，开展了寒区河道采砂管理机制及关键技术研究，对发挥好河道砂石的资源功能、服务经济社会发展和维护生态系统安全具有十分重要的理论和现实意义。

　　本书以我国平原和高原寒区的典型河流流域为研究对象，基于河长制及河道采砂关键技术研究，统筹兼顾多目标和各方面关系，以维护河势稳定、防洪安全、供水安全、生态安全、通航安全以及沿河涉水工程和设施正常运用为前提，综合利用空间地理信息系统、物联网、大数据等多种技术手段，通过科学分析泥沙补给、河势演变、形势任务及采砂控制条件，提出可采区禁采期、采砂控制高程确定的适用性原则，科学划定采砂分区及合理分配采砂总量，明确管理要求及监管措施，并结合实际案例，对河道应急疏浚、采砂规划可采区调整等进行典型案例剖析示范，为指导我国寒区类似河流的河道砂石资源合理开发利用、全过程监督管理以及河道疏浚等工作提供科学依据和样例参考。

　　本书在编写过程中历经数稿，最终成书。陆超、黄鹤、贺石良、胡春媛负责本书的统稿,其中陆超、黄鹤、孙钰峰编写第 1 章、第 2 章、第 5 章,贺石良、胡春嫒编写第 4 章、第 10 章,甲宗霞、苗添升、刘金锋、崔力谨编写第 3 章、第 6 章,崔丽艳、董丽丹、张盾编写第 7 章、第 9 章,侯琳、吴博、王瑞敏编写第 8 章、第 11 章。

　　尽管编写组力争使本书无论在内容上,还是编排上都科学、清晰和完善,但由于自身水平和学识有限,还受掌握资料限制,错误和不足在所难免,敬请广大读者和同行批评指正。

松辽水利委员会流域规划与政策研究中心编写组
2024 年 1 月

目　录

第 1 章 绪 论

1.1　河道砂石的成因和利用

1.1.1　河道砂石的成因

河道砂石(简称河砂)是自然生成的。它有两条生成路径,其一是河岸上裸露的岩石,经阳光、风雨霜冻等自然因素和人为因素的共同作用分化成细小颗粒(砂石),其在地表径流的挟带下进入河道,受河道流速、流量等因素变化影响,粒径不同的砂石及泥沙分别沉积在不同的河段上,便形成了天然的河砂;其二是河道内的天然石在自然状态下,经水的作用力长时间反复冲撞、摩擦而产生的细小颗粒,沉积在河道上,形成了天然的河砂。

1.1.2　河道砂石的分类和运移

河砂按照运动方式可分为悬移质、推移质和河床质。悬移质是指悬浮在河道流水中、随流水向下移动的较细的泥沙,即在搬运介质(流体)中,由于紊流使之远离床面在水中呈悬浮方式进行搬运的碎屑物,悬移质通常是黏土、粉砂和细砂。推移质是指在水流中沿河底滚动、移动、跳跃或以层移方式运动的泥沙颗粒,在运动过程中与床面泥沙(简称床沙)之间经常进行交换。河床质又称床沙,指组成河床表面的泥沙,它与悬移质中较粗的部分不断进行交换,由于各河段的水力条件不同,各河段的河床质组成互不相同,同一河段不同时刻的河床质组成也不相同。

河道中的推移质泥沙在河床表面推移具有明显的输移带,其位置和宽度取决于流量的大小、主流线位置和近底环流的强弱等因素。一般说来,弯道的凸岸边滩、江心洲滩(碛坝)、江心洲的头部和尾部等都是推移质泥沙和悬移质泥沙堆积的部位,构成位置相对固定的成形堆积体,其泥沙粒径的组成视不同河段而异。推移质通常可划分为沙质推移质和卵石推移质两种,沙质推移质多出现在冲积平原由中细砂(也包括少量粗砂)组成的河床上,卵石推移质多出现在山区由卵石(也包括少量岩石及粗砂)组成的河床上。

山区性河流河岸边界多受基岩山体控制,不易变形,河道水流严格受河床形态的制约,所以山区性河流卵石推移质的输移及堆积规律主要受制于河床边界条件。由于形态较为复杂,同一流量在不同过水断面或同一过水断面在不同流量下,因受峡谷、险滩阻水影响,流速流态的变化十分剧烈。在水流湍急之处,卵石输移量大;而在水流平稳之处,卵石输移强度弱。在高水期,峡谷河道泄流不畅,起壅水作用,峡谷上游水面坡降急剧减小,流速降低,大量卵石、粗砂在峡谷前宽谷河段内淤积。汛后,随着流量的减小,峡谷的壅水作用逐渐消失,上游水面比降加大,流速增加,汛期沉积下来的卵石、粗砂受冲下移,俗称"秋后走砂"。相反,在峡谷河段枯水期水流平稳,上游宽谷河段输移的卵石大多在此停歇,在汛期峡谷的卵石再向下游输移。所以,山区性河流的卵石输移表现出很强的间歇性,其规律是汛期卵石从峡谷河段搬运到其下游的宽谷河段,并停滞下来,待汛后水位退落,水流归槽,再由宽谷河段搬运到下游的峡谷河段。如此循环往复,实现卵石的长距离输移。

平原区河道逐渐开阔,水流流速变缓,搬运能力逐渐下降,以悬移质运移为主要途径,沉积泥沙粒径较小,多为中砂、中细砂、细砂等。

1.1.3　河道砂石的属性

河道砂石是重要的自然资源,具备自然资源属性和工程属性。

1.1.3.1　自然资源属性

河道砂石具有一般自然资源的有效/用性、可控制性和稀缺性等属性。

(1)河道砂石的有效/用性。河道砂石可广泛应用于吹填造地建筑工程和堤防工程加固等,其中直径在 0.1~20 mm 的砂石是极具经济价值的建筑材料。

(2)河道砂石的可控制性。河道砂石给人们带来福利的同时,在某些场合也表现出一些消极的影响。如会使河床抬高,影响通航或河势稳定等。但这些均是通过工程措施或非工程措施进行控制的。

(3)河道砂石的稀缺性。这种稀缺性表现为两方面:一是随着上游水土保持工程的实施和水库工程的修建,河道砂石的来量在减少,如长江三峡水库工程建成运行后,长江中下游的砂石来量仅为原来的1/3;二是随着工程建设规模的扩大,或大规模工程建设的持续,高强度用砂量的存在,使得河道砂石稀缺程度进一步加剧。

1.1.3.2　工程属性

河道砂石不仅是一种自然资源,还是河床的重要组成部分,是维持河势稳定,以及保证完成河道输水、行洪和通航等基本任务的物质基础。

(1)治理河道需要河道砂石的支持。河道在运行过程中,受多种因素的干扰,经常出现局部河段岸被冲,并出现危及堤防安全的风险。在这种情况下,一种工程措施就是在被冲河段上游修建丁坝或潜坝,将主流挑离被冲岸段,并让该岸段附近形成砂石淤积区,以维护该河段岸坡稳定,并确保堤防安全。

(2)维护河道的基本功能,要求有砂石组成稳定的河床。输送水资源是河道的基本功能之一。河道砂石过度开采,会引发河床和相应水位下降,直接影响河道正常的输水功能。

(3)河道采砂的不可观察性及其监管的复杂性。河道采砂一般以船为作业平台,属于水下流动作业,采挖深度和边界难以直接观察到。因此,采砂工程实践中,超深度、超范围开采屡见不鲜,控制该超采的困难较大,并十分复杂。

1.1.4　河道砂石的利用

河道砂石具有表面光滑、粒度好、颗粒圆滑、整体级配相对较好等优点,是建筑、河道整治等行业用砂的主要砂石来源。河道砂石的利用可分别从社会效益和砂石料用途方面来分类。

1.1.4.1　社会效益方面的河砂利用分类

(1)兴利:水利水电工程(如吹填固基、整修堤防、修筑土石坝等)建设。
(2)建筑用料:吹填造地(包括填充路基、地基等)。
(3)除害:河道整治,港航疏浚,取排水口疏浚。

1.1.4.2　砂石料用途方面的河砂利用分类

(1)工程性采砂:水利水电工程(如土石坝等)建设。
(2)公益性采砂:吹填固基,河道整治,港航疏浚,取排水口疏浚,吹填造地。
(3)经营性采砂:建筑用料,建筑混凝土、胶凝材料、筑路材料、人造大理石、水泥物理性能检验材料等,还可应用于铸造、锻造、冶金、热处理、钢结构、集装箱、船舶、矿山等领域。

1.2　河道采砂及其发展

河道采砂是指在河道、湖泊、人工水道、行洪区、蓄洪区、滞洪区等范围内开采砂石、取土等行为。

由于经济社会发展的需要,人们对河流及其相关资源的开发利用越发广泛,其中对河道砂石资源的开采利用由来已久。20 世纪 80 年代中后期,随着我国经济的起飞,大规模基础设施建设的启动,以及随后城市化的发展,对砂石资源的需求激增,而将河道砂石用于建筑工程具有质优、价廉的特点,规模渐大的机械式采砂遍及各地大中小河流。在当初情形下,河道采砂监管缺位,而且从事河道采砂技术要求低,也不需大量资金投入。这成了沿江、沿河一些人发财致富的门路之一。20 世纪 90 年代初,在河砂开采的暴利驱使下,各种采砂船蜂拥而至,滥采乱挖现象随处可见,导致一些河段的河床、滩岸和涉水工程设施及生态环境受到破坏和损毁,海损事故频发,河道防洪和通航安全受到极大威胁,同时引发采砂纠纷甚至暴力冲突,影响社会治安稳定,还造成国有资产的大量流失等一系列问题。

河道采砂的发展,不仅体现在采砂人员、采砂船数量的增加,还体现在采砂设备功率的提升及采砂用船吨位的增加。大规模采砂初期,河道采砂使用的基本是抓斗式、链斗式、抽吸式等采砂机械,在市场对砂石的需求和利润的驱使下,这些设备越来越不能满足需求,从而催生各类采砂机具不断升级换代,其功率也不断提升。

国家出台的《中华人民共和国河道管理条例》为加强河道管理,保障防洪安全、供水安全,发挥江河湖泊的综合效益提供了重要支撑。

党的十八大以来,为深入贯彻落实习近平生态文明思想,进一步加强河道采砂管理,维护河势稳定,保障防洪安全、供水安全、通航安全、生态安全和重要基础设施安全,水利部印发了《水利部关于河道采砂管理工作的指导意见》,明确提出采砂规划是河道采砂管理的依据,是规范河道采砂活动的基础。为落实《水利部关于河道采砂管理工作的指导意见》,全国各流域开展了河道采砂管理规划的编制和实施,对指导流域河道采砂依法、科学、有序开展,强化河道采砂活动监管,保障河道防洪安全和生态安全方面起到了重要作用,河道采砂逐渐规范化。

1.3　河道采砂管理存在的问题

随着经济社会发展速度的加快,对砂石的需求量也越来越大。然而,河砂具有非完全可再生性,并非取之不尽、用之不竭,即当采砂速度超过新生河砂速度时,河砂供给量(输沙量)呈现递减趋势,易形成供需失衡的局面。我国长江、淮河、珠江等河道输沙量均受到采砂的影响。供需失衡又会推动砂价上涨,诱使更多人产生非法采砂行为,如未获许可进行开采的行为或已获许可但未按照规定要求进行合理开采的行为。据统计,约有70个国家或地区存在大规模的偷采盗采、过度采砂等非法采砂行为。非法采砂不仅不能获取公益性效益,反而会对生态环境保护造成极大威胁,如加剧耕地盐碱化、加大边坡不稳定性、影响水位变化、破坏水生态和河岸栖息地等。可见,采砂既有积极作用的一面,也有消极作用的一面。如何将消极作用转化为积极作用,需要科学有效的采砂管理。

通过多年管理实践发现,河道采砂管理存在的问题主要集中在以下方面:

(1)管理体制不顺,河道采砂管理"政出多门"。虽然国家有关法律、法规及部门规章等对河道采砂管理做出了一些原则性的规定,但涉及多个部门,形成了多头管理、多部门介入的局面。《中华人民共和国河道管理条例》第二十五条规定:在河道管理范围内采砂、取土、淘金、弃置砂石或者淤泥,必须报经河道主管机关批准;涉及其他部门的,由河道主管机关会同有关部门批准。《中华人民共和国水法》第三十九条规定:国家实行河道采砂许可制度。河道采砂许可制度实施办法,由国务院规定。在河道管理范围内采砂,影响河势稳定或者危及堤防安全的,有关县级以上人民政府水行政主管部门应当划定禁采区和规定禁采期,并予以公告。水利部、财政部、国家物价局据此联合颁布了《中华人民共和国河道采砂收费管理办法》,主要就河道采砂许可证、河道采砂管理费等做出了有关规定。但是,河道采砂的管理还涉及其他方面的法律、法规。如《中华人民共和国矿产资源法》及其实施细则,将河道砂石纳入矿产资源的范畴进行管理,对如何办理采矿许可证及矿产资源补偿费的征收工作做出了相应规定;同时,《中华人民共和国航道管理条例》《中华人民共和国内河交通安全管理条例》《中华人民共和国水上水下施工作业和活动通航安全管理规定》等则对航道的保护、采砂船舶办理水上水下施工作业许可证等有关事宜做出了相应规定。按照上述规定,河道采砂单位在办理河道采砂许可证、采矿许可证、水上水下施工作业许可证等相关手续后,方可进行采砂作业。但由于河道采砂作业直接涉及各部门的利益,所以管理中的协调、配合难度很大。河道采砂的单项活动需要由多个行政主管部门实行管理、实施许可,且只要有人愿意交费,便可轻易得到许可,易形成多家争利、责任不明的混乱局面。

(2)采砂管理立法滞后。《中华人民共和国水法》规定,国家实行河道采砂许可制度,河道采砂许可制度实施办法,由国务院规定。但相关办法未能及时出台。虽已有十几个省、直辖市出台了河道采砂管理地方性法规、规章,但各地的法规、规章依据不统一、不充分、不规范,且与《中华人民共和国水法》《中华人民共和国矿产资源法》对河道采砂管理的相关条款存在交叉现象,从而影响采砂管理工作的正常开展。同时,现有法律、法规对非法采砂活动的处罚方式及处罚力度还难以对其进行有效遏制,尚需进一步完善。

(3)一些地方对采砂管理工作认识不到位。由于对河道采砂的管理工作起步较晚,宣传力度不够,很多地方对采砂管理工作重视不够,对规范管理和科学规划的重要性认识不够,没有就河道采砂管理工作有效实行地方行政首长负责制,有的地方甚至还片面地大谈所谓“采砂经济”,并暗中支持和保护非法采砂活动,给采砂管理和执法工作带来很大难度。

(4)缺乏河道采砂规划。河道采砂管理不仅是政策性很强的管理工作,也是技术性很强的管理工作。从维护河势的稳定,满足防洪安全和通航安全,以及水生态环境的需要出发,制定服从流域综合规划和河道整治及航道整治等专业规划的河道采砂规划,是对河道采砂活动进行科学管理的必要手段。然而,在很多地方并没有对河道采砂进行科学规划,而主观臆断的选点采砂常带来诸多不良后果。

(5)采砂许可不规范。在河道采砂许可过程中,重利轻管,有的只管收费,谁给钱谁就可以采;有的甚至片面追求利益最大化,谁给钱最多就由谁来采;有的在许可过程中搞“暗箱操作”徇私舞弊。在对河砂进行规划许可时,须基于河道规划、时间及采砂影响三方面的限制合理划分禁采区、可采区、保留区以及确定采砂量,并择优选择采砂许可方式。

(6)监管不到位。河道采砂作业点一般比较分散,监督管理的落实是需要一定投入的。而在采砂许可证发放以后,一些地方没有有效开展必要的后续监管,任由采砂者肆意滥采乱挖。为有效应对非法采砂行为,可考虑采用行政处罚、刑事司法,以及寻找河砂替代品等手段。其中,行政处罚是刑事司法的基础;刑事司法围绕行政处罚展开,是行政处罚强有力的法律保障;寻找河砂替代品则是将河砂从用砂者、采砂者的目光中解放出来,从源头上规避非法采砂行为。

(7)管理队伍素质较低、能力较弱、手段较差,无法适应河道采砂长效管理的工作需要。为提高工作效率并优化采砂管理工作,有必要推进采砂管理的信息化建设,现有相关研究集中在利用信息化手段加强对现场的监控。如何更有效地利用新一代信息化技术进行采砂管理,提高管理效率,仍有待进一步开展研究工作。

1.4　面临的形势和任务

1.4.1　河道采砂管理事关人民群众的根本利益

河道非法采砂活动曾经在一些河段一度十分猖獗,由于滥采乱挖曾经造成河岸的崩塌、采运砂船云集航道发生船舶碰撞沉船、挖断和损坏水下过江电缆而影响邮电通信等事件,严重危及河势稳定、堤防安全、通航安全,甚至危及两岸人民群众的生命财产安全。为维护河势稳定,保障防洪安全和通航安全,依法科学管理河道采砂工作,要从贯彻落实科学发展观的高度来认识河道采砂管理工作,正确处理好个人利益和集体利益、单位利益和国家利益、局部利益和整体利益的关系,从维护广大人民群众根本利益的高度出发,充分调动广大采砂管理与执法人员的积极性,将各项措施落到实处,科学管理、有序利用河道砂石资源。

1.4.2　河道采砂管理事关沿岸地区的社会稳定

河道采砂涉及面广、影响范围大。历史上,一些省、直辖市际边界河段因采砂矛盾曾引发水事纠纷、安全事故等严重的社会治安问题,有些河段,双方群众因采砂问题多次发生冲突乃至械斗,影响了该地区的社会稳定。此外,由于非法采砂存在高额利润,个别地方私人非法采砂活动扰乱了治安秩序。同时,河道采砂禁采管理还涉及一些地方以采砂为生的企业生产经营问题和以采砂为主的群众的生产生计问题。为此,采砂问题引起了全社会的广泛关注,新闻媒体曾大量报道,中央领导也多次做出批示。近几年,通过不断加大管理力度,逐渐理顺管理体制,采砂管理秩序混乱的局面得到了一定的扭转。但各级水行政主管部门仍要进一步认识到河道采砂管理工作涉及各方利益,事关公共安全和社会稳定大局,必须从维护两岸经济发展和社会稳定的大局出发,在地方各级人民政府的领导下,积极协调处理好各种利益关系,维护沿江、沿河的社会稳定。对危及社会稳定和公共安全的非法采砂突发事件和其他违法事件,要建立应急处理机制,针对可能发生的突发事件,做好相应的预案。

1.4.3 河道采砂管理事关地方人民政府及其水行政主管部门依法履行职责

河道采砂管理工作的好坏,既反映了水行政主管部门的行政能力,也代表着人民政府依法行政的形象。在河道采砂管理工作中,各级水行政主管部门要依据《中华人民共和国行政许可法》《全面推进依法行政实施纲要》和有关法律、法规,坚持依法行政。要进一步制定和完善有关法规及标准,做到有法可依。各级水行政主管部门要在法律、法规框架范围内,研究制定具体的实施办法,如采砂许可证的审批发放办法、可采区现场监管办法、解禁后未取得许可证的采砂船只的管理办法等。要行政行为合法化,无论是许可证审批发放,还是现场监督管理,各级水行政主管部门都要符合职权法定的要求,做到行政主体、对象、程序、内容合法化。要特别注意避免行政行为的"越位""缺位""错位"问题,既不能行政不作为,也不能超过法定管理权限实施行政行为。

对非法采砂、违规偷采行为,既要保持高压严打的态势,做到违法必究、执法必严、绝不手软,又要做到依法执法、严格执法。加强监督,建立责任追究机制。要强化行政监督,自觉接受社会监督和舆论监督,做到有权必有责、用权受监督、侵权要赔偿;要建立责任追究制度,落实各项具体责任,把采砂善理的各项目标任务层层分解、落到实处。

第 2 章　国内外采砂管理经验做法

　　河道采砂对于一个国家或地区的经济发展具有重要作用。河道砂石是道路、建筑物的主要原材料,其开采和复垦程序简易,一直以来都是优质的工业材料。近年来,随着经济的发展,工程建设对砂石的需求量急剧增大,河道采砂带来了越来越多的环境问题,如侵蚀河床与河岸、影响行洪速度、影响地下水质量、影响河岸植被、破坏流域动物栖息地、破坏水生环境以及噪声、灰尘等危害。正是由于河道采砂的经济重要性和环境危害性,河道采砂逐渐成为管理部门的工作难点,世界上很多国家越来越重视对河道采砂的管理。

2.1　国外河道采砂管理经验做法

　　美国、英国、越南、印度都是河道砂石需求旺盛的国家,由于不同的政治、经济和法律制度,河道采砂管理在纵向与横向采用不同的管理模式。越南、印度等亚洲国家主要是因为经济落后,法律制度不健全,人们对于河道采砂认识不深刻。河道采砂成为其出口的重要矿产,在带来丰厚收入的同时,河流环境也遭到严重破坏。这些国家没有建立科学完备的制度体系,主要是出台一些限制河道砂石出口量与运输量等政策,效果也并不理想,本书只参考河道需求旺盛且管理规范的国家的经验。

2.1.1　国外采砂管理的主要模式

2.1.1.1　美国

　　美国实行中央(联邦)与地方共同管理方式。美国各州组成或加入时,就放弃了河流权属,同意可通航的河流属于公共财产,河流属于由各州托管的公共财产,包括河流高水位线之内的河床与河岸、地表的砂子、砾石和岩石。

　　河道采砂由中央(联邦)与地方州共同管理,但是中央与地方权限划分上却有所不同。美国联邦政府关于河道采砂与各州一直以来存在着矛盾,目前主要是联邦机构和州自然资源管理机构在全国各分域及河道上分区间实行共同管理。美国河道采砂的联邦政府管理机构主要有联邦美国陆军工程兵机构和国家环境保护局。1972 年,联邦《清洁水法》设定了一个向美国水域倾倒废弃物或挖掘的纲要。该纲要由美国陆军工程兵机构与国家环境保护局共同实施。陆军工程兵机构负责日常监管和许可检查,环境保护局监督纲要实施。纲要实施的基本原则是,如果有替代,选择可减轻对水体资源损害的替代品;对国家水域产生重大损害的,则不允许挖掘或倾倒物质。1989 年,《河流与海港法》定义了美国"可通水域"的范围。《清洁水法》又在该定义基础上界定了美国水域包括可通航河流的支流、洲际湿地、能影响洲际或外贸的湿地以及与其他水域毗邻的湿地。另外,环境保护局大力加强环境教育,培养公众的环保意识和责任感,并促使个人形成爱护环境的责任心。

在密苏里州,自然资源部土地复垦委员会是采矿活动的行政管理机关,代表州政府管理该州范围内所有地表矿的商业性开采,包括审批采砂申请、颁发采砂许可证、收取并管理土地复垦保证金以及对采矿作业进行监督管理。特别规定了河砂开采的范围、缓冲区、禁采区、禁采期,不得有迁移、裁弯取直、扩大、缩短以及其他任何改变河道的行为,还限定了开采作业对环境的破坏。对于被列为"突出重要的国家河流",禁止河道采砂;对于被列为"突出重要的州河流",在一定条件下许可河道采砂,但是自然资源部官员在许可证发放前会去现场勘查,而且在许可期间每年都会检查。土地复垦委员会必须与州其他相关部门合作,就河域的濒危物种生存或栖息环境问题进行协商咨询。土地复垦委员会、委员会局长或有关机构出示有效证件后,有权进入采矿现场检查,如果检查被拒或受到阻挠,可以采用搜查证。对于无证采砂或违法采砂的行为,由局长或局长代表发出违法通知限期改正,撤销或中止采矿许可。

2.1.1.2　英国

在英国大不列颠,砂石土建筑用矿多为私人土地所有人所有,因此砂石开采首先要通过契约等形式获得土地所有人的同意。此外,由于英国中央与地方直接缺乏行政隶属关系,英国地方政府实行自治,是立法与行政相结合的体制,是权力一元制,而非权力分立制。地方政府的核心就是地方政府的职责权限由议会立法确定,在法律范围内地方政府可自主行事,中央政府一般不做干预。关于河道采砂,中央对地方的监督与控制,主要是国务大臣发布规则、命令、规章,责成地方政府执行,中央政府通过法令条例确定规划体系的内容,各个地方规划的编制和执行依据法律框架规定的程序。制定规划政策指南、发布通告和发表部长声明构成主要的规划政策体系,但是,该规划政策体系只能导向地方开发规划的内容,对地方河道砂石规划的编制和执行并非具有强制性。河道采砂的申请许可、建立地区规划政策框架、砂石矿供应与环境管理的职能,主要是由郡议会实施,中央一级的社区与地方政府部只负责河道砂石的总体规划。

2.1.1.3　澳大利亚

澳大利亚实行的是大部制做法。澳大利亚河道砂石所有权属于各州政府,河砂开采主要由各州立法管理,州政府成立包括环境和水资源等部门作为河道采砂主管部门,通过招标拍卖的方式出售河道砂石的分配权。如澳大利亚昆士兰州于2009年3月26日成立了环境和资源管理部,由原先的自然资源和水资源部与原环境保护局合并而成,主要管理自然环境,应对气候变化,维护自然和文化遗产,有效保护土地和水资源,保障其可持续发展利用。河道砂石资源分配的招标拍卖、河流保护以及河道自然环境完整性、河道开采作业评估等,都由该部主管。澳大利亚新南威尔士州于2009年7月1日成立了环境、气候变化与水资源部,该部下设水资源局作为河道采砂的直接管理机构。河道开采作业前的许可审批、环境评估报告审批以及对开采作业的监督管理,都由该部负责。

2.1.2　国外采砂管理的经验总结

2.1.2.1　法规健全、产权明确

美国法律明确规定河砂属各州托管的公共财产,在英国大不列颠,砂石土建筑用矿多为私人土地所有人所有,因此砂石开采首先要通过契约等形式获得土地所有人的同意。联邦《清洁水法》设定了一个向美国水域倾倒废弃物或挖掘的纲要。《河流与海港法》定义了美国河流"可通水域"的范围,为管理河道采砂奠定了基础。

2.1.2.2　执法威慑力强

以上国家或地区均建立了涉砂法律、法规,法律、法规体系完备,法律监督到位,执法队伍强大,如果检查被拒或受到阻挠,可以使用搜查证。美国可以由陆军执法,也可由联邦环境保护局"特别探员"执法,具有携带武器调查权和逮捕权,执法威慑力强。总体基本形成了以法律为准绳、企业自觉守法为主体、条块结合的有机整体。因此,河道采砂管理取得了不错效果。

2.1.2.3　公众环保意识强

美国、英国都是发达国家,主管部门高度重视环保教育,公民法律素养高、公共环保意识强、热心公益,环保公益组织发达,对环境敏感度高,维权意识强烈。

2.2　我国河道采砂管理经验做法

我国河道采砂的历史可追溯到 20 世纪 80 年代,最早兴起于长江、珠江等经济发达地区,特别是长江由于其"黄金水道"的特殊地位,采砂管理一直备受关注。2000 以来,长江中下游滥挖、乱采河砂严重,曾一度影响到防洪和通航安全,甚至严重威胁到了长江堤防的安全,引起党中央、国务院高度重视,国务院领导一年中曾先后做出 20 多次重要批示,要求采取断然措施,治理整顿长江河道采砂秩序。2001 年初,湖北、江西、安徽、江苏 4 省人民政府先后颁布"长江河道禁采令",长江中下游实现了全线禁采。面对庞大的市场需求,禁采只能是暂时措施,不能因噎废食,只能趋利避害,合理利用河砂资源,各地采砂管理在摸索中逐步前进,从无到有,从粗到细,不断总结经验教训,逐步实现了河道采砂规范管理。在全国没有统一模式的大背景下,受制于经济发展程度及每条江河的不同情况,各地采砂管理形成了不同的管理做法。

2.2.1　我国采砂管理的主要做法

2.2.1.1　长江

长江因其特殊性,河道采砂最早实现依法管理,其管理做法和经验可称为长江模式,即"统一管理,分级负责;水行政主管部门负责,交通与公安部门配合;实施统一规划与采砂许可制度,明确各类管理措施;加强依法行政能力建设,构建采砂管理保障体系"。

《长江河道采砂管理条例》(简称《条例》)是我国第一部针对单一河道单项管理颁布的专门法律。《条例》明确了长江采砂管理的基本制度和原则,赋予了水利部及长江水利委员会和沿江各级水行政主管部门对长江河道采砂的管理主体地位,理顺了长江河道采砂管理体制,明确了管理职责,加大了对非法采砂行为的打击力度。自《条例》施行以来,通过水利部、长江水利委员会和沿江各级水行政主管部门的共同努力,长江河道采砂管理工作取得了显著成效。长江干流河道没有发生因非法采砂而严重危害长江防洪和河道堤防安全的事件,没有发生因非法采砂而造成重大海损事故,也没有发生因非法采砂而引发严重水上治安问题的恶性案件。已解禁可采区监管得力,开采有序,没有出现"解禁之日即混乱之时"的局面,长江河道采砂正在由全面禁采向有序解禁稳步推进,进入了禁采结合、以禁为主的新阶段。

在行政许可方面:《国务院法制办公室对长江河道采砂管理有关问题的答复》(国法秘函〔2003〕23号)进一步明确,对在长江宜宾以下干流河道内从事采砂活动,实行"一证"(河道采砂许可证)、"一费"(长江河道砂石资源费)的管理制度,只领取河道采砂许可证,不再办理其他许可手续。取消了长江采砂活动办理水上水下施工作业许可证和采矿许可证及缴纳矿产资源补偿费等其他费用的管理规定。

长江河道采砂管理形成了沿江地方人民政府行政首长负责制下的水行政主管部门统一管理和交通运输、公安等有关部门协同管理的管理体系,建立了一级抓一级、层层抓落实的责任制体系。水利部和长江沿线8省(直辖市)各自出台了河道采砂管理相关条例或办法,长江水利委员会和沿江有关省(直辖市)水行政主管部门陆续制定了有关采砂审批许可、现场监管办法、采砂机具拆除标准等一系列配套的规章、制度和办法,较全面地建立了采砂管理政策法规体系。

在水利部、交通运输部加强长江河道采砂管理合作备忘录的基础上,长江水利委员会与长江航务管理局成立两部合作机制工作领导小组办公室,建立了由沿江有关省市县水利部门和交通海事航道、公安等部门组成的长江省际边界重点河段采砂管理联席会议制度,并促使苏沪、皖苏、鄂赣皖、湘鄂、川渝等5个省际交界水域签订了河道采砂管理省际合作联动机制协议。按照水利部提出的河道采砂管理专门管理机构、专职管理人员、专项执法装备、专用管理经费(简称"四个专门")的要求,逐步加强采砂管理能力建设,组建了一批执法队伍,配备了一批执法装备,建立了一批执法基地,具备了一定的执法能力,为履行采砂监管与执法职责打下了基础。

现阶段,长江采砂管理秩序得到维护,河道采砂始终处于可控状态。确立并落实了采砂统一规划制度、采砂许可制度和采砂总量控制、征收长江河道砂石资源费、禁采期采砂船舶集中停靠等制度措施;始终坚持"陆治水打",多措施、多形式加强日常监管,对敏感时期、重要河段给予高度关注,始终保持对非法采砂的高压严打态势,极力维护长江河道采砂的稳定可控和依法有序局面。

2.2.1.2　黄河

近年来,黄河河道按照各级河道主管部门和河长办的工作要求,为构建黄河河道采砂管理联防联控机制,利用河长制制度优势形成河道采砂监管合力,各级部门、单位都在采砂管理的各方面做了许多尝试与探索。

在制度保障和体制机制建设方面,2017 年以来,以中央环保督察整改工作为契机,沿黄(沁)河涉及河道采砂管理的 22 个县(市、区)政府均制定出台了黄河河道采砂管理联防联控机制相关文件,特别是 2019 年,由地方印发了河长制框架下黄河河道管理联防联控机制相关文件,建立了以地方政府为主导,相关行政职能部门协作配合、联合预防管控的工作机制。值得一提的是 2020 年和 2021 年,河南省濮阳黄河河务局分别与山东省菏泽黄河河务局、东平湖管理局建立了省际交叉河段河道管理联防联控机制,开启了交叉河段河道管理新模式的探索。

在法律、法规保障方面,按照水利部加强行政执法与刑事司法衔接机制建设工作要求和河南省全面推行"河长+检察长"制改革工作部署,河南省黄河河道主管部门积极与公检法机关建立协作协调机制,加强行政执法与刑事司法衔接。2020 年,河务部门协同河南省公安厅成立了行政执法与刑事执法联动协作工作厅际联席会议制度;与郑州铁路运输分院联合印发了《关于建立黄河流域水行政执法与检察公益诉讼协作机制的意见》;2021 年 4 月,郑州铁路运输中级人民法院黄河流域第一巡回审判法庭在台前黄河挂牌成立,这是最高人民法院批复河南省黄河流域环境资源案件集中管辖后,在河南省黄河流域设立的第一个巡回审判法庭,基本形成了"协作配合、巡回审判、生态环境司法保护、联合宣传和协作培训"五项机制框架,初步解决"移送案件难""强制执行难"等问题,推动两法衔接走向规范化、制度化。在河道采砂管理方面,2021 年 3 月,《黄委关于加强和规范直管河段河道采砂管理工作的通知》中分别明确了各级单位、部门对于黄河干流三门峡库区河段、小浪底库区河段、小浪底以下河南段和沁河紫柏滩以下河段年度采砂实施方案审查、采砂许可和采砂管理水行政执法等方面的权限和工作要求,使采砂规范化管理的探索更加科学深入。

2.2.1.3　广东省

《广东省河道采砂管理条例》于 2005 年 5 月 1 日起实施,是全国第一个为河道采砂专门制定的地方性法规。《广东省河道采砂管理条例》出台前,广东省对非法采砂行为打击力度不够,一些地市水利局在地方保护主义利益的影响下执法不严,使乱挖滥采河砂现象愈演愈烈。许多地方的村集体把河床承包给人采砂,有些甚至重复承包,一定就是几年、几十年。随着河砂越来越紧缺、价值越来越高,这种非法承包河床采砂引发的社会矛盾越来越多,告状、上访、打架时有发生;有些地方采砂不规范,出现黑恶势力背后操纵采砂,互相火拼、集体打斗,严重扰乱法治经济秩序,成为社会不稳定因素。长期超采、滥采导致河床严重下切,在珠江口引发咸潮上溯,威胁饮水安全。非法采砂引起桥梁基础裸露,降低原有取、排水工程效益发挥。《广东省河道采砂管理条例》的实施结束了广东多年来对河道采砂管理"多龙治砂"的局面,河道采砂从过去的无序状态逐步走向有序开采和合理利用,逐步走上了规范化、制度化和法治化的轨道。《广东省河道采砂管理条例》的一大亮点是处罚力度全国最大,《广东省河道采砂管理条例》规定,对无证采砂、不按规定采砂,最高可处以 30 万元罚款。

时间仅过去几年,原本号称处罚力度最大的法规,就不能适应采砂形势发展了,非法采砂现象并未得到有效遏制。2012 年 7 月 26 日,经广东省人民代表大会修订,新《广东省河道采砂管理条例》实施。新条例对比旧条例有五大亮点:一是改革了河道采砂许可制度。一方面,将原由省级水利部门实施的河道采砂许可权下放到地级以上市水利部门实施;另一方面,明确规定实施河道采砂许可必须通过招标等公平竞争的方式做出决定,不得直接申请发证。二是确立了河砂合法来源证明的法律效力。明确规定不得装运非法开采的河砂;在河道管理范围内运输依法开采的河砂需持有省人民政府水行政主管部门统一格式的河砂合法来源证明。三是加强了对运砂船的管理。规定水行政主管部门有权检查运砂船,对无河砂合法来源证明,俗称"四联单"的运砂船依法实施行政处罚,斩断违法采砂的利益链。四是确立了河道采砂现场监理制度。规定河道采砂必须由第三方的监理单位实施现场管理;监理单位及其工作人员与采砂人、运砂人串通,损害国家利益的,应当受到行政处罚。五是加大了对违法采砂行为的处罚力度。对违法采砂行为的行政罚款幅度,由原来的上限 30 万元提高至 100 万元,大大增加了违法采砂的成本。在许可模式上,从事采砂活动须取得水利部门"河道采砂许可证",并到海事、航道部门办理相关手续,取得海事部门"水上水下施工作业许可证"后方可作业。

2.2.1.4　四川省

四川省除长江干流(四川省内长江干流已全线禁止河道砂石开采)外,其他地区河道采砂的行业管理部门为县级以上地方人民政府水行政主管部门。四川省省级水行政主管部门于 2018 年、2019 年分别专门印发了通知,就加强河道采砂管理工作提出了相关要求。在长期的河道采砂行业治理实践中,四川省已经摸索出了一系列较为成熟的管理制度,其中一些还通过《四川省河道采砂管理条例》的出台固化成了法律文本。

在河道采砂规划制定方面,作为河道采砂管理的依据、规范河道采砂活动的基础,采砂规划是河道采砂行业管理的重要内容。一般来说,采砂规划根据河湖管理权限进行编制。水利部专门于 2008 年发布了《河道采砂规划编制规程》(SL 423—2008)(此规范现已作废),为河道采砂规划的编制建立了专门的水利行业标准。在四川省,按照属地管理原则,由县级水行政主管部门根据河流的特性和水沙差异等因素对有采砂任务的河道编制采砂规划,或由市级水行政主管部门统筹编制辖区内流域采砂规划。上一级水行政主管部门对编制的河道采砂规划进行审查。经审查同意后,由本级人民政府审批。四川省明确要求在采砂规划中,要严格规定禁采期,划定禁采区、可采区,科学合理确定可采区采砂总量、年度开采总量、可采范围与高程、采砂船舶和机具数量与功率等。

在河道采砂许可制度方面,建立了河道采砂许可的管理制度,加强对河道采砂许可。以批复的采砂规划、年度实施方案和砂石资源开采权出让等为依据由相应水行政主管部门做出许可决定并发放全省统一印制并编号的河道采砂许可证,由市(州)水行政主管部门携带相关申领辅助材料统一到省级水行政主管部门领取。在采砂许可证的申领阶段,加强了采砂许可证的申领和发放管理,细化领证流程,强化领证各要件的复核工作,建立了一场一证、一船一证、一平台一证和一证一号的河道采砂许可证管理制度,并在领证、发证和实际检查过程中开展台账一致性审查。明确采砂规划执行不到位、现场管理责任不到位、日常监管措施不到位、无堆砂场设置方案及采后修复方案的,不得给予新增河道采砂许可。

在河道采砂公示制度方面,制定了全省统一的河道采砂公示牌样式,公示主要内容包括采砂场名称、法人代表、规划采砂期、开采总量、开采范围(地名或坐标)、开采方式、禁采期(禁渔期、汛期、夜间时段分别注明)、监管主体(水行政主管部门)、监督电话、乡级河段长等。要求每个采砂场业主在进、出场地显著位置竖立采砂场公示牌,将有关信息主动公开,接受社会各界监督。

在两手发力方面,四川省引入国有平台公司。长期以来,四川省河道采砂行业的一个特点是采砂业主、砂石加工业主数量多、规模小。这无疑大大增加了治理的难度。如 W 县 2018—2020 年开展了河道采砂专项整治工作,在取缔非法砂石企业 2 家、整体搬迁 32 家后,仍有砂石加工厂 7 家。2018 年的一次清理中发现,仅四川省 10 大主要河流及其主要支流河道管理范围内存在的采砂场、砂石堆场就有 986 个。一些地方进行了河道砂石资源经营体制的改革,通过引入国有平台公司的方式对河道采砂行业进行规范。以 S 市为例,S 市在整治河道采砂行业乱象的过程中,通过"疏堵结合、标本兼治"的方式,推行砂石经营体制改革,取得了良好效果。改革前,S 市一共有砂石场 160 家,砂石场证照不齐、偷挖乱采等现象较为突出。改革中,S 市组建了 7 家国有砂石公司,并由各县(区)政府向人民代表大会提出砂石资源行政配置的议案,将砂石资源配置给国有砂石公司统一经营。同时,原砂石业主按照公平、自愿的原则,组建 17 个砂石开采、加工联合体。这些砂石开采、加工联合体仅负责开采和加工,而砂石成品由国有公司统一销售。同时在全市重新规划布局,建设了 17 个标准化砂石加工场地,对每一个标准化砂石加工场采取全封闭、吸尘、降噪、喷淋、废水循环处理等环保措施。S 市通过砂石经营体制改革,较好地解决了原有的砂石场散、乱、污的问题,从根本上遏制了河道采砂乱象,河湖生态得到较好恢复。

在专项治理行动方面,2018—2020 年,四川省在水利行业开展行业乱点乱象专项整治。四川省水利厅会同省扫黑办、公安厅分别在 2019 年、2020 年制定并印发了全省水利行业乱点乱象整治年度工作方案,明确重点任务和进度安排。除在全省范围开展水利行业乱点乱象排查外,还要求各地水行政主管部门对排查出的行业乱点乱象完善问题、目标、任务、责任四张清单,逐一明确责任单位、责任领导、责任科室、整改时限,对排查和整改情况实行月调度。在专项整治中,四川省共排查并整改水利行业乱点乱象 3 695 个,其中河道采砂领域的行业乱点乱象 1 514 个,这些行业乱点乱象的类型包括非法开采河道砂石、在河道管理范围内违规堆放砂石、砂石场未按要求办理采砂许可证、砂石公司未经河道主管机关批准擅自在河道管理范围内修建建筑物与构筑物等。

2.2.2　我国采砂管理的经验总结

2.2.2.1　出台涉砂法律、法规

有关河道采砂管理的法律规定散见于不同的法律、法规中。《中华人民共和国矿产资源法》第三十五条规定：允许个人采挖零星分散资源和只能用作普通建筑材料的砂、石、黏土以及为生活自用采挖少量矿产。如 1988 年实施的《中华人民共和国水法》第二十四条规定：在防洪、排涝河道和航道范围内开采砂石、砂金，由河道主管部门批准；涉及航道的由河道主管部门会同航道主管部门批准。2002 年，《中华人民共和国水法》修订后，此条改为第三十九条：国家实行河道采砂许可制度。河道采砂许可制度实施办法，由国务院规定。由于长江中下游地区非法采砂活动猖獗，已有的法律规范不能从根本上解决非法采砂问题，为此，国务院颁布了《长江河道采砂管理条例》，该条例是我国第一部以水利部门为行政主体，针对单一河道管理颁布的行政法规，使长江河道采砂管理有法可依。其余各省（市）也陆续针对河道采砂专门立法，如：2005 年 5 月 1 日《广东省河道采砂管理条例》实施；2006 年 7 月 17 日《江西省河道采砂管理办法》经江西省人民政府第 47 次常务会议审议通过，自 2006 年 9 月 1 日起施行；《湖北省河道采砂管理办法》于 2009 年 11 月 6 日经湖北省人民政府常务会议审议通过，自 2010 年 1 月 1 日起施行。

2.2.2.2　建立基本管理模式

综合各省（市）的管理模式，可大体分为两种管理模式：一种是长江干流的以水利部门一家管理、交通运输部门配合的管理模式，对采砂单位和个人实行一个许可证，征收一种砂石资源费。主要依据 2001 年国务院制定的《长江河道采砂管理条例》进行管理。违法情节严重的，水行政主管部门可以扣押或者没收非法采砂船舶，而对长江以外的河道非法采砂没有这种处罚。另一种是长江以外的河道，根据有关法律、法规和 2008 年国务院对水利部、国土资源部和交通运输部的"三定"方案，按照各自的职责进行管理，实行一个、两个或多个许可证，征收河道采砂管理费和矿产资源补偿费等多项规费。

2.2.2.3　规范采砂规划

缺乏规划指导的采砂活动必然导致盲目无序的失控状态。各地经过多年的管理实践，均认识到河道采砂规划的重要性。采砂规划从无到有，从关注资源到关注安全，禁采区、禁采期被明确出来，河道采砂规划逐步成为各地的专项规划。各地地方水行政主管部门组织编制了一批采砂规划。由于采砂规划是一项新的专项规划，缺乏技术标准的规范和指导，各地主要凭经验进行编制，存在对采砂规划的性质认识不到位、规划的基本原则不明确、报告编制不规范、技术内容与深度参差不齐等问题。为规范采砂规划，2008 年水利部出台了《河道采砂规划编制规程》（SL 423—2008），作为水利行业标准强制实施。

2.2.2.4　实现阳光许可

河道采砂业从小到大、从无人问津到炙手可热,河道采砂管理从以满足市场需求为导向,到以公共安全为导向,采砂许可经历了直接许可、拍卖、招标等几种方式。采砂许可是河道采砂管理的关键环节,社会关注度最高,并决定了后续监管的方方面面,意义重大。经过总结多年的管理经验教训,各地逐步完善了采砂许可方式,实现了阳光许可,是河道采砂管理的重大进展。

在法律、法规方面,2002 年修订的《中华人民共和国水法》第三十九条规定,国家实行河道采砂许可制度。河道采砂许可制度实施办法,由国务院规定。但相关规定一直未能出台。2003 年 8 月 27 日第十届全国人民代表大会常务委员会第四次会议通过的《中华人民共和国行政许可法》规定,实施有限自然资源开发利用、公共资源配置以及直接关系公共利益的特定行业的市场准入等,需要赋予特定权利事项的行政许可的,行政机关应当通过招标、拍卖等公平竞争的方式做出决定。

实际执行层面,河道采砂许可早期实行直接许可,即按申请人先后顺序,直接确定许可对象,每年一审一发证。经过多年的无节制开采,河砂资源已成为稀缺资源,直接申请许可方式已不能客观反映河砂作为紧缺资源的市场价值,并极易成为个别地区的腐败温床。2012 年 6 月,《羊城晚报》一篇"河道采砂直接许可肥了谁?"将矛盾直指直接许可,引起社会广泛关注。

2023 年 10 月 23 日,新修订的《广东省河道采砂管理条例》开始实施。其中,第十五条明确规定:河道采砂许可由有许可权的水行政主管部门通过招标等公平竞争的方式做出决定。县级以上人民政府应当采取有效措施促进砂石市场公平竞争,防止形成价格垄断。有许可权的水行政主管部门应当根据年度采砂计划编制招标文件并组织招标,或者委托下级水行政主管部门组织招标。河砂开采权招标及其合同约定的采砂作业期限不得超过 1 年。今后河道采砂一律通过招标等公平竞争方式进行,实行阳光许可,不再采用直接许可方式,充分体现公平、公开、公正原则。

2.2.2.5　设置管理机构和联合执法机制

无论是哪一级涉砂法律、法规,都设置了相应的管理机构和执法主体。纵向来看,中央和地方分别成立了砂石的管理机构,如长江水利委员会采砂管理局、安徽省长江河道采砂管理局、韩江流域管理局、江苏省采砂管理局等一批涉砂管理机构,强化了砂石管理的机构设置。横向部门之间设置了联合执法机制。国家部委层面,水利部和交通运输部以《加强长江河道采砂管理合作备忘录》的形式,加强对长江河道非法采砂的打击和治理工作。各省级层面也加强了横向沟通,如广东省水利厅、广东海事局制定了《广东海事局与广东省水利厅执法协作规定》。在基层的县级层面,由县级以上人民政府组织水利、国土资源、公安、交通、航道、海事、海洋与渔业等部门联合执法,打击违法采砂行为,维护采砂管理秩序。专门机构设置和各部门联合执法机制建立取得初步成效。

第 3 章　寒区河道概述

3.1　我国寒区分布

　　"寒区"的概念在 20 世纪 40 年代就被提出,但是国内外学者对"寒区"没有统一的定义。在 1936 年,Köppen 对加拿大寒区进行了定义,指出加拿大的寒区是最冷月平均气温小于或等于-3 ℃,且月平均气温在 10 ℃ 以上的月份不超过 4 个月的区域;Gerdel 对加拿大寒区的划分方法比较简单,认为 0 ℃ 的等温线就可以作为寒区和非寒区的界线。随着寒区研究的发展,有一些学者认为只考虑气温一个指标不足以对寒区进行划分,Wilson 在此基础上做了进一步补充,认为寒区的定义应同时考虑气温和降水量两个指标,Hamelin 则提出 10 个气象因子指标划分寒区。

　　在中国,最早定义寒区概念时是借鉴加拿大的定义方法,提出同时满足 4 个条件的区域则划分为寒区,这 4 个条件分别为:最冷月平均气温小于或等于-3 ℃;月平均气温在 10 ℃ 以上的月份不超过 4 个月;河流、湖泊的封冻期在 100 d 以上;且降水量中 50% 以上的降水均为固态降水。随着对寒区研究的进一步深入,杨针娘等认为该定义并不完全适应于中国,因加拿大的寒区为高纬度寒区特征,且其自然状况、地理位置、气候因子等各个方面均与中国存在差异,所以依据《中国自然地理图集》,同时结合当时的全国气候区划和水文区划等因子,提出了适合中国寒区划分的 10 个气候因子(见表 3-1)。但是杨针娘等只是大致划分了寒区的范围,没有指出中国寒区的具体位置,此外受监测站点限制,在资料稀少或者缺乏的地区无法给出这 10 项划分指标数据,很难保证一些指标在空间上的插值精度。考虑到划分寒区时的可操作性,陈仁升等结合加拿大学者和杨针娘等的研究,在此基础上对寒区定义进行了一些改进,给出了和我国实际情况较为符合的 3 个寒区划分定义:最冷月气温小于-3 ℃、年平均气温小于或等于 5 ℃、月平均气温大于 10 ℃ 的月份不超过 5 个月。本书采用的寒区定义为陈仁升等指出的定义,此定义下的寒区边界与我国的多年冻土、季节性积雪和气候区划边界等基本一致,其空间分布跨度大,从中低纬度的青藏高原高海拔寒区到西部高山寒区,再到中高纬度的东北寒区,主要包括黑龙江、吉林、辽宁和内蒙古 4 省(自治区),西南的青藏高原,西北的青海、甘肃和新疆等省(自治区),以及华北存在季节性冻融现象的地区。本书重点对东北寒区和西南寒区展开论述。

表 3-1　中国寒区的气候指标

| 气候指标 | 1月平均气温/℃ | 暖月 | | 10月平均气温/℃ | 4月平均气温/℃ | 年平均气温/℃ | 日均温>10 ℃的积温/℃ | 日均温>10 ℃的日数/d | 固态降水量百分比/% | 年平均积雪日数/d |
		平均气温/℃	月数							
寒区	-30~-10	>10	≤5	≤0	≤0	≤5	500~1 500	<150	≥30	≥30

3.2　寒区气候特征

　　东北寒区位于我国地理位置的最北端,自南而北跨暖温带、中温带与寒温带。由于北面与北半球的"寒极"——维尔霍扬斯克-奥伊米亚康所在的东西伯利亚为邻,从北冰洋来的寒潮,经常侵入,致使气温骤降。西面是高达千米的蒙古高原,西伯利亚极地大陆气团也常以高屋建瓴之势,直袭东北地区。又因东北寒区纬度较高,东北寒区冬季气温较同纬度大陆低 10 ℃以上,冬季比较寒冷。东北面与素称"太平洋冰窖"的鄂霍次克海相距不远,春、夏季节从这里发源的东北季风常沿干流下游谷地进入东北,使东北地区夏温不高,北部及较高山地甚至无夏。东北寒区是我国经度位置最偏东地区,并显著地向海洋突出。其南面临近渤海、黄海,东面临近日本海。从小笠原群岛(高压)发源,向西北伸展的一支东南季风,可以直奔东北。至于经华中、华北而来的变性很深的热带海洋气团,亦可因经渤海、黄海补充湿气后进入东北,给东北带来较多雨量和较长的雨季。由于气温较低,蒸发微弱,降水量虽不十分丰富,但湿度仍较高,从而使东北地区在气候上具有冷湿的特征。

　　东北寒区主要属于温带季风气候,冬季寒冷漫长,夏季温暖短暂,冬季南北温度差异明显,多年平均气温约为 2.71 ℃,最冷月的平均气温和最热月的平均气温温差多在 33 ℃以上,极端温度差(指极端最低和极端最高)更大。由于区域内部纬度跨度较大,所以区域的气候水文条件差异明显。降水空间分布不均,总体上来说是东南部大、西部小,山区大、平原小。降水多集中在夏季;冬季降雪较多,地表积雪时间长,是我国降雪最多的地区。气温空间分布也不均,大体上呈现由北向南递增的规律,在流域东南部受到地形的影响,温度有所下降。流域内广泛分布着季节性冻土,但是最大冻土深度和冻融时间存在差异,通常流域冻土的冻融期为 11 月至翌年 5 月,冻融时间长于南部区域。

　　西南地区由于西藏高原奇特多样的地形地貌和高空空气环境以及天气系统的影响,形成了复杂多样的独特气候,除呈现西北严寒干燥、东南温暖湿润的总趋向外,还有多种多样的区域气候以及明显的垂直气候带。从温差角度看,西藏气温年较差小、日较差大的特点特别明显,干季和雨季分明,多夜雨。由于冬季西风和夏季西南季风的源地不同、性质不同、控制的时间不同,西藏各地降水的季节分配非常不均,干季和雨季的分野非常明显。

3.3　水文特点

寒区河川径流的形成不同于非寒区。一般河川径流主要受降水和气温控制,降水是主要的控制因素,气温状况也会对径流产生影响,气温升高会引起蒸发增大,导致径流减少。而寒区河流则恰恰相反,径流形成受气温的影响更大,气温的升高会引起冰雪消融过程加剧,从而导致径流的增加。当然,冰川径流、融雪径流和冻土水文过程之间也存在差异。对冰川径流而言,由于冰川面积一般在短时间内变化较小,在一年内可以认为基本稳定,因此冰川径流的大小主要取决于热量条件(气温的高低);对于融雪径流,积雪量主要由积雪面积和积雪深度两个变量控制,尽管融雪过程受热量条件的控制,但融雪径流总量的大小主要受积雪量的控制,相对于冰川而言,积雪量或面积是一个随时间而变化的季节性变量,因此融雪径流量是一个热量条件和积雪量共同作用的结果。对于多年冻土区径流,冻土对径流的影响主要是冻土的不透水性,直接径流系数较大,地下水的补给较小。实际上,由于多年冻土区内冻土深度、连续性等原因的影响,还是产生一定数量的地下径流。多年冻土径流的特点是冬季径流小甚至无径流。

积雪、冰川和冻土地下冰在水循环过程中均对径流过程有一定的调节作用。其中,积雪由于季节性的特点,只能对径流产生季节性调节。山地冰川对径流的调节作用可以年到数十年乃至百年计,多年冻土地下冰的释放(或调节)的时间尺度更长,达到千年乃至万年尺度。地球上不同水体的更新期,依据中国冰川编目资料和冰川径流量估计,中国冰川的更新时间大概为 85 年。

此外,河冰的形成和融化过程也是寒冷条件下的一个重要水文过程。我国东北和西南地区由于冬季的寒冷条件,在河面形成河冰,而在春季融雪径流开始形成时,河冰会形成冰坝,堵塞河流,形成春季冰凌洪水。在寒区由南向北流动(北半球)的河段几乎每年都有冰凌发生,如黄河从宁夏到内蒙古段,以及西伯利亚流入北冰洋的几条河流。

3.3.1　东北寒区水文特征

我国东北地区河流水量比较丰富,水量和水位有明显的季节变化,含沙量比较小,冬季有很长的结冰期和封冻期。该区域广泛分布着季节性冻土和雪被,随着冬季气温的降低,东北地区会出现土壤冻结和积雪现象,改变区域产流过程。当春季温度升高时,又伴随着冻土和积雪融化,形成融雪径流和壤中流,补给河川径流量。所以,东北寒区最大的水文特征是有春汛和夏汛,春节气温回升冰雪融化,河流水增多形成春汛,主要发生在4—5月;夏季降雨增多形成夏汛,主要发生在7—9月。东北寒区河流水文特征主要有以下几点。

3.3.1.1　冰冻期与融雪期

1. 冰冻期

东北寒区的冰冻期一般较长,主要受气候、地形和纬度等因素的影响。在冬季,气温降至 0 ℃以下,河流、湖泊和土壤等水体开始结冰,形成冰冻期。冰冻期的长度取决于气温的下降速度和持续时间,通常在几个月。

2. 融雪期

在春季,气温逐渐升高,冰层开始融化,形成融雪。融雪期的特征是水流逐渐增加,河流和湖泊的水位上升。融雪期的长短和强度取决于气温的升高速度和雪量的大小,通常在几个月左右。

3.3.1.2　水位与流量

1. 水位变化

冬季水位高,夏季水位低,河流干涸时间较长。由于该地区冬季气温较低,雪量较多,河流水位明显高于夏季;而夏季又无雨,加之天气炎热,河流水位会迅速下降,甚至出现河流干涸的情况。此外,水位还受到降水、蒸发等因素的影响,表现出一定的波动性。

2. 流量大小

流量的大小取决于冰冻期和融雪期的交替以及降水等因素的影响。在冰冻期,流量通常较小;在融雪期,流量逐渐增加。此外,降水也会对流量产生影响,导致洪峰出现。东北地区河流洪峰集中在夏季和冬季,其洪峰分布比较集中,具有较强的规律性。夏季因为雨量增多,河流洪峰也会随之增加;冬季一般会有较大的变化,洪峰也会相应增加。河流流量日变化较大。由于东北寒区河流水源主要来自降水,所以随着不同季节降水量的变化,河流流量也会发生变化。夏季河流的日变化比较大,冬季河流的流量变化较小。

3.3.1.3　河流与湖泊

1. 河流特征

东北寒区的河流通常具有较长的流程和较大的流域面积。由于气候寒冷,河流的结冰期较长,水流速度较慢。此外,河流还受到地形、土壤和植被等因素的影响,表现出不同的特征。

2. 湖泊分布

东北寒区分布着许多湖泊,其中一些湖泊是冰川形成的。湖泊的分布受到气候、地形和历史等因素的影响。湖泊通常具有较深的湖盆和清澈的水质,对周围环境产生重要影响。

3.3.2　西南寒区水文特征

西南寒区海拔高,多为山区,河道落差大。河流的水源主要由雨水、冰雪融水和地下水 3 种补给形式组成,流量丰富、含沙量小、水质好。特点是径流季节分配不均,年际变化小,水温偏低,冰情悬殊。

3.3.2.1　水文循环特征

水文循环特征主要表现为强烈的蒸发作用和大量的降水现象。由于该地区地势高、气温低、降水丰富,蒸发作用较弱。在冰川和冻土的融化作用下,河流、湖泊等水体中的水量在夏季会增加,形成明显的洪水期。而在冬季,由于气温下降,冰雪覆盖面积扩大,水体水量会减少,形成枯水期。

3.3.2.2　冰雪水文特征

冰雪水文特征主要表现为大量的冰川和冻土。这些冰川和冻土在融化过程中会形成大量的径流,从而维持河流、湖泊等水体的水量。此外,冰川和冻土的融化还会改变水体的温度、流速和流量等水文特征。

3.3.2.3　河流湖泊特征

河流湖泊特征主要表现为河流径流量小、水位变化大、水流湍急、水温低等。由于该地区地势高、气温低,河流的蒸发作用较弱,而降水又比较丰富,因此河流径流量较大。但是由于地势陡峭,河流流速快、水位变化大、水流湍急。此外,由于水温较低,水体中的生物种类和数量相对较少。

3.3.2.4　水资源分布特征

水资源分布特征主要表现为空间分布不均。在垂直方向上,由于地势高、气温低、降水丰富,水资源相对较为丰富。而在水平方向上,由于地理环境的不同,水资源分布不均。例如:在青藏高原东南部和横断山脉地区,水资源较为丰富,而在一些干旱地区,水资源则相对匮乏。

3.3.2.5　水文效应特征

水文效应特征主要表现为对生态环境的影响。该地区的水资源不仅是人类生存的重要条件,也是维护生态平衡的关键因素。水资源的短缺或过度开发都会对生态环境造成不利影响。例如:河流径流量减少或水位下降会导致水生生物种群减少或消失,而水资源过度开发则会导致湿地萎缩或消失。

3.3.2.6　水质水量特征

　　水质水量特征主要表现为水质较好、水量较大。该地区的水资源主要来自大气降水和冰川融化，因此水质较好。但是，由于地势高、气温低、降水丰富等，该地区的水资源水量较大。在人类活动的影响下，一些地区的用水量增加，导致河流湖泊的水量减少，水质也受到影响。

3.3.2.7　水文分区特征

　　可以根据地理环境和水文特征分为不同的水文分区。例如：青藏高原东南部和横断山脉地区的水资源较为丰富，而一些干旱地区则相对匮乏。此外，不同水文分区的水资源开发利用方式也不同。例如：在一些河流上游地区，水资源开发主要用于发电和灌溉，而在一些河流下游地区，水资源开发则主要用于城市供水和工业用水。

3.4　寒区河道基本特征

3.4.1　河流及其基本特性

3.4.1.1　河流的形成

　　在地球的演变历程中，出现过多次陆地板块的分离和碰撞，相应地也发生过多次陆海变迁。在不同地质年代的河流，各有其形成、发育、衰退和消亡的特点和过程。不同地区的自然环境塑造了不同特性的河流，同时河流的活动也不断改变着与河流有关的自然环境。当自然环境发生（剧烈的地质活动、气候上的突变等）重大变化时，河流的走向、形态便可能出现较大的变化，甚至导致新的河流形成，原有的河流在衰退或消亡，而这种过程也许是十分漫长的。

3.4.1.2　河流的自然功能

　　河流是大自然演变过程中的产物，人们经过长期的认识和研究，初步认为其自然功能有以下几个方面：

　　（1）水文功能：在大自然的水文循环过程中，河流是液态水在陆地表面流动的通道。大气降水中的大部分在陆地上所形成的地表径流，在地表低洼处逐渐汇集成为河流。河流的输水作用能把地面短期积水及时排掉，并在不降水时汇集源头和两岸的地下水，使河道中保持一定的径流量。河流将水输送入海或内陆湖，然后又被蒸发回归大气。

（2）地质功能：河流是塑造地形地貌的重要因素之一。径流和落差组成水动力，切割地表岩石层，搬移风化物，通过河水的冲刷、挟带和沉积作用，形成并不断扩大流域内的沟壑水系和支干河道，也相应形成各种规模的冲积平原。河流在冲积平原上蜿蜒游荡，与相邻河流时分时合，形成冲积平原上的特殊地貌。

（3）生态功能：河流是支持许多生态系统的重要因素之一。河流在输水的同时，也运送由于雨水冲刷而带入河中的泥沙及各种生物质，为一定范围内的多种生态系统生存和演化提供基本条件。

河流最基本的自然功能是水文方面的功能。从一定意义上说，水文方面的功能决定了其他方面的功能，水文方面的特性也就决定了其他方面的特性。河流的水文特性取决于所在流域的气候特征以及地形、地貌和地质特征。河流的水文要素包括径流、泥沙、水质、冰情等方面，其中最活跃的是径流。径流特性和气候、地貌、地质特性决定河流中不同的含沙量及其年内分配和年际变化。径流和含沙是河流活动的最基本要素，体现河流的基本特点。

3.4.1.3　河道中的泥沙及其输移特点

河道中的泥沙主要为流域内地表及裸露岩石被风雨、阳光、霜冻等自然活动共同作用引起的侵蚀、风化所产生的混合物，其中的砾石、粗砂、中砂、细砂及泥沙，在水流的挟带下，随流速的变化，分别沉积在河道内，成为构成河床的主要要素。在不同流速水流的冲刷与不同粒径河砂的补给的相互作用过程中，河床保持着相对平衡。通过浪蚀和磨损，水流将相对细软的砂料冲走，一些耐久、圆滑、级配良好的中粗砂，在河道中的某些特殊部位沉积了下来。

河道中的推移质泥沙在床面推移具有明显的输移带，其位置和宽度取决于流量的大小、主流线位置和近底环流的强弱等因素。一般来说，弯道的凸岸边滩、江心洲滩（碛坝）、江心洲的头部和尾部等都是推移质泥沙和悬移质泥沙堆积的部位，构成位置相对固定的成型堆积体，其泥沙粒径的组成视不同河段而异。推移质通常可划分为沙质推移质和卵石推移质两种，沙质推移质多出现在冲积平原由中细砂（也包括少量粗砂）组成的河床上，卵石推移质多出现在山区由卵石（也包括少量砾石及粗砂）组成的河床上。

由于山区性河流河岸边界多受基岩山体控制，不易变形，河道水流严格受河床形态的制约，所以山区性河流卵石推移质的输移及堆积规律主要受制于河床边界条件。山区性河流沿程多为开阔河段与峡谷相间，急滩深潭上下交错，常出现台阶形。由于形态较为复杂，同一流量在不同过水断面或同一过水断面在不同流量下，因受峡谷、险滩阻水影响，流速流态的变化十分剧烈。在水流湍急之处卵石输移量大，而在水流平稳之处卵石输移强度弱。其卵石运动比冲积平原河流上的沙质推移质运动表现出更强的间歇性、阵发性等输移特征。在高水期，峡谷河道泄流不畅，起壅水作用，峡谷上游水面坡降急剧减小，流速降低，大量卵石、粗砂在峡谷前宽谷河段内淤积。汛后，随着流量的减小，峡谷的壅水作用逐渐消失，上游水面比降加大，流速增加，汛期积下来的卵石、粗砂受冲下移，俗称"秋后走砂"。相反，在峡谷河段枯水期水流平稳，上游宽谷河段输移的卵石大多在此停歇，在汛期峡谷的卵石再向下游输移。所以，山区性河流的卵石输移表现出很强的间歇性，其规律是汛期卵石从峡谷河段搬运到其下游的宽谷河段，并停滞下来，待汛后水位退落，水流归槽，再由宽谷河段搬运到下游的峡谷河段。如此循环往复，实现卵石的长距离输移。

研究结果表明，连续宽级配床沙与不连续宽级配床沙的输移过程有明显的差异。连续宽级配床沙的输移过程表现为输沙率从总的趋势上是随流速的增大而增大的连续过程。而不连续宽级配床沙输移过程的特点如下：

（1）在一定水流条件下，不连续宽级配床沙中粗颗粒保持不动，床面上的推移质主要是床沙中的细颗粒部分。

（2）细砂占的比例越大，其输沙率到达最大值时所需的流速越小。反之，粗砂占的比例越大，其输沙率到达最大值时所需的流速越大。

（3）在输移过程中，当输沙率达到最大值后，在一定的流速增幅范围内，其输沙率随流速的增大而减小。

（4）若细颗粒泥沙所占比例较小，当流速较小时，推移质输沙率很小。当流速逐渐增大时，输沙率变化不大。当流速达到能够使粗颗粒泥沙起动时，输沙率才随流速增加而增大。

（5）输移过程具有间歇性和跳跃性。

由于床沙（又称为河床质）组成与来水来沙条件、边界条件及河道形态等因素有关，通常河流的上游河段河床演变主要表现为卵石和水质推移质运动，甚至主要表现为卵石堆积。而在中下游河段，河床的组成基本上为中细砂，且床沙粒径在宏观上可以认为是自上而下沿程细化的。

3.4.2　东北寒区河道特征

3.4.2.1　河道形态

东北寒区的河道形态受地形、气候和河流径流的影响，具有多样性和复杂性。河道多呈弯曲形态，河流在流经不同的地貌单元时，其河道形态也会发生相应的变化。在山区，河道多呈 V 形或 U 形，而在平原区，则多呈宽阔的矩形或扇形。此外，东北地区还存在大量的天然湿地和湖泊，这些湿地和湖泊对河流的形态也有着重要的影响。

3.4.2.2　河道水文

东北寒区的河道水文特征主要表现在以下几个方面：

（1）径流量：东北寒区的河流在春夏季节流量较大，秋冬季节则相对较小。这主要是受春季融雪和夏季降水的影响。

（2）水位：东北寒区河流的水位受季节影响较大，春夏季节水位较高，秋冬季节则相对较低。此外，暴雨和地震等自然因素也会导致水位迅速上升。

（3）流速：东北寒区河流的流速相对较慢，但流速会因地形、气候和河流径流量的变化而发生改变。

（4）含沙量：东北寒区河流的含沙量较高，尤其是在春季融雪和山洪暴发期间。长期的泥沙淤积会对河床地貌和河道沉积产生重要影响。

3.4.2.3　河床地貌

东北寒区的河床地貌形态多样，包括河谷、河床堆积、阶地等多种类型。河谷是河流流经的地形低洼地带，河床堆积是河流在流动过程中挟带的泥沙在河床上沉积形成的堆积体，阶地是河流在流经不同地貌单元时形成的阶梯状地貌。这些地貌形态的形成和发展都与河流的作用密切相关。

3.4.2.4　河道沉积

东北寒区的河道沉积主要发生在河流的下游和河口地区。沉积物主要包括泥沙、砾石和有机质等。长期的沉积作用形成了广阔的冲积平原和三角洲地带。这些沉积物在地貌形态、土壤肥力和水资源等方面都有着重要的意义。

3.4.2.5　河道生物

东北寒区的河道生物种类繁多，包括鱼类、鸟类、水生植物等。这些生物在河道生态系统中发挥着重要的作用。例如：鱼类是水生食物链的重要组成部分，鸟类则是陆地生态系统与水生生态系统之间的桥梁。此外，水生植物还能吸收水中的营养物质、净化水质。然而，近年来由于人类活动和环境变化的影响，东北寒区河道的生物多样性面临着严重的威胁。因此，保护和恢复河道生态系统对于维护生物多样性和生态平衡具有重要意义。

3.4.3　西南寒区河道特点

3.4.3.1　河道形态多样

西南寒区地形复杂，河流形态多样。其中，曲流发育是西南寒区河流的一个重要特点。曲流是指河流在行进过程中形成的弯曲河道，这些弯曲河道往往具有一定的曲率。在西南寒区，由于地形的特殊性和水流的动力作用，曲流发育十分显著，有些河流甚至呈现环状。

3.4.3.2　峡谷地貌

西南寒区还具有峡谷地貌的特点。峡谷是河流在行进过程中切割山体形成的深邃谷地，往往具有陡峭的岸壁和狭窄的谷底。在西南寒区，由于地壳运动和地质构造的作用，河流切割作用强烈，形成了许多深邃的峡谷。这些峡谷地貌的存在不仅丰富了河流的形态，也影响了河流的水文特征。

3.4.3.3　水文特征显著

西南寒区河流的水文特征十分显著。首先,流量季节性变化大。由于西南寒区气候多变,降水量在不同季节和年份之间差异较大,因此河流的流量也具有显著的季节性变化特点。在雨季,河流流量大,水流湍急;在旱季,河流流量小,水流平缓。其次,水位不稳定。由于地形复杂和气候变化的影响,西南寒区河流的水位波动较大,有时甚至会出现断流现象。

3.4.3.4　河岸稳定性差

西南寒区河流的河岸稳定性较差。这主要是因为该地区的地质条件复杂,河岸土壤多为松散的砂土或砾石土,容易受到水流冲刷和侵蚀。此外,由于河岸植被覆盖较少,水土流失现象较为严重。这些因素导致河岸稳定性较差,易发生崩岸和河流改道等现象。

3.4.3.5　河床砂砾石含量高

西南寒区河流的河床砂砾石含量较高。这主要是由该地区的地质条件和河流地貌特点所致。在西南寒区,河流往往穿越砂砾石层或砾石土层,这些地层中的砂砾石和砾石被水流冲刷和搬运到河床中,形成了高含量的砂砾石河床。这些砂砾石的存在不仅影响了河流的水流动力和水质,也对河岸稳定性产生了影响。

3.4.3.6　砂砾石来源丰富

西南寒区河流的砂砾石来源丰富。这是因为该地区的地质条件和气候条件适宜于砂砾石的形成与堆积。在西南寒区,广泛分布着各种类型的岩石和土壤,这些岩石和土壤经过风化作用与侵蚀作用,形成了大量的砂砾石。此外,该地区的降水量较大,水流侵蚀作用强烈,也促进了砂砾石的形成和搬运。这些丰富的砂砾石来源为河流提供了丰富的物质基础,也对河流的水文特征和河床形态产生了影响。

3.5　寒区典型河道概述

3.5.1　东北寒区松辽流域典型河道概述

松辽流域泛指东北地区,行政区划包括辽宁、吉林、黑龙江3省和内蒙古自治区东部的四盟(市)及河北省承德市的一部分。松辽流域包括松花江流域、辽河流域独流入海河流和国境界河流域。本书研究范围有松花江流域的松花江干流、嫩江干流、第二松花江干流、拉林河、洮儿河等河流的重要河段,辽河流域的东辽河、老哈河的重要河段。

3.5.1.1 松花江流域

1. 自然地理

松花江流域位于我国东北地区的北部,位于东经 119°52′~132°31′、北纬 41°42′~51°38′。西部和北部以大兴安岭和小兴安岭为界;东部和东南部以长白山、张广才岭、老爷岭、完达山和龙岗山等山脉为界;西南部以松辽分水岭丘陵地带为界,与辽河流域为邻。松花江流域地跨内蒙古、黑龙江、吉林和辽宁 4 省(自治区)。松花江流域三面环山,西部是大兴安岭北段,北部是小兴安岭,东部为老爷岭和长白山等组成的中、低山,中部为松嫩平原和三江平原的一部分;松辽分水岭成垅岗状起伏于流域南端。大兴安岭东坡较陡,西坡平缓,东坡为嫩江干流及其右侧各支流的发源地。流域东部和东南部为完达山脉、老爷岭、张广才岭和长白山脉(合称流域东部山地),长白山主峰白头山海拔 2 744 m,是流域内最高点。东部山地的地形由东向西、由南向北逐渐变缓,长白山主峰西侧和北侧是第二松花江和牡丹江的发源地,东侧是鸭绿江和图们江水系;流域西南部有一部分丘陵地带,东部为江道出口,整个地形向东北方向倾斜。流域中部是松嫩平原,在嫩江下游两岸、第二松花江下游右岸和松花江干流下游,还有大片湿地和闭流地区。

第二松花江整个地形是东南高、西北低,形成一个长条形倾斜面,东南部是高山区和半山区,植被良好,森林覆盖面积较大,是我国著名的长白山林区。桦甸以下是第二松花江流域内山区和平原区之间的过渡带,称为半山区,这一区域内的辉发河、拉法河为较广阔的河谷平原。河流进入京哈铁路以下即为平原区,其间有较大支流饮马河注入,河口附近有部分沙丘湿地,是第二松花江的主要农业区。

嫩江流域三面环山,流域的西侧为大兴安岭东坡,海拔 1 000~1 400 m;东侧为大兴安岭西坡,海拔 600~1 000 m;北侧为大兴安岭伊勒呼里山,海拔 1 030 m;东南侧为广阔的松嫩平原,海拔 110~160 m。整个流域地形由西北向东南倾斜,呈现为独特的喇叭口地形。嫩江在嫩江市以上为山区,山高林密,植被好,森林多,是我国著名的大兴安岭林区,当地居民较少;从嫩江市向下到内蒙古的莫力达瓦达斡尔族自治旗,即尼尔基水库坝址附近,地形逐渐由山区过渡到丘陵地带,齐齐哈尔市以下,逐渐进入平原区,西南直至松花江干流,形成广阔的松嫩平原区。在松嫩低平原部分,存在众多的泡沼群,成为天然的苇场和渔业基地;在嫩江的下游地区,有乌裕尔河、双阳河、霍林河等内陆无尾河,形成大片湿地、水泡和连环湖沼,成为闭流区。

嫩江与第二松花江汇合后,即为松花江干流。哈尔滨以上干流为平原,是松嫩平原的组成部分。松花江干流哈尔滨市至佳木斯市的江段,江道两岸丘陵和山谷平原相间;佳木斯以下,松花江干流进入广大平原区,即三江平原的组成部分。

2. 河流水系

松花江流域水系发育,支流众多,其上源由于受大兴安岭和长白山地的控制,水系发育为树枝河网,而中下游平原地区,河流多呈线状结构。据统计,流域面积 1 000 km² 以上的河流共 86 条,流域面积大于 10 000 km² 的河流 16 条。其中,嫩江流域有 8 条,它们是甘河、诺敏河、雅鲁河、绰尔河、洮儿河、霍林河、讷漠尔河、乌裕尔河;第二松花江2条,为辉发河和饮马河;松花江6条,为拉林河、蚂蚁河、牡丹江、倭肯河、呼兰河和汤旺河。松花江上游有南、北两源,南源为第二松花江,北源为嫩江,第二松花江与嫩江在吉林省松原市三岔河附近汇合后始称松花江,东流流经吉林省松原市,黑龙江省哈尔滨市、五常市、尚志市、绥化市、海伦市、伊春市、佳木斯市、七台河市、鹤岗市、双鸭山市、富锦市,干流全长939 km,流域面积18.93万 km²。松花江干流两岸支流众多,自上而下左岸支流依次为呼兰河、少林河、木兰达河汊林河、巴林河、汤旺河、梧桐河、都鲁河和蜿蜒河等;右岸支流依次为拉林河、阿代河、蚂蚁河、牡丹江和倭肯河。

南源第二松花江发源于长白山天池,除有540.8 km²的面积属辽宁省外,其余全部在吉林省境内,是吉林省的主要河流,河流总长958 km,流域面积7.34万 km²,扶余站多年平均径流量为160.7亿 m³。整个流域地势东南高、西北低,河流由东南流向西北。左岸支流从上到下依次是头道松花江、辉发河、温德河、饮马河,右岸支流从上到下依次是五道白河、古洞河、蛟河、牤牛河、团子河等。饮马河是第二松花江干流丰满水库以下左岸最大的一条支流,发源于吉林省伊通县地局子乡老爷岭,流经吉林省伊通县、磐石市、长春市双阳区、永吉县、九台市、德惠市、农安县等县(市、区),在农安县山乡汇入第二松花江。饮马河河道全长387.5 km,流域面积1.82万 km²,德惠站多年平均年径流量为6.27亿 m³。饮马河流域支流较多,较大的支流有岔路河、双阳河、小南河、雾开河、三道沟及伊通河。

北源嫩江发源于黑龙江省大兴安岭伊勒呼里山,自河源向东南流,在十二站林场南约1 km处,与二根河汇合,转向南流,始称嫩江。嫩江全长1 370 km,流域面积29.85万 km²,大赉站多年平均径流量为280.25亿 m³。嫩江流经内蒙古鄂伦春自治旗,黑龙江省嫩江市,内蒙古力达瓦达斡尔族自治旗,黑龙江省讷河市、富裕县、甘南县、齐齐哈尔市、龙江县、泰来县、杜尔伯特蒙古族自治县,吉林省大安市,黑龙江省肇源县和吉林省扶余市。嫩江支流均发源于大、小兴安岭各支脉,左岸支流较少,右岸支流较多。自上而下左岸支流依次是卧都河、圆固河、门售河、科洛河、讷漠尔河、乌裕尔河和双阳河,右岸支流依次是罕诺河、那都里河、多布库尔河、甘河、诺敏河、阿伦河、音河、雅鲁河、绰尔河、洮儿河和霍林河等。

松花江干流上游右岸支流拉林河发源于长白山张广才岭,干流河道全长488 km,流域面积1.92万 km²,蔡家沟站多年平均径流量为35.41亿 m³。拉林河流经黑龙江省尚志市五常市、哈尔滨市,吉林省舒兰市、榆树市、扶余市6个市,在哈尔滨市以上150 km处汇入松花江干流。拉林河共有3条支流,左岸有溪浪河、卡岔河,右岸有牤牛河。嫩江右岸支流洮儿河发源于内蒙古大兴安岭南麓高岳山,河流全长563 km,流域面积33 070 km²。流经内蒙古自治区兴安盟的科右前旗、突泉县和吉林省白城市的洮北区、洮南市、镇赉县、大安市等市(县、区),最后流至月亮泡经调节后注入嫩江。

3. 水文气象

松花江流域地处温带大陆性季风气候区,冬季严寒漫长,夏秋降水集中,春季干燥多风,年内温差较大。根据统计,多年平均气温在3~5 ℃,极端最高气温为45 ℃(抚松站),极端最低气温为-47.3 ℃(嫩江站)。流域降水的时空分布极不均匀,多年平均降水量为400~750 mm,由东南向西北递减,第二松花江、拉林河最多,松嫩平原较少;降水主要集中在 6—9 月,占全年的 70%~80%。降水的年际变化也较大,年最大降水量与最小降水量之比在 3 倍左右,连续数年多水和连续数年少水的情况时有出现,使本流域成为洪、涝、旱灾的多发性地区。多年平均蒸发量为 600~1 000 mm,流域的东部及东南部多年平均蒸发量为 600~800 mm,中部松嫩平原多年平均蒸发量为 800~1 000 mm,西部多年平均蒸发量为 1 000 mm 左右。流域年日照时数为 2 200~2 400 h,无霜期为 100~150 d。

松花江流域的江河封冻日期多在 11 月中下旬,解冻多在 4 月中旬,封冻期为 130~180 d。第二松花江封冻期为 130 d 左右,多年平均冰厚 0.8 m 左右;嫩江上游封冻期为 180 d 左右,冰厚大于 1.2 m。冬季封冻时,结冰是先上游,后下游;春季解冻时,融冰是先下游,后上游。但某些时段,由于受河道形态、特殊地理位置等的影响,常在春季上游先解冻,或上、下游同时解冻,大批冰块下泄,此时,河流还未全部解冻,易形成冰塞、冰坝。如依兰—佳木斯河段,1956—1976 年 21 年中,共出现冰坝 13 次。

4. 地形地貌

1) 嫩江

松花江北源为嫩江,长 1 370 km。根据嫩江流域的地貌和河谷特征,将嫩江干流分为上、中、下游 3 段。嫩江从河源至嫩江县城为上游段,长 661 km,穿行在大小兴安岭延伸的山谷中,河谷狭窄,一般为 100~200 m,比降较大,洪水时为 3‰,平水时为 1‰。多流经山谷之中,两岸森林覆盖,沼泽湿地星罗棋布,山体多由火山岩组成,河谷狭窄,坡度较大,河道蜿蜒,水流湍急,水面宽一般为 100~200 m,河床多由碎石及砂砾石组成。河流具有山溪性特征。上游地处原始林区,人烟稀少,地势高寒。嫩江市—莫力达瓦旗(尼尔基镇)为中游段,长 120 km,由山丘区向平原区的过渡地带,两岸多低山丘陵,是中低山向平原的过渡地带。两岸阶地不对称,阿彦浅以下河谷渐行开阔,河谷宽 2~3 km,河床宽达 300~700 m,水面比降为 0.44‰~0.22‰,河床由砂石及碎石组成。尼尔基镇—三岔河为下游段,长 589 km,河流进入平原地带,河道蜿蜒曲折,沙滩、沙洲、汊河鳞次栉比,两岸滩地延展很宽,最宽处达 14.4 km,大水深 5.5~7.4 m,滩地上广泛分布着湿地和牛轭湖;河道比降较缓,齐齐哈尔市以上为 0.1‰~0.2‰,齐齐哈尔市以下为 0.04‰~0.1‰;主槽水面宽 300~400 m,水深 3~4 m。河道弯曲系数为 1.08。河床质组成从上往下由粗变细,由砂、砂砾逐渐变成细砂、黏土。

2) 第二松花江

松花江南源为第二松花江,长 958 km。根据第二松花江地貌,大致分为 4 段,即河源段、上游江段、丘陵区江段和下游江段。从源头到二道江与头道江汇合的两江口,为河源段。河道长 255.7 km,集水面积 18 724 km²,整个江段位于长白山山地。全江段山岭连绵,森林茂密,植被良好,河谷狭窄,江道弯曲,河底为石质,有岩坎、暗礁和深潭。河源段内有较大支流五道白河、古洞河和头道江。从两江口到丰满电站坝址,为第二松花江的上游江段,长 208.1 km,集水面积 24 237 km²,江段坡降为 0.4‰~1.6‰,河谷呈 V 形。本江段内有较大支流蛟河和辉发河汇入,已建有梯级水电站白山、红石和丰满电站。由丰满电站坝址到沐石河口,为第二松花江的丘陵区江段,长 190.7 km,集水面积 9 457 km²,两岸丘陵海拔 300~500 m。较大支流温德河、鳌龙河和沐石河均位于左岸,呈不对称的河网型,两岸河谷展阔,是主要农业区。沐石河口—第二松花江河口是下游江段,江道长170.9 km,区间集水面积 21 416 km²,江道较宽,沿岸多沙丘,河道中叉河、串沟和江心洲岛较多,江心岛上丛生柳条杂草。本江段内除左岸有大支流饮马河,右岸支流很少。

3)松花江

松花江长 939 km,根据其地形地貌分为上、中、下游 3 段。三岔河至哈尔滨为上游段,长 240 km,河流穿行于松嫩平原中,河道多弯曲,主流不稳定,比降为 0.5‰,主槽宽一般为 400~600 m,个别宽处可达 1 000 m,两岸滩地有较多的残存古河道、泡沼或湿地。哈尔滨—依兰为中游段,河道由平原逐渐进入山前区和丘陵地带,河谷较狭窄,河谷两岸为高平原和丘陵山区;出峡谷后,河道逐渐为弯曲分汊型、蛇曲发育,水流多分汊,河床中沙洲、江心滩和边滩普遍发育。依兰—同江为下游段,上段为依兰—佳木斯,长 111 km,河道蜿蜒分汊,浅滩发育,河宽为 500~600 m,最宽可达 800~1 300 m,比降 1.13‰;下段为佳木斯—同江,长 253 km,河道多汊,两岸为地势平坦的低平原,河道横断面较复杂,江面和滩地开阔,歧流纵横,河床中边滩、浅滩、江心岛、江心滩发育,一般滩地为 5~10 km,主槽宽 1 500~2 000 m,水面比降为 0.1‰。

4)拉林河

拉林河流域上游为黑龙江省和吉林省东部山区,属长白山系张广才岭支脉,地势由东南向西北倾斜,经过低山漫岗过渡到平原。中、下游丘陵状台地一般高程在 230~290 m,地形起伏较大,切割强烈,沟谷发育,地势平坦低洼,出现高漫滩和低漫滩地,沼泽湿地断续明显。

拉林河河源—向阳镇为上游段,主要在黑龙江省五常市境内,支流汇入较多。地处中、低山,丘陵区,崇山峻岭,地势较高,平均主槽河宽 70 m,坡降为 1.7‰~5‰。谷窄流急,属山区河流,河床多为卵砾石。一般高程为 400~1 600 m。其中,有 19 km 为五常市与吉林省舒兰市的界河,界河段河谷狭窄,坡陡流急,河槽宽 45~60 m,河底为大块石和卵石。上游段河谷宽不足 400 m,蕴藏着比较丰富的水利和水力资源。五常市总面积 7 474 km²,96%的面积在拉林河流域,全境由东南向西北呈狭长形,地势东南高,西北低。东南部为山区,最高山秃顶子主峰海拔高程在 1 663 m,降水量在 750~900 mm;西北部最低平原海拔高程仅为 150 m,降水量为 546.5 mm。向阳山—牤牛河口为中游段,此段为丘陵高平原及河谷平原区,地势变缓,海拔在 180~250 m,地面比降在 1‰~4‰,河谷变宽,一般在 2 000 m 以上,五常西宽达 5 000 m,河道多弯曲,水流缓慢,汛期常泛滥成灾。五常西—牤牛河口为五常市和榆树市的界河,流向西北,在榆树市延河朝鲜族乡东北右岸牤牛河汇入。此段内河道宽浅弯曲,河床多为砂质,在弯曲河道上,凸岸有沙洲发展,凹岸冲刷坍陷。洪水频繁,经常造成灾害。牤牛河口以下为下游段,河流蜿蜒西北流,右岸为黑龙江省五常市、哈尔滨市,左岸为吉林省榆树市、扶余市,地势平坦,幅员广阔,土质肥沃,为平原区,海拔在 150~160 m。下游河道弯曲迂回,宽窄不一,且不稳定,主流常宜变迁。背河处沟汊纵横,与主流蜿蜒相通,丰水季节水面相连,枯水期则沟干流断。

5)洮儿河

洮儿河地势西北高、东南低,西北为山地,中部为丘陵,东南部为洪积平原。其中,山区占 65%，丘陵平原占 35%。在察尔森以上为山区，属上游区，山高谷狭，水流湍急，五岔沟以上为森林覆盖，植被较好。察尔森以下至镇西进入丘陵和由丘陵向平原过渡地区，此段河道弯曲，河谷逐渐开阔至 2~5 km，河床由卵石和少量细砂组成，此段为中游。镇西以下为下游区，进入松辽平原，多沼泽湿地。

洮儿河流域的地貌可分为上、下游两个区。上游区，即大兴安岭东坡缓慢隆起剥蚀侵蚀地区，平顶状山体多呈北东向分布，山势自西北向东南逐渐降低，侵蚀剧烈的中低山渐变为侵蚀和缓的丘陵地。河谷多呈 U 形，谷底宽 1~2 km，河流两岸漫滩及台地发育一般，一级阶台地高出河水面 5~10 m，二级阶台地高出河水面 20~30 m。在大兴安岭边缘与松辽平原交接地带，山体低缓，河谷宽阔，宽达 3~5 km 或更宽。地面多呈阶梯状向下游降低，且与北东向断裂系基本相吻合。下游区，波状平原是本区的主要地貌形态，其中西南部地形起伏较大，砂丘、砂垅呈北北西向平行排列，长数千米至数十千米，地面坡度 5°~10°；东南部地势平坦，东部岗地与草原低地相间排列，岗地长十余千米，地面坡度 7°~15°，东北部大部分地区目前已有不同程度的积水，形成沼泽化湿地。

河源—察尔森为上游段，向东南流，长 220 km。该河段两岸多高山，森林植被良好，河流穿行于狭谷之间，索伦以上坡陡流急，河道比降为 2‰~3.3‰，到察尔森附近河道比降则为 1.6‰，河床冲积层系砂卵石层构成，在察尔森水库坝址处覆盖层总厚平均为 12~13 m，河谷宽约 1 100 m。支流众多且短促，面积大于 100 km² 的支流有 18 条。

察尔森水库—洮南市为中游，继续东南流，长 164 km。其又分 3 段，即中游上段、中游中段和中游下段。中游上段，由察尔森水库向下至吉林省洮南市岭下镇龙华吐为洮儿河中游的上段，进入由丘陵向平原过渡地区，此段河道弯曲，河谷逐渐开阔（2~5 km），河道仍奔流在山地间，河床比降在 1.1‰~2‰。主槽宽度一般为 30~50 m，平水期水深 0.3~1.0 m，河床均由块卵石和粗砂组成，河谷狭窄，河道弯曲水流下蚀作用强烈，旁蚀作用较轻。在岭下镇附近，山地多为秃岭，水土流失较严重，在岭下镇四家子一带，靠河右岸，多生长柳丛和矮小灌木林。河床由卵石和少量细砂组成。洮儿河由察尔森下行约 30 km，即到乌兰浩特市，该处河道比降为 1.2‰。洮儿河过乌兰浩特市后，向东南流经葛根庙、岭下等地进入吉林省白城市，河流从山丘开始进入平原地带，葛根庙处河道比降为 0.67‰。龙华吐至洮北区金祥乡白音套海为中游中段，该段两岸地势逐渐平坦，其西部为丘陵地带，东南部大部分是平原区。河流坡降为 0.95‰，河床由卵石、细砂组成，多浅滩，河道弯曲，洪水退落时，水流向两岸冲刷，河岸坍塌现象较为严重，主槽宽 10~20 m，平水期水深 0.5~0.68 m。中游下段，白音套海—洮南镇为洮儿河中游的下段。该段多为大片的平原，沿河两岸大部分是平坦的洼地，河槽比降平缓，为 1.6‰。河道弯曲，流向多变，塌岸现象显著，主槽一般宽 30~60 m，河床为细砂组成。

洮儿河洮南镇以下为下游段，改向东北流至莫莫格自然保护区界折向东流，长 179 km，河道平均比降为 1.6‰~2‰。洮南至内克屯间，两岸地形有很多高低不平的沙丘，土岗断续出现，从哈拉义旱至河夹信子附近，沙丘起伏，此段河流两岸有些岗子，使过流断面变小，抬高水位，阻碍洪水下泄。主槽河宽为 45~60 m，河床泥沙多成浅滩。

5. 径流及泥沙

1）嫩江

嫩江径流属于雨水补给为主类型，径流的年内变化主要受降水的季节变化支配，并受融雪水补给影响。江桥站多年平均径流量为 225.32 亿 m^3，大赉站平均径流量为 239.25 亿 m^3，径流年际变化较大，大赉站最大年径流量为 661.44 亿 m^3，最小年径流量为 71.77 亿 m^3，最大年径流为最小年径流的 9.22 倍。

暴雨是形成嫩江流域洪水的主要因素，多发生在 7—9 月，占全年的 84.8%，其中 8 月暴雨场次最多，占 39.8%。一次暴雨历时一般为 3 d，主要集中在 1 d 内。从点暴雨资料分析，1 d 雨量占 3 d 雨量的 90% 左右，最高可达 95.4%。洪水是由于降雨历时长范围广、累计总雨量大而形成较大洪水。

嫩江为少沙河流，泥沙测验资料不多，而且不连续。现有泥沙资料多为中华人民共和国成立后实测，但也只有悬移质输沙量资料，而无推移质输沙量资料。根据水文站资料统计，受流域内地形地貌、气象、水文等自然条件影响，年输沙模数分布呈现东南部大、西北部小，丘陵区大、山区和平原区小的特点。大赉站年最大输沙量为 1 333 万 t，最小输沙量为 25.3 万 t，最大输沙量为最小输沙量的 52.7 倍，年最大输沙量为多年平均输沙量的 8.8 倍。嫩江流域泥沙年际变化较大，泥沙的年内分配与水量分配基本一致，主要集中在汛期，且沙量比水量更集中，6—9 月沙量占年沙量的 63%~99.7%。

2）第二松花江

第二松花江吉林站多年平均径流量为 137.9 亿 m^3，扶余站平均径流量为 160.7 亿 m^3，扶余站最大年径流量为 294.4 亿 m^3，最小年径流量为 68.7 亿 m^3，最大年径流为最小年径流的 4.29 倍。汛期 5—9 月径流量约占年径流量的 60%。

第二松花江洪水主要由暴雨产生，年最大洪峰流量多发生在 7—9 月，以 7—8 月为最多，年最大洪峰流量发生在 7—8 月的共计 124 次，占总数的 80%。一次暴雨历时 3 d 左右，雨量集中。第二松花江干流洪水多呈单峰型，历时 7~11 d。当几次连续降水发生时，洪水呈双峰型，过程线历时一般不超过 15 d。支流过程线多为单峰型，洪水过程为陡涨陡落，历时为 3~7 d。

第二松花江是吉林省少沙河流，泥沙观测最早始于 1935 年的吉林站，松花江站和扶余站 1955 年开始有泥沙观测资料。第二松花江上游林木茂盛，植被覆盖较好，但中下游开垦有较多的农田，输沙量较大。扶余站多年平均输沙量为 219 万 t，年最大输沙量为 523 万 t，年最小输沙量为 34.7 万 t，最大输沙量为最小输沙量的 15.1 倍，年最大输沙量为多年平均输沙量的 2.4 倍，年际变化较大。

由统计资料分析，第二松花江悬移质泥沙的年内分配与水量分配基本一致，主要集中在汛期，且沙量比水量更集中，6—9 月沙量占年沙量的 63%~99.7%。

3）松花江

松花江干流哈尔滨站多年平均径流量为 456.69 亿 m^3，佳木斯站多年平均径流量为 730.54 亿 m^3，佳木斯站最大年径流量为 1 249.90 亿 m^3，最小年径流量为 339.68 亿 m^3，最大年径流为最小年径流的 3.68 倍。径流年内分配不均,主要集中在夏季。

松花江干流洪水主要来自嫩江、第二松花江,洪水受河槽调蓄的影响,传播时间较长。年最大洪峰出现在 8—9 月较多,年最大洪峰出现在 7—9 月的占 83.7%,出现在其他月份的占 16.3%。

松花江干流为少沙河流,无推移质输沙量观测资料,只有悬移质输沙量资料,而且泥沙观测资料不连续。哈尔滨站年最大输沙量为 1 170 万 t,年最小输沙量为 150 万 t,最大输沙量为最小输沙量的 7.7 倍,年最大输沙量为多年平均输沙量的 1.72 倍,松花江干流悬移质泥沙的年内分配与水量分配基本一致,主要集中在汛期,且沙量比水量更集中,6—9 月沙量占年沙量的 63%~99.7%。

4) 拉林河

拉林河蔡家沟站多年平均径流量为 35.41 亿 m³,最大年径流量为 66.90 亿 m³,最小年径流量为 8.63 亿 m³,最大年径流量为最小年径流量的 7.75 倍。径流年内分配和降水的年内分配基本一致,汛期水量集中。

拉林河一年中有两个汛期,即春汛和夏秋汛。春汛发生在 4 月上旬,以融雪为主。夏秋汛一般发生在 7—8 月,洪水主要来源于集中降水。拉林河上游是暴雨中心,也是洪水的主要发源地。拉林河洪水过程线多为单峰型,上游河段峰高历时短,洪水暴涨暴落。

蔡家沟站泥沙年际变化较大,蔡家沟站年最大输沙量为 257.0 万 t,年最小输沙量为 5.24 万 t,最大输沙量为最小输沙量的 49.0 倍,年最大输沙量为多年平均输沙量的 3.9 倍。泥沙输移主要在汛期 4—10 月。

5) 洮儿河

洮儿河每年 10 月下旬至 11 月初结冰,开河在翌年 3 月末至 4 月初,终冰在 4 月中旬。洮儿河多年平均径流量为 17.4 亿 m³,水资源总量为 38.665 亿 m³,其中洮儿河上游为 16.873 亿 m³,中、下游为 21.792 亿 m³。

洮儿河属松辽平原西部半干旱风沙地区,由于 5—6 月降水很少,加上风大蒸发,几乎年年都发生春旱。7—8 月降水集中,沿河一带地势低洼、微地形起伏、径流不畅、地下水位高、河水顶托等,涝灾频繁。

洮儿河流域多年平均年含沙量为 0.579 kg/m³,多年平均年输沙量为 110 万 t。

3.5.1.2 辽河流域

1. 自然地理

辽河流域位于中国东北地区的西南部,地理坐标东经 116°54′~125°32′,北纬 40°30′~45°17′。流域东以长白山脉与第二松花江、鸭绿江流域分界;西侧接壤大兴安岭南端,与内蒙古高原的大、小鸡林河及公吉尔河流域相邻;南部及西南部以七老图山、努鲁儿虎山、医巫闾山与滦河、大/小凌河流域毗邻;北以松辽分水岭和松花江流域接壤;南侧为渤海。整个流域东西宽约 770 km,南北长约 539 km。

辽河流域内东部、西部以及南部的西端,被群山环绕,地势较高,一般海拔在 500 m 以上,为中、低山丘陵地区;北部为海拔 200~300 m 岗丘地形的松辽分水岭;中部即为著名的辽河平原;南部为渤海。东部的千山、龙岗山和吉林哈达岭,一般海拔在 200~1 000 m,绝大部分为海拔低于 800 m 的低山丘陵区。比高为 150~700 m,山势较缓、河流发育、林木茂盛,属剥蚀侵蚀中低山丘陵区。少数峰岭,如千山山脉的摩离红山(海拔 1 013 m)、十花顶子山(海拔 1 081 m)和老秃顶子山(海拔 1 025 m),海拔略高于 1 000 m。

西南端的七老图山、医巫闾山和努鲁儿虎山一般海拔为 500~1 500 m,比高为 150~1 000 m,属侵蚀剥蚀和侵蚀褶皱断块中低山丘陵地貌。该段内河流切割较强烈、山体坡岭较陡,地形较零散。在其山坡下段因风力作用和风化作用,常有较厚的第四纪风积或残积物堆积。在赤峰—盖合公一带还有大片玄武岩和风成黄土台地分布。主要山峰有医巫闾山的望海峰(海拔 879 m)、努鲁儿虎山主峰(海拔 1 153 m)和七老图山的光头山(海拔 1 490 m)等。

西部北段的大兴安岭山脉,起伏连绵,高程变化在 1 000~2 000 m,比高在 600~1 000 m。其最高山峰黄岗梁,海拔在 2 029 m,位于克什克腾旗经棚镇北,是东北地区的第二高峰,其地貌类型属寒冷的剥蚀侵蚀和断块褶皱中低山丘陵地貌,主要以中山为主,在大兴安岭东坡和南坡一带地势较低缓,构成了环绕中山或中低山的低山丘陵或丘陵地带,并见有二类夷平面,风积土的堆积,相应的地貌作用以侵蚀为主,伴有侵蚀和堆积发生。

辽河平原是松辽平原的一部分。这里地域广阔、地势低平、河流蜿蜒、堆积物巨厚。一般第四纪松散层厚度为数十米至百余米,最厚处在开鲁一带可达 208 m。辽河平原的高程变化具有自北向南、自四周向中间倾斜降低的特点,一般由东、西、北部的 450~250 m,向干流降低至 200~140 m,再向南降低至 50~3 m 而与渤海相接(比高为 30~1 m),该平原大致以铁法、康平丘陵地和东、西辽河汇合口处的福德店为界,分为上、下辽河冲积平原和西辽河的沙陀平原、沙质平原等 4 个亚区。

西辽河平原在靠近大兴安岭山前一带,分布有冲洪积和风积黄土等构成的波状倾斜平原,该平原的倾斜坡度约为 1%,其上冲沟发育,地形切割剧烈,常形成岗垅状土梁和坳沟。至开鲁以东,地势变为平缓,风沙地貌形态十分明显,低地中散布有许多湖沼、洼地。大致以辽河、西拉木伦河为界,其南岸广泛分布有沙垅、沙丘,其中沙丘又有流动型、半固定型和固定型 3 类,它们与坨甸湿地相间,构成了沙陀平原地貌形态。在北岸风沙作用减弱,形成了以冲洪积为主,伴有风积的沙质平原地貌。

2. 河流水系

辽河发源于河北省七老图山脉的光头山,流经铁岭市、沈阳市、鞍山市、盘锦市。辽河全长 1 345 km,流域面积 22.11 万 km²,铁岭站多年平均径流量为 35.22 亿 m³。辽河上游老哈河北流—内蒙古自治区赤峰市,于翁牛特旗大兴乡海流村与其支流西拉木伦河汇合后称作西辽河;老哈河干流长 425 km,流域面积 2.97 万 km²;老哈河流经内蒙古赤峰市的宁城县、喀拉沁旗、元宝山区、松山区及敖汉旗,辽宁省建平县等,兴隆坡站多年平均径流量为 10.18 亿 m³;其主要支流有八里罕河、坤都冷河、英金河、羊肠子河等 10 条。辽河左侧支流东辽河发源于吉林省东辽县安平乡小寒葱顶子山,河流长 516 km,流域面积 1.15 万 km²,王奔站多年平均径流量为 7.84 亿 m³;流经吉林省的辽源市、公主岭市、梨树县、双辽市、辽河垦区,辽宁省的西丰县、昌图县和康平县等市(县、区);支流有拉津河、渭律河、灯杆河、乌龙半截河、大梨树河、小梨树河等。

辽河主流上游老哈河汇合西拉木伦河后称西辽河,在辽宁省昌图县福德店附近纳入左岸支流东辽河后始称辽河。辽河向南流至六间房分成两支:一支西行称双台子河,在盘山纳入绕阳河后注入渤海;另一支南行原称外辽河(于 1958 年人工堵截),在三岔河纳入浑河及太子河称大辽河,经营口注入渤海。辽河左岸主要支流有招苏台河、清河、柴河、泛河、浑河、太子河等,右岸支流主要有秀水河、养息牧河、柳河等。

3. 水文气象

辽河流域地处温带大陆性季风气候区,各地气候差异较大,雨热同季、日照时间长、冬季寒冷期长、春秋季短、东湿西干、平原风大是其特点。

流域内多年平均气温自下游平原向上游山区逐渐递减。其中,河口附近气温在 9 ℃左右,其他地区气温均在 4 ℃以上。年内温差较大,最高气温在 7 月,为 22~24 ℃,绝对最高气温曾达 42.5 ℃(1955 年赤峰站),一月气温最低,为-17~-9 ℃,极端最低气温为-41.1 ℃(1966 年西丰站)。流域年平均相对湿度为 49%~70%,自东向西减少。相对湿度以春季最小、夏季最大、秋季居中。4 月为年相对湿度最小月份,各地都低到 60% 以下。其中,西拉木伦河与老哈河地区更甚,低到 40% 左右。夏季 7—8 月相对湿度可高达 70%~80%。流域年平均蒸发量在 560~1 320 mm,其分布与相对湿度相反,由东向西递增。5 月蒸发量最大,全流域各地都在 79~215 mm;1 月蒸发量最小,各地为 6~26 mm。流域的日照时数以西部地区较多,全年达 2 700~3 000 h;东部山区时数较少,为 2400~2 600 h,中部地区在 2 500~2 700 h。年内日照时数以 5 月最长,12 月最短。辽河流域冬季大部分地区多西北风或北风,夏季多偏南风。流域内多年平均风速 2~4 m/s,西部地区风力较大,最大风速在 3—5 月,如赤峰站 4 月曾出现 40 m/s 的特大风速。辽河流域无霜期一般在 150~180 d。辽河冬季全有降雪,初雪在 10 月中下旬或 11 月上旬,终雪在 3 月下旬至 4 月中旬,积雪以东部和西部山区最厚,最大厚度在 30 mm 以上。辽河流域的冻土深度由下游向上游递增,下游地区平均冻深在 0.9 m 左右,上游山区可达 2 m 以上。辽河流域东西部山丘区一般在 10 月中旬开始结冰,11 月下旬至 12 月上旬开始封冻,河流开河日期一般在 3 月中下旬。河流封冻 85~130 d。最大河心冰厚一般为 0.5~1.0 m,上游山区最大可达 1.5 m 以上。

4. 地形地貌

辽河流域位于松辽平原和低山区,上游段属低山剥蚀地形,中、下游为冲积平原,局部为山前台地,河床宽 0.5~5.0 km。一、二级阶地和高漫滩发育。地层多为二元结构。第四系松散堆积层发育深厚,为 40~210 m,上部多为黏土和粉土层;下部多为细、中、粗砂层和砂砾石层。

1) 东辽河

东辽河流域位于东经 123°35′~125°32′,北纬 42°36′~44°08′,河流全长 360 km,流域面积为 1.04 万 km²。流域地处吉林省东部长白山向西部松辽平原的过渡地带,地势总趋势是东高西低。上游(二龙山水库以上)主要以丘陵为主,间有少量低山,植被较好,海拔在 258~598 m;中游(二龙山水库以下至中长铁路大榆树桥间)属于丘陵地区,无大支流,水量受二龙山水库控制;下游(中长铁路大榆树桥以下)转入平原地区。流域中游即二龙山以下至城子水文站属丘陵地区,有大小支流十几条,河道弯曲,河底由泥沙及少量卵石组成。城子上站以下为平原区,两岸为耕地,有堤防,是重要农区。较大支流有卡伦河、小辽河、新开河汇入,原来干流河道弯曲,坍岸现象严重,后经多次整治,裁弯取直,洪水宣泄畅通。河水浑浊含沙量较大,河底为淤泥质。按形态和成因可划分为 4 个地貌单元,即构造剥蚀低山丘陵(Ⅳ)、堆积冲积湖积低平原(Ⅲ)、剥蚀堆积冲洪高平原(Ⅱ)、堆积冲积湖沼堆积河漫滩(Ⅰ)。本流域内除丘陵低山区部分岩基出露外,第四系地层广泛分布。

2)老哈河

辽河上游即老哈河,发源于河北、辽西山地的七老图山的光头山北麓,属阴山山系。河源至黑里河口,长 57 km,两岸山高谷深,为辽河上游各支流的发源地,河网比较发育。河道水流湍急,平均比降为 7.4‰,泉水丰富,长年补给河水,河床多为砂砾石。黑里河口—红山水库河长 217 km。河流由山区开始进入黄土丘陵区。河槽宽 200~600 m,河流两岸比较开阔,地势呈南高北低,左岸多低山地形和起伏的黄土低山丘陵地带,比高为 50~60 m。广泛覆盖着厚度不等的黄土层,植被覆盖率较低,山坡上冲沟发育,水土流失严重。右岸则多沙丘地貌,地势低平,沿河两岸有 3~5 km 宽河漫滩,呈河谷平川展布。老哈河在这段区间内,水系发育,从上至下有八里罕河、北小河、牤牛河、坤都伦河、海棠河、英金河、崩河、羊肠子河等支流汇入,水量增加,河床左右摆动,变幅在 200 m 左右,河道比降在 2‰~2.5‰。本河段因受黄土丘陵地形和植被覆盖稀疏的影响,水土流失较为严重,多年平均土壤侵蚀模数为 2 565 t/km²,河流水量增加,河水含沙量加大,一般多年平均含沙量为 44 kg/m³,是辽河主要泥沙来源的地区之一。老哈河进入红山水库库区段后,河道左岸是低山区,比高为 50~60 m;右岸多沙丘,地势较低平,水面宽约 400~500 m。老哈河红山水库坝址—海流图西拉木伦河汇入口是老哈河的下游段,河长 151 km,河道比降 0.9‰,该河段没有支流加入。高日罕以下,老哈河河谷逐渐展宽,两岸地形也由沙丘台地逐渐过渡为沙丘平原,大部分为流动沙丘和半流动沙丘,近年来由于采取了有效的固沙措施,生态环境有所好转并与西辽河平原连为一体,河宽达 1 000~2 000 m。河身宽浅,较顺直,河床变形迅速,主流摆动不定,大水漫滩,水流含沙量大,显示下游河段已具有游荡性河道的特点。

5. 径流及泥沙

1)东辽河

东辽河王奔站多年平均经流量为 7.84 亿 m³,最大年径流量为 21.62 亿 m³,最小年径流量为 0.7 亿 m³,最大年径流约为最小年径流的 30.9 倍,年际变化较大。东辽河流域受地形影响,降水量分布不均,南、东南和西南偏多,北部偏少,低山的南麓偏多,北部偏少。整个趋势由南向北递减。多年平均降水量为 566.6 mm,降水在年际和年内分配不均,年降雨量极值比为 3 倍以上,6—9 月径流量占年径流量的 80%,多年平均蒸发量为 747~881 mm,夏汛多由暴雨形成,主要集中在 7—8 月,暴雨洪水也有明显区域性,东辽河上游地区为暴雨出现较多的地区。

东江河二龙山站多年平均输沙量为 6.02 万 t,年最大输沙量为 28.8 万 t,年最小输沙量为 0.341 万 t。

2）老哈河

老哈河兴隆坡站多年平均径流量为 10.18 亿 m³,最大年径流量为 29.30 亿 m³,最小年径流量为 3.84 亿 m³,最大年径流为最小年径流的 7.6 倍。

老哈河洪水主要由暴雨形成,发生时间在 6—9 月,主要集中在 7—8 月。一次暴雨历时在 3 d 左右,相应一次洪水过程在 6 d 左右。洪水过程线的形状一般情况是底部平缓、洪峰附近较为尖瘦,洪峰滞时较短,洪水过程陡涨陡落。

老哈河流域多是黄土丘陵地区,地表植被差,水土流失严重,是产沙的高值区。老哈河兴隆坡站多年平均输沙量为 2 223.9 万 t,最大年输沙量为 14 012 万 t,最小年输沙量为 69.42 万 t,两者倍比为 202,输沙量年际变化很大。老哈河泥沙输移多集中在大洪水年份,水沙同步,且沙量比水量更集中。一般汛期沙量占年沙量的 90% 以上,而 7—8 月的沙量占年沙量的 80% 左右。

3.5.2　西南寒区拉萨河流域典型河道概述

3.5.2.1　自然地理

拉萨河位于西藏中南部,发源于念青唐古拉山脉中段北侧的罗布如拉,沿途流经墨竹工卡县、达孜区,最后经过拉萨市。拉萨河的干流呈一个巨大的 S 形,从东北向西南伸展,全长 568 km,流域面积 31 760 km²。拉萨河两岸山峰多在 3 600~5 500 m,是世界上最高的河流之一。

这里气候温和,地势平坦,土质较厚,水源充沛,土质较好,流域内拥有丰富的高原动植物以及地热资源,是西藏主要粮食产区之一。

河源地区为平坦湿地,海拔 5 200 m,汇入口海拔 3 580 m,总落差 1 620 m。从源头始,至彭错、色日绒、绒麦、直孔等地。流域东西长约 551 km,流域面积 32 471 km²。流域北部山峰海拔 5 000~5 500 m,谷底海拔 4 000~4 500 m,相对高差约 1 000 m。流域南部山峰海拔 4 000~4 500 m,谷底海拔 3 580~4 000 m。

桑曲发源于色尼区古露镇西北部,属于拉萨河上游热振藏布的一级支流,河道长度约 95 km,河源高程为 5 170 m。

麦地藏布为拉萨河上游段,发源于嘉黎县西北念青唐古拉山脉南麓,河源高程在 5 000 m 以上。河道总长 265 km,流域面积 10 687 km²,平均坡降约为 3.7‰。

3.5.2.2　河流水系

桑曲河道自源头流经萨错村、那卡角村、古露镇、格托村、郭尼村、开顶等村镇,在卓木岗附近与麦地藏布汇合后汇入热振藏布。桑曲水系较为发育,自上游至下游,汇入河流包括左岸胆布曲、唐旺曲、拉玛曲、云玛曲、波曲等,右岸克拉曲、玉龙曲、玉琼曲、巴布龙曲、果立曲等。

麦地藏布流经研究区嘉黎县麦地卡乡、林堤乡、藏比乡、措多乡、绒多乡。麦地藏布水系发达,支流众多,主要支流有玛容河、布嘎河、麦地河、热念河、色马河、玛久河、雅砻河、嘎尔当河、麦曲等。

3.5.2.3 水文气象

拉萨河流域气候寒冷干燥,年平均降水量 400~500 mm。大多数降水在夏季(5—9月),冬天干旱几乎无雪。该地区多风暴,冬末和春天风暴频繁。1 月平均气温 0 ℃,7 月17 ℃,极端气温为-14 ℃和 31 ℃。

3.5.2.4 地形地貌

拉萨河总落差 1 620 m,平均坡降 2.9‰。从河源至桑曲汇入口为上游段,长 256 km,落差 960 m,平均坡降 3.8‰,河流蜿蜒于丘陵宽谷盆地之中;自桑曲汇入口到直孔为中游段,长 138 km,落差 360 m,平均坡降 2.6‰,河谷宽度从 700 余米逐渐展宽到 1~2 km,河谷两侧阶地发育;自直孔以下为下游段,长 157 km,落差约 300 m,平均坡降 1.9‰,水流平缓。墨竹工卡以上的下游河段,河流较平直,河床较稳定,谷底宽 1~3 km;墨竹工卡以下河流迂回曲折,多汊流,谷底宽一般为 3~5 km,拉萨附近可达 7.8 km,属典型的宽谷河段。拉萨至泽当间可通行牛皮船。拉萨河流域面积仅占西藏总面积的 2.7%,而流域内的人口、耕地却约占全自治区的 15%,是西藏工、农、牧业集中的地区。高原古城拉萨市就坐落在该河下游右岸。

桑曲河道总体流向由北向南,源头至果立曲汇合口段流向由北向南,该段位于开阔宽谷区,河流支汊多,河道散乱,主河道不明显;果立曲至波曲汇合口段流向由西向东,波曲至河口段流向由北向南,该段位于高山低谷区,两岸高山林立,河道主流明显。河宽 30~70 m,河道平均比降约 5.9‰。麦地藏布流域地势北高南低,强烈的地质构造运动为其塑造了地形地貌的基本轮廓,地貌轮廓框架及主要山脉皆受东西向构造带所控制,呈东西向展布。河源至林堤乡之间为上游,河宽 55~130 m;林堤乡至藏比乡为中游,河宽 50~150 m;藏比乡以下为下游,河宽 40~120 nm。

3.5.2.5 径流及泥沙

流域大洪水由连续暴雨形成,产生暴雨的天气影响系统主要有西风带低压槽切变、涡切变、副高边缘、赤道辐合带等。径流以降雨补给为主,其次是融冰、融雪。径流的分布与降水量的分布一致,径流年际变化相对不大,年内分配不均匀,6—9 月径流量占全年径流量的 74.9%,4—5 月径流量占全年径流量的 6.3%,10—11 月径流量占全年径流量的 11.4%,12 月至翌年 3 月径流量占全年径流量的 7.4%。流域内春季多风,最大风速多发生在 3—5 月。无霜期短,仅 90~110 d。平均日照时数为 2 279.4~2 965.9 h。

流域洪水按降雨特性分为大面积强降雨过程洪水和局部暴雨洪水。干流大洪水通常由大面积强降雨形成,支流中小洪水多由局部暴雨形成。洪水发生时间同暴雨一致,主要在 6—9 月,其中年最大洪水多发生在 7 月、8 月两月。干流洪水历时一般为 5~10 d,较大洪水过程可达 15 d 以上。洪水过程平缓、多峰,涨退缓慢。

　　区域河流多属于少沙河流,主要由于其地理位置海拔较高,气候寒冷,地面长时间封冻,流域产沙能力很小。根据达萨站 5 年实测泥沙资料分析,多年平均悬移质输沙量仅 7.33 万 t,同期多年平均流量 34.8 m^3/s,多年平均含沙量 0.067 kg/m^3。

第 4 章　河道采砂管理规划

　　我国河流众多,江河湖泊内的砂石资源较为丰富,然而,河道采砂管理工作线长面广,问题较多,近年来显得尤为突出。《中华人民共和国水法》《中华人民共和国防洪法》《中华人民共和国河道管理条例》等法律、法规,在明确各级人民政府水行政主管部门管理主体地位的同时,还明确了相应的管理责任,无疑为有效解决河道采砂管理工作中的问题,逐步实现河道采砂管理的规范化奠定了坚实基础。本章在分析河道采砂规范化管理必要性的基础上,提出编制采砂规划的基本原则、主要任务和目标,可采区、禁采区、保留区规划具体原则和方案,为各地区编制采砂规划提供借鉴。

4.1　河道采砂规范化管理的必要性

　　河道采砂存在的问题,主要反映在管理上。有关管理决策的不断调整使有关法律、法规不断得到修改、完善。自各项法律、法规颁布实施以来,各地逐步加大河道采砂管理的力度,在保障河道防洪安全和两岸人民生命财产安全方面,做了大量工作:一是针对当地实际情况,制定了贯彻《中华人民共和国水法》《中华人民共和国河道管理条例》实施办法,以及其他配套规章制度;二是按照河道分级管理权限,审批发放采砂许可证,并依法征收河道采砂管理费;三是逐步厘顺河道采砂管理体制;四是逐步加大执法力度,打击非法采砂活动;五是逐步推行制定采砂规划,为实现科学管理奠定基础。

　　松辽流域河道内砂石资源储量丰富,开采历史悠久。随着新一轮东北老工业基地振兴的持续推进,砂石供应紧张局面将长期存在,砂石开采利用与人、水和谐之间的矛盾,与水资源保护、供水工程、防洪工程、航运之间的矛盾将日益突出,采砂管理难度日益增大。由于没有制定统一的河道采砂规划,砂石开采处于无序状态,有些地区出现了乱挖、乱采情况,破坏了河床的自然形态,影响了河道生态环境。河道采砂直接关乎水行政主管部门在流域防洪、水资源、水环境、水文情势、河道建设管理等方面的管理职责。因此,通过编制松花江、辽河重要河段河道采砂管理规划,规范河道采砂活动,推动河长制、湖长制工作取得成效,建立河湖采砂管理长效机制,明确各级水行政主管部门的管理职责和管理权限,将采砂活动纳入法治化、科学化、制度化的轨道是十分必要的。

　　(1)河道采砂规范化管理是合理开发利用河砂资源的需要。河床砂石是河道稳定、水沙平衡的物质基础。肆意开采、滥采乱挖河砂必将给河道的河势、防洪、航运、生态与环境等方面带来严重的负面影响。没有制定统一的采砂专业规划,明确河道的禁采范围和可采区、禁采期和可采期,控制开采总量和年度开采量,是众多河流砂石资源的开采利用出现掠夺性开采局面的重要原因之一。河道采砂管理走上依法科学、规范、有序的正轨,迫切需要以科学的采砂规划为指导。床沙是河道挟带泥沙的水流与河床相互作用的产物,河道内的砂石具有自身的流动性、储量的变动性、资源的再生性等特点。但如果不对河道采砂进行科学的规划,而无限制地、掠夺式地开采河砂,将会破坏相对稳定的河势,破坏河道的冲淤平衡。因此,制定河道采砂规划是合理开发利用河砂资源的需要。

（2）河道采砂规范化管理是完善流域专业规划的需要。按照合理开发、利用和保护河流的总体要求，流域内各项综合利用规划逐步完善，如河道治理规划、防洪规划、航运规划、岸线利用规划等。河道采砂规划是水利规划中的专业规划，是对河道采砂活动加以控制和引导的重要手段。现阶段河道采砂存在的问题十分突出，已经成为社会和人民群众关注的焦点。实施河道采砂规范化管理，既是为了满足河道采砂管理的需要，也是为了满足完善流域相关专业规划的需要。

（3）河道采砂规范化管理是切实维护河势稳定、保障防洪等公共安全的需要。河道砂石的利用首先是以确保公共安全为前提，非法开采及滥采乱挖对河道防洪、河势稳定、供水安全的影响较大，主要表现在危及河道行洪安全，影响供水、灌溉、水文观测等工程设施发挥作用，威胁桥梁等涉水构筑物的安全，破坏河道水质，同时极易引起水事纠纷，给社会安定带来不良影响。因此，为维护河势稳定，保障防洪安全、供水安全和基础设施安全，达到在保护中开发利用、在利用中更好保护的目的，迫切需要进行系统的采砂规划，以更好地指导采砂活动科学、有序开展。

（4）河道采砂规范化管理是进一步加强河湖保护，维护河湖健康生命的需要。无序采砂严重破坏水资源，影响供水水质，恶化和诱发水环境及水生态灾害。采砂作业会引起采砂附近河段局部水体的悬浮物浓度增加，造成采砂区及其附近水域的水质污染；采砂会引起河流形态变化，造成采砂范围附近水流和河床底质发生变化，将会对水生生物栖息地产生一定影响，破坏经长期形成的鱼类产卵环境，造成鱼类产卵场破坏或产卵规模萎缩，影响洄游鱼类正常洄游，从而对水生生物的生存和繁衍、迁徙造成不利的影响。同时，无序采砂对国家级水产种质资源保护区和湿地生态自然保护区产生不良影响，破坏湿地景观，对水禽摄食、繁殖等行为产生干扰。通过编制河道采砂规划，实施禁采区和禁采期严格管理措施，有利于保护河湖湿地和自然保护区的生态环境。

（5）河道采砂规划是科学规范采砂行为，促进砂石资源持续合理利用的指导文件。河道泥沙是挟沙水流与河床相互作用的产物，泥沙的输移特性决定了河流中每年可供开采的砂石资源是有限的。为保持采砂河段河床基本稳定，泥沙冲淤处于动态平衡，必须合理规划采砂范围和采砂深度。如无节制掠夺性地采砂，不利于砂石资源的续利用。目前，部分地区虽然制定了采砂管理的有关法规文件，但由于缺乏科学的采砂专业规划，没有划定河道的禁采区和禁采期没有对开采总量等进行统一的规划，采砂管理缺乏科学依据，难以规范采砂行为。随着经济建设的迅速发展，今后一个时期对河道砂石资源利用的需求量将会进一步增加。因此，尽快制定采砂专业规划，保障砂石资源的可持续利用，为适度、合理地利用河道砂石资源提供科学依据，是规范采砂管理行为，将河道采砂纳入科学化、规范化管理的需要，是实现河道采砂管理有法必依、依之有据的需要。

4.2　采砂规划基本原则

以习近平新时代中国特色社会主义思想为指导,全面贯彻党的二十大和历次全会精神,牢固树立新发展理念,坚持"节水优先、空间均衡、系统治理、两手发力"治水思路,以维护河势稳定和保障防洪安全、供水安全、通航安全、生态安全、重要基础设施安全为前提,协调相关流域和区域规划,尊重河道演变及河势发展的自然规律,合理规划采砂分区,科学分配采砂总量,指导河道采砂依法、科学、有序地开展,强化河道采砂活动监管,实现河湖生态系统的科学保护和砂石资源的合理利用。

河道采砂遵循的基本原则是科学规划、总量控制,有序开采、保护生态,严格监管、确保安全。编制河道采砂规划的基本原则为:

(1)生态优先、长效保护。落实人与自然和谐共生、绿水青山就是金山银山理念,正确处理河湖保护和经济发展的关系,以全面推行河长制、湖长制为依托,按照相关法律、法规要求,管好盛水的"盆",护好"盆"中的水,保持河道采砂有序可控,维护河湖健康生命。

(2)统筹兼顾、科学论证。统筹兼顾当前与长远,正确处理保护与利用、规划与实施、实施与监管的关系。坚持维护河势稳定,充分考虑防洪安全、供水安全、通航安全以及沿河涉水工程和设施正常运用的要求,与各流域或区域综合规划以及防洪、供水、河道整治、航道整治、生态保护等专业规划相协调。

(3)因地制宜、总量控制。河道采砂应考虑不同河段的河道冲淤特性,坚持总量控制,坚持采砂与河道整治、航道整治相结合的方向,促进疏浚弃砂的合理利用,使规划成果充分体现科学性,突出规划的宏观性、指导性、协调性、适应性、可操作性。

(4)依法行政,强化监管。要按照《中华人民共和国水法》《中华人民共和国防洪法》《中华人民共和国河道管理条例》等法律、法规要求,结合河道冲淤特性,科学确定采砂控制总量。针对河道采砂管理中存在的突出问题,研究制定强化河道采砂综合管理的措施,完善河道采砂管理制度,健全长效管理机制,全面规范采砂秩序,实现河道科学保护和砂石有序利用。

4.3　采砂管理的主要任务和目标

河道采砂应当结合河道整治来开发利用河道中的砂石资源,而不应当单纯地从经济利益出发。河道采砂管理部门要尊重河道的河势演变客观规律,按照整治河道、保证防洪(或通航)安全的需要和"治河、清障、固堤、采砂"相结合的原则,对河道采砂进行许可审批,并根据河势、水情、工情、水生态环境等实际情况的变化,适时调整开采范围、开采量,使河道采砂有计划、有目的、有秩序地进行。

河道采砂管理要从促进经济社会和谐发展的大局出发,树立科学发展观,使河道采砂管理工作服从经济发展的大局,在管理中做到依法行政、规范程序、强化服务、简化手续、提高效率,使河道采砂管理工作走上依法、科学、规范、有序的正轨。河道采砂管理工作,就是要通过加强管理保障河势稳定,保障防洪安全和通航河段的通航安全,保障重要水工程设施安全,以及维护沿岸群众生产生活的正常秩序。

在充分调查分析河道采砂现状和存在问题的基础上,根据流域内规划重要河段河道的演变情况、演变趋势及水文泥沙特性,结合经济社会发展要求,统筹考虑保障防洪、供水和通航安全、保障沿江或沿河涉水工程和设施正常运用以及水生态环境保护等方面的要求,确定研究范围和规划期,提出河道采砂的控制条件,科学划定各河段禁采区、可采区、保留区,合理确定年度采砂控制总量和禁采期,研究提出采砂规划实施及管理要求。

4.4　采砂分区规划

采砂分区规划要综合河势稳定、防洪安全、供水安全、沿河涉水工程和设施正常运行、生态环境保护等方面的要求,并充分考虑河道特性和泥沙补给情况,结合不同河流的特点和不同地区经济发展程度的差别,综合考虑与流域综合规划等规划相协调,从增强规划的指导性和可操作性出发,提出各河段禁采区、可采区和保留区规划方案。首先,根据禁采区规划原则和方法,按照环境敏感区、已建工程保护要求以及河道管理需求划定禁采河段和禁采区域;其次,根据可采区规划原则和方法,规划可采区;最后,将河道范围内禁采河段、禁采区域和可采区外的区域划定为保留区。

4.4.1　采砂分区相关定义

河道采砂分区包括禁采区、可采区和保留区。

禁采区是指根据现行的法律、法规、规章、规范的相关规定以及河道管理的相关要求,在河道管理范围内禁止采砂的河段或区域。根据其分布特点,禁采区又分为禁采河段和禁采区域。禁采河段为河道两断面之间的整个区域,一般为重要性十分突出、生态保护意义较为重大,或采砂对河势演变、水生态环境等相关影响难以掌控的河段,如坝下游河道冲刷区、自然保护区、集中式饮用水水源地保护区、生态保护红线、国家公园、森林公园、地质公园、湿地公园等涉及的全部河段;禁采区域为呈横向斑块状分布或不连续的生态环境敏感区,涉水工程前沿、上下游或四周的局部区域,该区域与涉水工程的保护范围有关。

可采区是指在河道管理范围内采砂对河势稳定、防洪安全、供水安全、通航安全、水生态环境保护以及沿江涉水工程和设施无影响或影响较小,允许进行砂石开采的区域。可采区范围较小,一般只占河道的很小部分,通常以坐标点进行控制。

保留区是指在河道管理范围内采砂具有不确定性,需要对采砂可行性进行进一步论证的区域。对于有采砂需求和管理要求,又存在不确定性因素的区域,一般将河道中除禁采区、可采区外的区域均划定为保留区。

采砂分区的划分是封闭的,即河道管理范围内的任一区域属于采砂分区类型中的某一种。其中,可采区和禁采区的范围相对固定,禁采区根据国家或行业有关行政法规和技术标准,按照不同涉水工程的保护范围划分。由于河道中涉水工程数量随着经济建设的需要是不断变化的,因此禁采区和保留区是动态的。规划期内,若环境敏感区、基本农田、生态保护红线范围、涉水工程等发生变化或调整,应根据调整情况对采砂分区进行调整。

4.4.2　禁采区划定

4.4.2.1　河道采砂控制条件分析

1. 河势稳定与防洪安全对河道采砂的控制条件

在河道的长期演变过程中,通过挟沙水流与河床的相互作用,形成了相对稳定的河床形态。河道演变与上游来水来沙条件、河床边界条件及人类活动等关系密切。堤防工程大多修建在冲积平原上,且多是在民堤基础上逐次加高培厚而成的,堤身土质复杂多样,个别堤段堤身质量不高,有的河段河道因人为因素的影响而严重下切,若遭遇高洪水位时,堤内常易发生渗流破坏,如管涌、流土等险情。堤外由于近岸水流冲刷,崩岸、塌岸时有发生,有的甚至发生决堤、溃堤等险情。近年来,防洪工程建设取得了很大的成就,基本形成了堤库联合的防洪体系,在一定程度上缓解了防洪压力,但从长期来看,防洪安全仍是各重要河段的首要问题。

不合理的采砂活动将影响河床形态及河道整治工程,改变局部河段泥沙输移平衡,造成河床下切、深槽扩大,改变水流流向,引起局部河势变化和岸线崩退,对两岸防洪工程的安全造成一定影响。主要表现为:邻近河堤开采河砂使深泓逼岸,堤身相对高度加大,岸坡变陡,极易引起堤岸崩塌,危及堤防安全;邻近河堤开挖河砂,使堤基透水层外露,导致汛期高水位时易出现渗流破坏险情;在涵闸、泵站、护岸等水利工程附近开挖河砂,严重威胁水利工程的安全运行;不合理开采河砂,影响局部河势稳定,使险工段水流顶冲部位上下游移动、左右岸摆动,影响对险情的判断,不利于防汛抢险。

因此,河道采砂应以不影响河势稳定为前提,严格服从防洪要求,不得影响防洪安全。应满足以下控制条件:

(1)河道采砂必须以维持河势稳定为前提,可采区的布置不得对河势造成不利影响。禁止在可能引起河势发生较大不利变化的河段开采砂石;尽量考虑河道、航道整治工程的疏浚要求,做到采砂与河道、航道整治工程疏浚相结合;为避免大幅改变河道断面形态,可采区采砂控制高程应在河槽深泓点以上。

（2）可采区设置要充分考虑河道防护工程保护范围的要求，留有一定的安全距离。

《堤防工程设计规范》（GB 50286—2013）第13.2.2条规定：1级堤防工程护堤地宽度为20~30 m，2、3级堤防工程护堤地宽度为10~20 m，4、5级堤防工程护堤地宽度为5~10 m；第13.2.3条规定：1级堤防工程保护范围宽度为200~300 m，2、3级堤防工程保护范围宽度为100~200 m，4、5级堤防工程保护范围宽度为50~100 m。

综合有关规定和相关设计规范，河道防护工程的禁采范围：1级堤防为上下游300 m、距堤脚不少于300 m，2、3级堤防为上下游200 m、距堤脚不少于200 m，3级以下堤防为上下游100 m、距堤脚不少于100 m；险工（护岸）段为上下游300 m，距险工（护岸）段前沿300 m；单一丁（顺）坝上下游500 m、距坝头100 m，丁坝群上下游1 000 m、距坝头100 m。

（3）采砂不得影响规划拟建防洪、河道整治工程的实施，并满足相关工程保护范围的要求。

2. 通航安全对采砂的要求

1)《中华人民共和国航道法》相关要求

《中华人民共和国航道法》第三十五条规定：禁止下列危害航道通航安全的行为：

（1）在航道内设置渔具或者水产养殖设施的。

（2）在航道和航道保护范围内倾倒砂石、泥土、垃圾以及其他废弃物的。

（3）在通航建筑物及其引航道和船舶调度区内从事货物装卸、水上加油、船舶维修、捕鱼等，影响通航建筑物正常运行的。

（4）危害航道设施安全的。

（5）其他危害航道通航安全的行为。

《中华人民共和国航道法》第三十六条规定：在河道内采砂，应当依照有关法律、行政法规的规定进行。禁止在河道内依法划定的砂石禁采区采砂、无证采砂、未按批准的范围和作业方式采砂等非法采砂行为。

在航道和航道保护范围内采砂，不得损害航道通航条件。

2)《中华人民共和国航道管理条例》相关要求

《中华人民共和国航道管理条例》第二十二条规定：禁止向河道倾倒砂石泥土和废弃物。

在通航河道内挖取砂石泥土、堆存材料，不得恶化通航条件。

3)《中华人民共和国航标条例》有关规定

《中华人民共和国航标条例》第十七条规定：禁止在航标周围20 m内或者在埋有航标地下管道、线路的地面钻孔、挖坑、采掘土石、堆放物品或者进行明火作业。

4)《内河通航标准》（GB 50139—2014）相关要求

东北地区水系航道尺寸要求：Ⅲ级航道双线宽度70~100 m，Ⅳ级航道双线宽度55 m，Ⅴ级航道双线宽度45 m。

综上，河道采砂应避免在损害航道通航条件、威胁航道稳定和通航安全以及影响港口、码头正常作业的区域采砂；避免在通航建筑物、导助航设施、航道整治建筑物附近采砂;采砂船舶在开采过程中不得影响其他船舶正常航行;采砂船舶作业时应设置明显的作业标志,采取必要的安全措施,并按规定通报航道、海事管理部门。

3.水环境保护对采砂的要求

根据《中华人民共和国水污染防治法》《饮用水水源保护区污染防治管理规定》,对饮用水水源保护区和水功能区进行严格保护。

1)《中华人民共和国水污染防治法》相关要求

《中华人民共和国水污染防治法》第二十九条第三款规定:从事开发建设活动,应当采取有效措施,维护流域生态环境功能,严守生态保护红线。

《中华人民共和国水污染防治法》第六十五条规定:禁止在饮用水水源一级保护区内新建、改建、扩建与供水设施和保护水源无关的建设项目;已建成的与供水设施和保护水源无关的建设项目,由县级以上人民政府责令拆除或者关闭。

禁止在饮用水水源一级保护区内从事网箱养殖、旅游、游泳、垂钓或者其他可能污染饮用水水体的活动。

《中华人民共和国水污染防治法》第六十六条规定:禁止在饮用水水源二级保护区内新建、改建、扩建排放污染物的建设项目;已建成的排放污染物的建设项目,由县级以上人民政府责令拆除或者关闭。

在饮用水水源二级保护区内从事网箱养殖、旅游等活动的,应当按照规定采取措施,防止污染饮用水水体。

《中华人民共和国水污染防治法》第六十七条规定:禁止在饮用水水源准保护区内新建、扩建对水体污染严重的建设项目;改建建设项目,不得增加排污量。

2)《饮用水水源保护区污染防治管理规定》相关要求

《饮用水水源保护区污染防治管理规定》第十二条规定:饮用水地表水源各级保护区及准保护区内必须分别遵守下列规定:

(1)一级保护区内:禁止新建、扩建与供水设施和保护水源无关的建设项目;禁止向水域排放污水,已设置的排污口必须拆除;不得设置与供水需要无关的码头,禁止停靠船舶;禁止堆置和存放工业废渣、城市垃圾、粪便和其他废弃物;禁止设置油库;禁止从事种植、放养禽畜和网箱养殖活动;禁止可能污染水源的旅游活动和其他活动。

(2)二级保护区内:禁止新建、改建、扩建排放污染物的建设项目;原有排污口依法拆除或者关闭;禁止设立装卸垃圾、粪便、油类和有毒物品的码头。

(3)准保护区内:禁止新建、扩建对水体污染严重的建设项目;改建建设项目,不得增加排污量。

因此,河道采砂必须以保护水环境和饮用水水源保护区水质安全为前提,可采区的布置不得对水质造成大幅度的扰动,在饮用水水源各级保护区及饮用水取水口上游3 000 m、下游300 m范围内,严禁布设可采区;地表水水质自动监测站及监测断面周边一定范围内禁止采砂。

3)水功能区保护要求

《水功能区监督管理办法》(水资源〔2017〕101号)第八条规定:

保护区是对源头水保护、饮用水保护、自然保护区、风景名胜区及珍稀濒危物种的保护具有重要意义的水域。

禁止在饮用水水源一级保护区、自然保护区核心区等范围内新建、改建、扩建与保护无关的建设项目和从事与保护无关的涉水活动。

《水功能区监督管理办法》(水资源〔2017〕101 号)第九条规定:保留区是为未来开发利用水资源预留和保护的水域。

保留区应当控制经济社会活动对水的影响,严格限制可能对其水量、水质、水生态造成重大影响的活动。

《水功能区监督管理办法》(水资源〔2017〕101 号)第十条规定:缓冲区是为协调省际间、矛盾突出地区间的用水关系、衔接内河功能区与海洋功能区、保护区与开发利用区水质目标划定的水域。

缓冲区应当严格管理各类涉水活动,防止对相邻水功能区造成不利影响。

《水功能区监督管理办法》(水资源〔2017〕101 号)第十一条规定:开发利用区是为满足工农业生产、城镇生活、渔业、景观娱乐和控制排污等需求划定的水域。

开发利用区应当坚持开发与保护并重,充分发挥水资源的综合效益,保障水资源可持续利用。

4. 水生态保护对采砂的要求

1) 自然保护区管理要求

《中华人民共和国自然保护区条例》对自然保护区各级功能区的保护及区域内可从事的活动均做了详细要求。

《中华人民共和国自然保护区条例》第二十六条规定:禁止在自然保护区内进行砍伐、放牧、狩猎、捕捞、采药、开垦、烧荒、开矿、采石、挖砂等活动;但是,法律、行政法规另有规定的除外。

2) 生态保护红线相关要求

根据《生态保护红线划定指南》(环办生态〔2017〕48 号),国家级和省级禁止开发区域包括:国家公园、自然保护区、森林公园的生态保育区和核心景观区、风景名胜区的核心景区、地质公园的地质遗迹保护区、世界自然遗产的核心区和缓冲区、湿地公园的湿地保育区和恢复重建区、饮用水水源保护区的一级保护区、水产种质资源保护区的核心区、其他类型禁止开发区的核心保护区域。

3) 国家级水产种质资源保护区保护要求

《水产种质资源保护区管理暂行办法》第十六条规定:农业部和省级人民政府渔业行政主管部门应当分别针对国家级和省级水产种质资源保护区主要保护对象的繁殖期、幼体生长期等生长繁育关键阶段设定特别保护期。特别保护期内不得从事捕捞、爆破作业以及其他可能对保护区内生物资源和生态环境造成损害的活动。

《水产种质资源保护区管理暂行办法》第十七条规定:在水产种质资源保护区内从事修建水利工程、疏浚航道、建闸筑坝、勘探和开采矿产资源、港口建设等工程建设的,或者在水产种质资源保护区外从事可能损害保护区功能的工程建设活动的,应当按照国家有关规定编制建设项目对水产种质资源保护区的影响专题论证报告,并将其纳入环境影响评价报告书。

4)水生生态保护要求

河道采砂将使河床产生形状不规则、深度不一的槽、坑等,这些局部地形的改变造成河道局部水流流态和泥沙输移发生变化,从而使该河段水生生物生境发生变化。砂石开采时间应错开各类水生生物洄游、产卵和越冬等重要生活史阶段,确定合理的采砂范围、开采量、开采方式,尽量减小对水生生物的影响。

河道采砂必须以维护流域生态稳定和安全为前提,可采区的布置需避开各级自然保护区、湿地公园、水产种质资源保护区等环境敏感区的保护区域。采砂应当事先同有关县级以上人民政府渔业行政主管部门协商,防止或者减少对渔业资源的损害,造成渔业资源损失的,由有关县级以上人民政府责令赔偿。

5. 涉水工程正常运用对河道采砂控制条件

河道内涉水工程主要包括拦河建筑物、港口(码头)、涵闸(泵站)、取(排)水口、桥梁、隧道、穿河管线和拦河建筑物等,要保障工程正常运营,应按照相关法律、法规规定,将工程保护范围划定为禁采区。

1)拦河建筑物(水库、水电站、拦河坝、航运枢纽)

拦河建筑物主要是各种类型水利枢纽,对流域工农业用水起着至关重要的作用。在大坝上下游保护范围内进行采砂,对大坝基础的长期稳定将产生较大影响。

《水库大坝安全管理条例》第十条规定:兴建大坝时,建设单位应当按照批准的设计,提请县级以上人民政府依照国家规定划定管理和保护范围,树立标志。

已建大坝尚未划定管理和保护范围的,大坝主管部门应当根据安全管理的需要,提请县级以上人民政府划定。

结合各省(自治区、直辖市)颁布的水利工程管理条例和以往经验,拦河建筑物(水库、水电站、拦河坝、航运枢纽)的禁采范围为:大型拦河建筑物上游 500 m 至下游 3 000 m,两端 400 m;中小型拦河建筑物上游 500 m 至下游 1 000 m,两端 400 m。

2)桥梁

(1)公路桥保护要求。

《公路安全保护条例》第二十条规定:禁止在公路桥梁跨越的河道上下游的下列范围内采砂:

①特大型公路桥梁跨越的河道上游 500 m,下游 3 000 m;

②大型公路桥梁跨越的河道上游 500 m,下游 2 000 m;

③中小型公路桥梁跨越的河道上游 500 m,下游 1 000 m。

按照上述规定,公路桥确定禁采范围为:桥长 1 000 m 以上时,禁采范围为桥梁上游 500 m 至下游 3 000 m;桥长 100~1 000 m 时,禁采范围为桥梁上游 500 m 至下游 2 000 m;桥长 100 m 以下时,禁采范围为桥梁上游 500 m 至下游 1 000 m。

(2)铁路桥保护要求。

《铁路运输安全保护条例》第十六条规定:任何单位和个人不得在铁路桥梁跨越的河

道上下游的下列范围内采砂:

①桥长 500 m 以上的铁路桥梁,河道上游 500 m,下游 3 000 m;

②桥长 100 m 以上 500 m 以下的铁路桥梁,河道上游 500 m,下游 2 000 m;

③桥长 100 m 以下的铁路桥梁,河道上游 500 m,下游 1 000 m。

按照上述规定,铁路桥确定禁采范围是:桥长 500 m 以上时,禁采范围为桥梁上游 500 m 至下游 3 000 m;桥长 100~500 m 时,禁采范围为桥梁上游 500 m 至下游 2 000 m;桥长小于 100 m 时,禁采范围为桥梁上游 500 m 至下游 1 000 m。

3)隧道、穿河管线

《中华人民共和国石油天然气管道保护法》第三十二条规定:在穿越河流的管道线路中心线两侧各 500 m 地域范围内,禁止抛锚、拖锚、挖砂、挖泥、采石、水下爆破。但是,在保障管道安全的条件下,为防洪和航道通畅而进行的养护疏浚作业除外。

《电力设施保护条例》第十条规定:江河电缆保护范围一般不小于线路两侧各 100 m(中、小河流两侧一般不小于各 50 m)所形成的两平行线内的水域。

按照上述规定,过河电缆线路及架空缆道禁采范围为两侧各 100~200 m(中、小河流两侧各 50 m);光缆禁采范围为上下游各 100~200 m;石油天然气管道线路禁采范围为中心线两侧各 500 m。

4)渡口、码头

《中华人民共和国公路法》第四十七条规定:在大中型公路桥梁和渡口周围 200 m、公路隧道上方和洞口外 100 m 范围内,以及在公路两侧一定距离内,不得挖砂、采石、取土、倾倒废弃物,不得进行爆破作业及其他危及公路、公路桥梁、公路隧道、公路渡口安全的活动。

按照上述规定,渡口和码头的禁采范围为工程周围 200 m。

5)水文监测设施

《水文监测环境和设施保护办法》第四条规定:沿河纵向以水文基本监测断面上下游各一定距离为边界,不小于 200 m,不大于 1 000 m。

从保护水文监测环境考虑,水文站的测站设施及水文测流断面上下游 500~1 000 m 禁止采砂。

6)涵闸

《水闸设计规范》(SL 265—2016)第 10.2.2 条规定:工程管理范围是指为了保证工程设施正常运行管理的需要而划定的范围。大型工程管理范围为上、下游边界以外的宽度单侧不大于 300 m,中型工程管理范围为单侧不大于 150 m。第 10.2.3 条规定:工程保护范围是指为了满足工程安全需要,防止在工程设施周边进行对工程设施安全有影响的活动,在管理范围边界线以外划定的一定范围。大型工程保护范围为上下游的宽度单侧 300~500 m,中型工程保护范围为单侧 200~300 m。位于采砂河道上的水闸,其保护范围应适当增大。

综合考虑,大型涵闸禁采范围为上下游 300~500 m,距涵闸前沿 200~300 m;中型涵闸禁采范围为上下游 200~300 m,距涵闸前沿 100~200 m。

7）泵站

《泵站设计标准》（GB 50265—2022）、《泵站技术管理规程》（GB/T 30948—2021）、《灌溉与排水工程设计标准》（GB 50288—2018）等相关技术标准，并未对泵站及明渠取水口的工程管理范围和保护范围提出要求或给出推荐值。

结合各省（自治区、直辖市）颁布的水利工程管理条例和以往经验，大型泵站周围 500 m，中小型泵站周围 300 m 范围内禁采。

4.4.2.2　禁采区划定原则

（1）必须服从法律、法规、规章、规范要求。不得与现行法律、法规、规章及行业规范相抵触。

（2）必须服从河势控制的要求。禁止在可能引起河势发生较大不利变化的河段开采砂石。

（3）必须服从确保防洪安全的要求。禁止在堤防保护范围内和险工段附近开采砂石；禁止在已建护岸工程附近开采砂石；禁止在对防洪不利的汊道开采砂石。

（4）必须服从保障供水安全的要求。禁止在饮用水水源保护区开采砂石。

（5）必须服从生态环境保护的要求。禁止在自然保护区、大型经济鱼类产卵场、重要水产种质资源保护区、湿地公园、风景名胜区、地质公园内开采砂石。

（6）必须服从维护临河、过河设施正常运行的要求。禁止在城镇生产生活取排水设施、过河电缆、桥梁、水文监测设施等的保护范围内开采砂石。

（7）必须服从保护耕地的要求。禁止在基本农田采砂。

4.4.2.3　禁采区规划方案

禁采区分为禁采河段和禁采区域。禁采河段为河道两断面之间的整个区域，一般为重要性十分突出、生态保护意义较为重大，或采砂对河势演变、生态环境等相关影响难以掌控的河段，如坝下游河道冲刷区、国家级及省级自然保护区、生态保护红线等；禁采区域为涉水工程前沿、上下游或四周的局部区域，该区域与涉水工程的保护范围有关。各河流禁采区规划方案应结合河流河道演变、泥沙补给、涉河工程分布、水生态环境保护要求等具体确定。

4.4.3　可采区规划

4.4.3.1　规划原则

（1）砂石开采应服从河势稳定、防洪安全、供水安全、生态环境保护的要求，不应给河势、防洪、供水、生态环境等带来较大的不利影响。

（2）砂石开采应服从水环境与水生态保护的要求，避让鱼类"三场"（产卵场、索饵场、越冬场），洄游通道洄游期及重要产卵繁育期，不应给水环境与水生态带来较大的不利影响。

（3）砂石开采不应影响沿河涉水工程和设施的正常运用。河道两岸往往分布有众多的国民经济各部门的生产、生活设施和交通、通信设施,砂石开采不应影响这些设施的安全和正常运用。

（4）砂石开采要符合砂石资源可持续开发利用的要求。砂石的开采应避免进行掠夺性和破坏性的开采,避免危及河势和防洪安全,做到砂石资源的可持续利用。

（5）砂石开采应尽量结合河道整治工程。可采区规划应尽量考虑河道整治工程的清淤疏浚要求,做到采砂与河道整治、河道清淤疏浚相结合。

4.4.3.2　规划方法

将对河势稳定、防洪安全、供水安全、生态与环境和涉水工程正常运行等无不利影响或不利影响较小,或采取相应措施可消除不利影响的区域,规划为可采区。可采区具体划定方法如下：

（1）在分析研究整个研究河段的河道演变和河道冲淤变化基本规律的基础上,可采区规划尽量在淤积河段或河段局部淤积区。

（2）可采区规划宜在顺直微弯型河段河槽内浅滩上,并考虑对河道控制断面的影响,在中低水位时,由于主流沿浅滩摆动转折,使浅滩交错移动,可采区宜随之调整。

（3）可采区规划应在弯曲型河段凸岸的中下部,开采深度不低于河道深泓线高程,以利于河势稳定、泥沙回淤,不改变水流天然分水、分沙特性。

（4）可采区规划应在有适合建筑用沙的河段,考虑其交通便利、运输距离及运输成本大小。

（5）对于现状开采区所在的河段进行复核分析研究,符合分区规划原则和方法的纳入规划,根据泥沙落淤条件,适当调整可采区范围和可采区个数。

4.4.3.3　可采区范围

可采区范围是采砂年度实施的最大允许开采范围。根据可采区附近多年河势的变化,结合航道情况、堤防情况,对河势条件较好、离航道较远、堤防较稳定的可采区,其范围可适当大一些;反之,可采区范围应取小一些。统筹考虑河势条件、泥沙落淤等因素,在地形图中确定可采区范围。

在进行年度实施审批时,需按规划的可采区范围划定年度采砂作业区。鉴于河势条件的可变性和泥沙来量的随机性,水行政主管部门依据管理权限,在年度实施中允许对年度采砂作业区进行必要的调整,并按调整后的作业区进行采砂审批。

4.4.3.4　采砂控制高程

可采区划定以后,如果在可采区内过度开采,会使河床形成局部深坑,可能会引起河势动荡、威胁堤防安全、水流分散影响航深,破坏珍稀水生生物栖息环境等问题。为避免不合理和过度开采对河势、防洪等各方面带来的不利影响,保证砂石资源的可持续开发利用,必须对各可采区开采高程和开采量进行控制。

可采区的采砂控制高程为可采区内允许的最低开采高程,当可采区内某一区域河床高程低于采砂控制高程时,该区域不得作为年度实施范围进行许可开采。采砂控制高程的确定需考虑以下因素:

(1)根据可采区附近多年的河势变化,特别是最新的河道地形图确定合适的开采高程。

(2)根据可采区开采后的泥沙补给情况确定合适的开采高程。在泥沙补给较为充足的可采区,开采高程适当降低;反之,开采高程适当升高,以防止开采后形成的砂坑对局部流态的影响。

(3)根据可采区附近涉水工程和航道的情况确定合适的开采高程。在距离堤防、护岸或航道整治建筑物较远的可采区,开采高程适当降低;反之,开采高程适当升高,以防止采砂影响涉水工程和航道运行的安全。

4.4.3.5　采砂控制总量

采砂控制总量是指一条河流或一个河段规划期内最大允许开采量,年度采砂控制总量是指每年最大允许开采量。采砂控制总量是采砂管理的一项极为重要的控制指标,是有效控制河道采砂规模的重要依据。实行年度采砂总量控制是维护河势稳定、保障防洪安全,以及合理、有效、节约配置有限资源的有效措施。

河道吹填固堤、河道整治、清淤疏浚等工程性采砂也属于采砂监管范畴,对其产生的弃砂应尽量加以利用,但考虑到这些采砂活动具有公益性质,且采砂时间、地点不固定,因此这类采砂项目不纳入年度采砂总量控制之中,河道采砂总量控制仅针对建筑砂料采砂总量。

河道年度采砂总量应根据河道演变特性、来水来沙特性、河床冲淤分布、采砂的可能影响及用砂需求等各方面因素综合确定,避免过度采砂对河势造成较大的影响。规划确定年度采砂控制总量遵循如下原则:

(1)科学合理。以河道演变分析和输沙特性分析的结论为基础,适量、适度开采,避免过度采砂对河势、防洪、供水等造成不利影响。

(2)区域差异。不同的区域、不同的河流,其来水来沙特性、泥沙补给方式不同,在充分考虑区域差异性的情况下,根据研究范围内各河段特点合理分析确定各河段采砂控制总量和年度控制采砂量。

(3)与采砂控制高程相协调,避免超量开采,并为后续的可持续开采留有余地。

(4)经过砂石补给分析,研究河段输沙量较少,不能满足砂石开采需求,考虑砂石历史储量较丰富,可以以泥沙补给量和历史储量作为开采砂源。

4.4.3.6　可采区禁采期

可采区禁采期是采砂管理的重要控制性指标,是指为防止采砂影响河势、防洪安全、通航安全、水生态环境等而设置的禁止开采砂石的时段。在禁采期内应停止除防洪抢险外的一切采砂活动。禁采期确定的原则和方法如下:

(1)禁采期的设定要将确保防洪安全放在首要位置,对防洪安全有重要影响的时段应实施禁采,应将主汛期以及超警戒水位的时段确定为禁采期。

(2)对于珍稀水生动物的洄游通道和有重要鱼类资源保护要求的河道,应将珍稀水生动物洄游期和对水生态有较大影响的时段设为禁采期。

(3)特殊时期需要禁止采砂的时段或地方有特殊规定禁采的时段设为禁采期。

4.4.3.7 采砂作业方式

采砂包括水采、旱采、混合采等作业方式。水采机具主要为链斗式或抓斗式采砂船、吸砂船等,采砂船功率多在 200~400 kW;旱采机具主要为挖掘机、铲车等;混合采为水采机具和旱采机具混合作业的采砂方式。

对比不同采砂方式,链斗式或抓斗式采砂船适应性广、作业效率高,但是对河床存在一定破坏,施工时噪声大、振动大、部件易磨损;吸砂船以压缩空气和水静压为动力抽吸泥沙,工作时对河道扰动范围相对较小、影响时间短,对河床影响较小,作业造成污染小,更加节能环保,在实际应用中取得了较好的效果,但适用于泥沙粒径较小的中下游;机械开采作业灵活,投资小,对河道扰动小,但效率低于船采。

综合考虑不同河段特点和现状采砂实际情况,采砂作业方式选择和机具数量控制应遵循如下原则:

(1)采砂作业方式的选择要符合地方相关管理规定,兼顾效率与安全。

(2)要充分考虑地形、水深、砂石开采难易程度、不同开采方式适用范围等因素,选择适宜的采砂机具和数量。

(3)对于水采方式,选择的采砂船不得对河流水质产生较大影响,采砂船功率不超过400 kW。

(4)在可采区实施时,以不影响河势、防洪、通航和水生态水环境为原则,在河道采砂许可审批中具体明确采砂机具功率和数量。

(5)规划期内,因河段采砂条件发生变化,确需采用其他开采方式,其采砂方式应在实施方案阶段进行充分论证。

4.4.3.8 堆砂场设置及弃料处理

堆砂场设置及弃料处理应满足以下要求:

(1)禁止将堆砂场设置在自然保护区、水源地保护区等环境敏感区内。

(2)禁止将砂石弃料堆放在可能不利于河道两岸及河床稳定的部位,或可能影响行洪安全、通航安全、水生态环境和其他涉水工程安全的部位。

(3)每个采砂场河滩地临时堆砂场不宜过高,应沿河道方向顺直堆放,堆放位置和方式在年度实施方案中具体明确,年度实施时严格按照许可审批规定的场所和方式进行堆放,汛前应及时清除,不得影响河道行洪。

(4)按照"谁开采、谁复平"原则,对开采后河床要求采砂业户及时平复,保持平顺,无坑无垛,以确保行洪畅通,保障河势稳定。

(5)采砂场运输方案由采砂单位制定后上报水行政主管部门审核合格后实施。

(6)河道管理范围内禁止设置永久堆砂场。

4.4.4　保留区规划

保留区是在河道管理范围内采砂具有不确定性,需要对采砂可行性进行进一步论证的区域,其目的是为在规划期内进行必要的调控和更好地实现采砂管理留有余地。保留区的使用应经过慎重研究并进行充分论证,避免对河势、防洪等产生较大不利影响。

4.4.4.1　保留区规划原则

(1)保留区的规划应尽量体现作为禁采区和可采区之间缓冲区的特点,并与当前研究工作深度相适应。

(2)保留区的规划应考虑规划期内砂石需求的不确定性及采砂管理的要求。

4.4.4.2　保留区规划

保留区的研究范围可根据研究河段的具体情况及采砂需求和管理要求分析确定,主要包括以下几种情况:

(1)考虑到沿河城市建设和经济发展对砂石料的需求具有不确定性,对于河势较稳定的河段,可以将禁采区和可采区以外的区域均划定为保留区。

(2)对开采条件暂不具备且一时难以论证的区域,原则上列为保留区。

规划期内可采区开采条件发生重大变化时不宜采砂,确需开采建筑砂料的,可根据可采区划定原则,充分说明调整的理由及必要性,依据保留区转化可采区审批管理要求,按照生态优先、绿色发展的原则,选择满足要求的保留区转化为可采区,用以替代不宜实施采砂的规划可采区。由于河势条件发生恶化,或兴建涉水工程设施等,可将原规划保留区转化为禁采区。因沿河城市国民经济发展对砂石料的需求,确需将研究河段内保留区转化为可采区的,应对采砂的必要性和可行性进行专题论证。

第 5 章　东北寒区河道采砂规划管理实例

东北寒区主要涉及我国黑龙江省、内蒙古自治区东北部、吉林省、辽宁省等省（自治区），从流域角度来看，属于松辽流域。因此，东北寒区河道采砂规划管理实例以松辽流域为例进行介绍。

5.1　松辽流域总体概况

5.1.1　自然地理

5.1.1.1　松花江流域

松花江流域地处我国东北地区的北部，位于东经 119°52′~132°31′，北纬 41°42′~51°38′，东西宽 920 km，南北长 1 070 km。流域西部以大兴安岭为界，东北部以小兴安岭为界，东部与东南部以完达山脉、老爷岭、张广才岭、长白山等为界，西南部的丘陵地带是松花江和辽河两流域的分水岭。行政区涉及内蒙古、吉林、黑龙江和辽宁 4 省（自治区），流域面积 56.12 万 km²，其中内蒙古自治区 15.86 万 km²、吉林省 13.17 万 km²、黑龙江省 27.04 万 km²、辽宁省 0.05 万 km²。

松花江是我国七大江河之一，有南北两源。北源嫩江发源于内蒙古自治区大兴安岭伊勒呼里山，南源第二松花江发源于吉林省长白山天池，两江在三岔河汇合后称松花江，东流到黑龙江省同江市。

松花江流域水系发育，支流众多，流域面积大于 1 000 km² 的河流有 86 条，大于 10 000 km² 的河流有 16 条。河流上游区分别受大兴安岭和长白山山地的控制和影响，水系发育呈树枝状，各支流河道长度较短；在中下游的丘陵和平原区内，河流较顺直，且长度较长。

5.1.1.2　辽河流域

辽河发源于河北省境内七老图山脉的光头山，流经河北省、内蒙古自治区、吉林省、辽宁省，全长 1 345 km。辽河流域位于东经 116°54′~125°32′、北纬 40°30′~45°17′的东北地区西南部，东邻第二松花江、鸭绿江流域，西邻内蒙古高原，南邻滦河、大凌河流域及渤海，北邻松花江流域，流域总面积 22.11 万 km²，其中平原区面积 9.45 万 km²，山丘区面积 12.66 万 km²。流域的东部主要包括东辽河、辽河干流左侧支流、浑太河等上游地区，属哈达岭、龙岗山脉和千山山脉，该区河流发育，山势较缓，森林茂盛，水资源相对丰富；中部主要包括辽河干流和浑太河等辽河中下游平原区，该区地势低平，土壤肥沃，水资源开发利用程度较高，在河口沿岸有大片的沼泽地分布；西部主要包括西辽河流域，该区沙化明显,分布有流动或半流动沙丘,有著名的科尔沁沙地。西部地区总体来说水资源匮乏,水土流失及土壤沙化现象严重,生态环境较差。

5.1.2　经济社会现状及发展趋势

5.1.2.1　经济社会概况

松辽流域涉及黑龙江省、吉林省、辽宁省、内蒙古自治区的 17 个市(盟)、44 个县(市、区、旗),地处哈大齐工业走廊、长吉图经济区、哈长城市群等国家重点开发区,工业基础雄厚,矿产资源丰富,分布有世界瞩目的黑土带,具有良好的农业开发条件。

区域内公路、铁路四通八达,铁路和公路密度位于全国前列,与内河航运和空中航线形成了发达的交通运输网络。能源、重工业产品在全国占有重要地位,石油石化、煤炭、电力、汽车、铁路客车、机床、塑料和重要军品生产等工业的地位突出,在国民经济中具有举足轻重的地位。松嫩平原耕地资源丰富,地表广泛发育着黑钙土,水土资源匹配良好,是我国重要的商品粮基地,目前已形成以黑土带为中心的玉米-养畜带。松嫩平原周边的山区自然资源丰富,是我国主要的木材供应基地,是下游城市重要的水源涵养区,林类、菌类、中药材等种植业呈重点发展趋势。

5.1.2.2　经济社会发展趋势

东北振兴,是进入 21 世纪以来国家提出的重大战略之一。在全国主体功能区划确定的"两横三纵"城市化战略格局中,松辽流域的哈长地区为国家层面的重点开发区域。该区域位于全国"两横三纵"城市化战略格局中包昆通道纵轴的北端,功能定位为:我国面向东北地区和俄罗斯对外开放的重要门户,全国重要的能源、装配制造基地,区域性的原材料、石化、生物、高新技术产业和农产品加工基地,带动东北地区发展的重要增长极。此外,松嫩平原区是国家保障粮食安全和食物安全重点建设的以"七区二十三带"为主体的农产品主产区;大庆油田、松原油田是东北地区加强石油勘探、稳定石油产量能源基地建设的重要抓手。

采砂管理规划涉及的 7 条河流是松辽流域经济社会发展的重要区域,在我国发展转型大背景下,在《东北地区振兴规划》《哈长城市群发展规划》《中共中央 国务院关于全面振兴东北地区等老工业基地的若干意见》《中共中央 国务院关于支持东北地区深化改革创新推动高质量发展的意见》等一系列振兴东北政策的支持下,经济社会将会进入持续稳定、高效发展的阶段。

随着经济社会的不断发展,砂石资源作为主要建筑材料,呈现出旺盛的、刚性的需求,在兼顾河道安全的前提下,适量开采砂石对促进沿河经济快速发展具有重要意义。同时,经济社会发展对河势稳定、防洪安全、供水安全、航道通畅、涉河工程运行、水生态文明建设等提出了更高的要求,实施采砂管理对保障流域经济社会可持续发展具有十分重要的作用。因此,需加强河道采砂规划,严格采砂监管,维护河流健康,为经济社会的可持续发展奠定基础。

5.2　松辽流域河道采砂管理现状及存在的问题

5.2.1　河道采砂基本情况

5.2.1.1　河道采砂现状

松辽流域机械采砂始于20世纪70年代后期,到20世纪90年代逐渐形成大规模开采之势。之后,随着振兴东北老工业基地战略的实施和城市化进程的不断推进,松辽流域建筑砂石需求量迅速增加,河道砂石开采规模和开采范围呈不断扩大趋势。据统计,2014—2018年,研究河段范围内共发放采砂许可证802个,采砂量3 406万t,年均采砂量681万t。

1. 嫩江

研究河段长872 km,涉及内蒙古自治区、黑龙江省和吉林省,现状砂场主要分布在内蒙古自治区莫力达瓦达斡尔族自治旗和黑龙江省嫩江市、讷河市、富裕县、甘南县、龙江县、齐齐哈尔市城区等。开采方式主要有船载泵吸、机械开采、船采、泵吸直抽。

2014—2018年共发放采砂许可证94个,采砂量1 658万t,其中各年采砂量分别为438万t、323万t、507万t、235万t、155万t,年均采砂量332万t,采砂量最大年为2016年。本段采砂区域主要位于江桥以上,富裕县2014—2018年采砂量占嫩江采砂总量的61%;齐齐哈尔市城区2014—2018年采砂量占嫩江采砂总量的31%。

2. 第二松花江

研究河段长367 km,全部为吉林省区域,现状砂场主要分布在吉林市区、舒兰市、九台区、德惠市、农安县、榆树市等市(区、县),开采方式主要有船载泵吸、机械开采、船采、泵吸直抽等多种方式。

2014—2018年共发放采砂许可证450个,采砂量1 163万t,其中各年采砂量分别为210万t、354万t、18万t、316万t、265万t,年均采砂量233万t,采砂量最大年为2015年。本段采砂区域主要位于农安县以上,按行政区统计,德惠市2014—2018年采砂量较大,占第二松花江采砂总量的32%;九台区、舒兰市、榆树市、吉林市区2014—2018年采砂量分别占第二松花江采砂总量的19%、15%、14%、13%。

3. 松花江

研究河段长135 km,涉及黑龙江省、吉林省,现状砂场主要分布在黑龙江省肇源县、吉林省扶余市。开采方式主要为船采。

根据收集的各市(县)采砂许可审批情况,松花江三岔河口至拉林河口2014—2016年共发放采砂许可证4个,采砂量206万t,其中肇源县2015年采砂200万t,扶余市每年采砂2万t,2017—2018年未审批砂石开采。

4. 东辽河

研究河段长259 km,涉及吉林省、辽宁省和内蒙古自治区,现状砂场主要分布在吉林省梨树县、公主岭市、双辽市等市(区、县),吉林与辽宁省界至河口段河床主要以粉细砂为主,砂石资源质量较差,近年无集中采砂。开采方式主要有船载泵吸、机械开采、船采、泵吸。

2014—2018年共发放采砂许可证111个,采砂量180万t,其中各年采砂量分别为73万t、53万t、32万t、14万t、8万t,年均采砂量36万t,采砂量最大年为2014年。本段采砂主要集中在吉林与辽宁省界河段以上,全部位于吉林省境内,公主岭市、梨树县、双辽市2014—2018年采砂量分别占东辽河采砂总量的46%、33%、20%。

5. 老哈河

研究河段长114 km,涉及内蒙古自治区、辽宁省。老哈河河道砂石储量丰富,由于20世纪80年代以来的无序开采,河道破坏严重,最大采砂坑深度达30 m。根据收集的各市(县)采砂审批情况,2014—2018年均未审批砂石许可,但存在局部偷采、盗采等情况。

6. 拉林河

研究河段长348 km,涉及黑龙江省、吉林省,现状砂场主要分布在吉林省扶余市、榆树市,黑龙江省双城区、五常市等市(区、县),开采方式主要有船载泵吸、机械开采、船采、泵吸。

2014—2018年共发放采砂许可证143个,采砂量199万t,其中各年采砂量分别为55万t、66万t、40万t、17万t、21万t,年均采砂量40万t,采砂量最大年为2015年。按行政区统计,五常市近年采砂量较大,占拉林河采砂总量的65%,榆树市近年采砂量占拉林河采砂总量的27%。

7. 洮儿河

研究河段长22 km,为苏林至洮儿河大桥察尔森水库管理河段,由松辽水利委员会管理,目前无砂石开采。

5.2.1.2 采砂管理现状

为加强河道采砂管理,维护河势稳定,依据《中华人民共和国水法》《中华人民共和国防洪法》《中华人民共和国河道管理条例》等法律、法规,流域内各省(自治区、直辖市)陆续出台了《黑龙江省河道管理条例》《黑龙江省河道采砂管理办法》《吉林省河道管理条例》《吉林省水利厅关于做好2018年度全省河道采砂管理有关工作的通知》《吉林省水利厅关于进一步规范河道采砂管理工作的通知》《吉林省水利厅关于加强河道采砂管理的有关规定》《辽宁省河道管理条例》《辽宁省河道采砂管理实施细则》《辽宁省河道采砂权拍卖挂牌出让办法》《内蒙古自治区实施〈河道采砂收费管理办法〉的规定》《内蒙古自治

区河长制办公室 内蒙古自治区自然资源厅 内蒙古自治区水利厅关于印发内蒙古自治区规范河道采砂的指导意见的通知》等,在上述法律、法规和管理规定的指导下,经过多年的努力,河道采砂管理工作不断加强。

松辽流域察尔森水库库区及坝下管理范围,嫩江尼尔基水利枢纽库区及坝下管理范围,为松辽水利委员会直管水域,采砂管理相关工作由松辽水利委员会负责,目前禁止采砂。其他河流采砂许可及监管均由县级以上地方人民政府水行政主管部门负责。

5.2.2　河道采砂存在的主要问题

近年来,随着经济社会不断发展,建筑市场砂石需求居高不下,一些地方河道无序开采、滥采乱挖等问题时有发生,造成河床高低不平、河流走向混乱、河岸崩塌、河堤破坏,严重影响河势稳定,威胁桥梁、涵闸、码头等涉河重要基础设施安全,影响防洪、航运和供水安全,危害生态环境。总体来看,松辽流域采砂管理存在以下问题:

(1)缺乏统一的采砂规划,河道采砂管理缺少规划指导。

河道采砂规划是河道管理科学化、规范化的基础,是实施河道采砂管理的依据。从近年采砂管理的实践来看,已制定的采砂法规和采砂实施方案在采砂管理中发挥了重要的作用,但从整个松辽流域看,采砂规划工作仍滞后于社会经济发展需求和采砂管理需要,尚未编制统一的采砂规划;已批复的采砂实施方案多是以县级行政管辖范围而不是以河流为单元进行编制的,干支流、上下游、左右岸管理标准不统一、采区划分和限制条件不一致。部分采砂实施方案的研究基础还很薄弱,规划实施与监管措施不具体,缺乏指导性,可操作性不强。由于没有系统、全面、科学的流域性采砂规划,河道采砂管理缺少规划指导,无法满足新形势下采砂管理的需要。

(2)采砂管理任务艰巨,监管能力亟待加强。

河道采砂点多、面广、量大,采砂管理任务艰巨,但监管能力薄弱,非法采砂时有发生。特别是一些地方对采砂管理认识不到位,片面地追求短期经济利益,加之缺少管理和执法人员、经费不足,现有执法设施设备等能力建设滞后,许可后缺少后续的监管措施和手段,监控手段落后,先进技术应用程度不高,导致超范围、超深度开采或滥采乱挖,给河道工程和防洪安全带来极大的危害。

(3)采砂管理协调难度大,权责需进一步明晰。

采砂管理涉及部门多,协调难度大,制约了河道采砂管理的正常有效开展,亟须加强河长制、湖长制与采砂管理责任制的有机结合,建立河长挂帅、水利部门牵头、有关部门协同、社会监督的采砂管理联动机制,明确所涉部门的事中、事后监管职责,发挥各专业管理部门的作用和积极性,形成河道采砂监管合力,保证河流保护管理工作切实有效。

(4)违法违规采砂现象时有发生,威胁防洪安全等公共安全。

随着河砂资源日益短缺,建筑市场砂石供需矛盾突出,砂石价格上涨,暴利驱使下违法盗采河砂的行为时有发生。非法采砂呈现出一些新的特征,跨界采砂、夜间盗采问题日益突出,"蚂蚁搬家""游击"式盗采频发,增加了采砂管理难度。

非法采砂不仅人为破坏了河床的自然形态,而且给河势稳定、防洪安全、供水安全、通航安全、生态安全和重要基础设施安全等带来严重不利影响。一是在堤防和护岸工程附近挖砂取土,导致堤岸崩塌、护岸工程损毁失效、险段增加,给堤防和护岸工程的稳定造成威胁,影响防洪安全。二是导致河道流路变化,险工险段上移下错,控导、险工脱流、损毁、失效,河道弃砂影响行洪安全。三是使得河床、滩面高程降低,导致同流量下的河道水位降低,影响生活、农业供水安全;无序采砂可能导致污染扩散,影响供水水质,恶化水环境和诱发水生态灾害,危及供水安全。四是引起河床下切,造成河道主流流向改变,流速增大,影响跨河桥梁、跨(穿)河管线等涉水工程安全。五是无序地偷采、乱采滥挖、超采,破坏了河床的动态冲淤平衡,影响了砂石的自然筛选沉积,不利于砂石的可持续利用。

5.3　松辽流域主要河流基本情况

5.3.1　河流概况

松辽流域包括松花江流域、辽河流域、独流入海河流和国境界河流域。松花江流域涉及嫩江那都里河口至三岔河口段、第二松花江丰满水库坝下至三岔河口段、松花江三岔河口至拉林河口段、拉林河磨盘山水库坝下至河口段和洮儿河松辽水利委员会直管察尔森水库管理河(苏林至洮儿河大桥)段,辽河流域涉及老哈河叶赤铁路桥至赤通铁路桥段和东辽河二龙山水库坝下至福德店段,共计7条河流的重要河段。

5.3.1.1　嫩江那都里河口至三岔河口段

嫩江地跨内蒙古、黑龙江、吉林3省(自治区),自西北向东南流经黑河市、齐齐哈尔市、大庆市、呼伦贝尔市、兴安盟、白城市、松原市等市级行政区。本段水系十分发育,右岸纳入多布库尔河、甘河、诺敏河、阿伦河、音河、雅鲁河、绰尔河、洮儿河及霍林河等支流;左岸有门鲁河、科洛河、讷谟尔河、乌裕尔河、双阳河等支流汇入。干流上已建控制性工程为尼尔基水库。

河道地形西北高、东南低,从上游至下游地形逐渐由山区向平原区过渡,河床质组成从上往下由粗变细,由粗砂、砂砾逐渐变成细砂、黏土。河流含沙量较少,尼尔基水库以上流域地处嫩江中上游,多为山区,森林密布,水土流失少,河流输沙量很少,下游进入丘陵平原区,随着各支流的汇入,含沙量有所增加,据大赉站资料,多年平均含沙量为 0.076 kg/m³。

5.3.1.2　第二松花江丰满水库坝下至三岔河口段

第二松花江自东南向西北流经吉林省的吉林市、长春市、松原市等市级行政区。本段水系较发育,支流众多,左岸支流从上到下依次是温德河、鳌龙河、沐石河、饮马河,右岸支流从上到下依次是牤牛河、团子河等。干流上已建控制性工程有丰满水库、哈达山水库。

河道地形东南高、西北低,形成一个长条形倾斜面,由上至下地形逐渐由丘陵区向平原区过渡。本段河流含沙量较少,上游为山区,森林密布,植被良好,水土流失程度较轻,中下游进入丘陵平原区,随着各支流的汇入,含沙量有所增加,据扶余站资料,多年平均含沙量为 0.21 kg/m^3。

5.3.1.3　松花江三岔河口至拉林河口段

松花江干流研究河段位于松花江上游段,沿江右侧为吉林省松原市宁江区和扶余市,左侧是黑龙江省肇源县。本段河流走向自西向东,右岸有夹津沟汇入。

本段地势自两岸向河床缓倾斜,自西南向东北渐低,宽度变化大,两岸滩地有较多的残存古河道、泡沼或湿地。河床组成以粗砂、中砂为主,河床抗冲能力一般,总体河势基本稳定。河流含沙量不高,据下岱吉站资料,多年平均含沙量为 0.11 kg/m^3。

5.3.1.4　拉林河磨盘山水库坝下至河口段

拉林河行政区划涉及黑龙江省和吉林省,流经五常市、双城区、舒兰市、榆树市和扶余市。水系呈树枝状分布,本段汇入支流主要为左岸的细鳞河、卡岔河、大荒沟,右岸的牤牛河等支流。已建控制性工程为磨盘山水库。

河道地形自上游至下游逐渐由山区向平原区过渡,河床质组成从上往下由粗变细,据蔡家沟水文站资料,多年平均含沙量为 0.208 kg/m^3。

5.3.1.5　洮儿河松辽水利委员会直管察尔森水库管理河(苏林至洮儿河大桥)段

洮儿河研究河段为松辽水利委员会直管察尔森水库管理河段,位于内蒙古自治区科尔沁右翼前旗境内,长 22 km。据察尔森站资料,多年平均输沙量约 20.0 万 t。

5.3.1.6　老哈河叶赤铁路桥至赤通铁路桥段

老哈河研究河段为内蒙古自治区与辽宁省的界河,左岸为内蒙古自治区赤峰市的宁城县、喀喇沁旗和元宝山区,右岸为辽宁省的建平县。汇入支流主要有坤兑河、英金河等。

河道地形总体西北高、东南低,两岸地貌为黄土丘陵区,植被差,冲沟发育,河漫滩土质松散,多为沙壤土及砂土,河床为砂土及卵砾石,据兴隆坡站资料,多年平均含沙量为 19.3 kg/m^3。

5.3.1.7　东辽河二龙山水库坝下至福德店段

东辽河流经吉林省梨树县、公主岭市、双辽市和辽宁省的康平县、昌图县,以及内蒙古自治区科尔沁左翼后旗,在福德店与西辽河汇合后流入辽河干流。已建控制性工程为二龙山水库。

本段地处吉林省东部长白山向西部松辽平原的过渡地带,地势总趋势东高西低,河床质由泥沙及少量卵石组成。河水较为浑浊,河底多为淤泥质,据王奔站资料,多年平均含沙量为 1.3 kg/m³。

5.3.2　水文、泥沙

5.3.2.1　水文测站及系列

嫩江、第二松花江、松花江、东辽河、老哈河、拉林河、洮儿河研究河段共选用水文站15 处,水文站实测资料系列刊印到 2023 年。松辽流域第三次水资源调查评价对 1956—2016 年水文资料系列进行了还原分析、系统修正,2016 年以后大部分水文站尚未进行还原分析及修正,为实测系列,因此径流系列采用松辽流域第三次水资源调查评价成果,即1956—2016 年的 61 年系列。

水文站现有泥沙资料多为中华人民共和国成立以后实测,只有悬移质输沙量资料,无推移质输沙量资料,且部分测站泥沙观测资料不连续,泥沙系列延长至 2018 年。规划河流水文站及资料系列见表 5-1。

表 5-1　规划河流水文测站及资料系列

河流	测站	流域面积/ 万 km²	径流系列	泥沙系列
嫩江	库漠屯	6.54	1956—2016 年	1956—1967 年、 1974—2018 年
	江桥	16.27	1956—2016 年	1954—2018 年
	大赉	22.17	1956—2016 年	1955—2018 年
第二松花江	吉林	4.41	1956—2016 年	1956—2018 年
	松花江	5.15	1956—2016 年	1956—2018 年
	扶余	7.18	1956—2016 年	1955—2018 年
松花江	下岱吉	36.39	1956—2016 年	1956—2018 年
	哈尔滨	38.98	1956—2016 年	1956—2018 年

续表 5-1

河流	测站	流域面积/ 万 km²	径流系列	泥沙系列
东辽河	二龙山水库	0.38	1956—2016 年	1961—1966 年、 1973—2016 年
	王奔	1.04	1956—2016 年	1961—2016 年
老哈河	太平庄	0.77	1956—2016 年	1956—2018 年
	兴隆坡	1.91	1956—2016 年	1956—2018 年
拉林河	五常	0.55	1956—2016 年	1954—1958 年、 1960—1979 年
	蔡家沟	1.83	1956—2016 年	1956—2018 年
洮儿河	察尔森	0.78	1956—2016 年	1954 年、 1958—1960 年、 1962—1967 年、 1969—1980 年

5.3.2.2　水文、泥沙

1. 嫩江

1) 气候

嫩江处于中高纬度地区,属于温带季风气候区,冬季寒冷干燥,春季多风,夏季温湿多雨,秋季降温急骤。多年平均降水量为 400~500 mm,上游大于下游,山区大于平原,降水量年际变化较大,年内分配不均匀。多年平均蒸发量为 1 300~1 700 mm,蒸发量与降水量的分布相反,由平原向山区递减。多年平均气温为 1~4 ℃,冬季冰封期达 150 d 左右,冰厚 1 m 左右,全年日照时数为 2 800 h 左右,最大冻土厚度为 2.0~2.9 m。

2) 径流

嫩江大赉站多年平均径流量为 224.98 亿 m³,径流年际分配不均匀,年径流量最大值与最小值一般相差 4~10 倍。径流量年内分配亦不均匀,最小月径流量仅占全年的

0.2%~0.5%,最大月径流量占全年的 21.3%~24.8%,主要集中在 5—10 月,约占年径流量的 90%,而汛期径流量又集中在 7—9 月,枯水期径流量很小。嫩江主要控制站天然径流量成果见表 5-2,嫩江主要控制站天然径流量年内分配成果及示意图分别见表 5-3、图 5-1。

表 5-2　嫩江主要控制站天然径流量成果　　　　　　　单位:亿 m³

测站	资料系列	平均径流量	最大径流量	最小径流量
库漠屯	1956—2016 年	53.62	116.40	18.90
江桥	1956—2016 年	215.66	574.75	67.80
大赉	1956—2016 年	224.98	661.44	61.43

表 5-3　嫩江主要控制站天然径流量年内分配成果　　　　　　　单位:亿 m³

测站	1 月	2 月	3 月	4 月	5 月	6 月	7 月	8 月	9 月	10 月	11 月	12 月
库漠屯	0.17	0.13	0.14	3.85	7.25	7.62	9.47	11.40	8.06	4.36	0.93	0.24
江桥	1.19	0.92	1.27	8.05	18.79	21.37	37.99	56.00	37.59	22.27	7.48	2.73
大赉	1.54	1.11	1.48	6.96	17.94	20.40	32.57	55.82	43.51	27.89	11.58	4.19

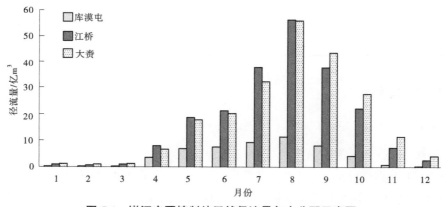

图 5-1　嫩江主要控制站天然径流量年内分配示意图

3) 洪水

嫩江流域洪水形成的主要因素是暴雨,多发生在 7—9 月,降水量占全年降水量的 84.8%;一次暴雨历时一般为 3 d,主要集中在 1 d 内。嫩江较大洪水主要因降雨历时长、范围广、累计总雨量大而形成。嫩江主要控制站设计洪水成果见表 5-4。

表 5-4　嫩江主要控制站设计洪水成果　　　　　　单位:m³/s

测站	Q_m 均值	C_v	C_s/C_v	设计洪水频率			说明
				1%	2%	5%	
江桥	3 550	1.1	2.5	19 000	15 700	11 400	采用松花江流域防洪规划成果
大赉	3 460	1.02	2.5	17 100	14 300	10 600	

4)泥沙

嫩江为少沙河流,库漠屯站、江桥站、大赉站多年平均悬移质输沙量分别为 30.56 万 t、216.79 万 t、171.06 万 t。泥沙年际变化较大,年输沙量最大值与最小值一般相差 52 倍,库漠屯站最大值与最小值相差达 232 倍。泥沙的年内分配与水量基本一致,主要集中在汛期,且沙量比水量更集中,6—9 月输沙量占全年的 70%~80%;嫩江主要控制站悬移质泥沙成果见表 5-5,嫩江主要控制站泥沙年内分配成果及示意图分别见表 5-6、图 5-2。

表 5-5　嫩江主要控制站悬移质泥沙成果

测站	资料系列	平均含沙量/(kg/m³)	悬移质平均输沙量/万 t	悬移质最大输沙量/万 t	悬移质最小输沙量/万 t
库漠屯	1956—1967 年 1974—2018 年	0.057	30.56	432.07	1.86
江桥	1954—2018 年	0.099	216.79	1 240.02	23.60
大赉	1955—2018 年	0.076	171.06	1 333.01	25.30

表 5-6　嫩江主要控制站泥沙年内分配成果　　　　　　单位:万 t

测站	1 月	2 月	3 月	4 月	5 月	6 月	7 月	8 月	9 月	10 月	11 月	12 月
库漠屯	0	0	0.01	2.20	3.93	4.54	6.25	9.46	3.34	0.78	0.05	0
江桥	0.18	0.14	0.31	9.95	22.71	23.46	78.42	46.87	21.01	10.07	3.19	0.48
大赉	0.18	0.10	0.16	6.25	17.62	14.52	32.85	59.70	24.55	11.32	3.41	0.40

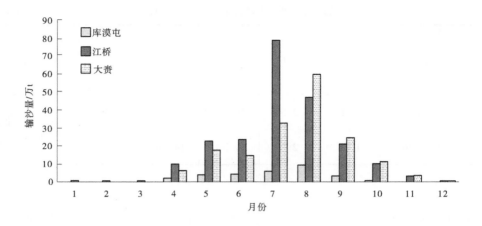

图 5-2　嫩江主要控制站输沙量年内分配示意图

2. 第二松花江

1) 气候

第二松花江流域属于北温带大陆性季风气候区,四季气候变化明显。多年平均降水量在 600 mm 左右,降水地区分布极不均匀,由长白山区向西北平原区递减,年内分配亦不均匀,6—9 月降水量占全年的 70%~80%;多年平均蒸发量 1 488.3 mm,多年平均气温 4.4 ℃,多年平均风速 3.6 m/s,主风向为西南风。全年日照时数 2 300 h 左右,无霜期 130 d 左右,最大冻土深 2.0 m。

2) 径流

第二松花江扶余站多年平均径流量为 163.86 亿 m³,径流年际变化较大,年径流量最大值与最小值一般相差 5 倍左右。径流年内分配也不均匀,最小月径流量仅占全年的 0.8%~5.1%,最大月径流量占全年的 15.2%~25.4%,主要集中在 5—10 月,占全年径流量的 60%~80%,汛期 7—9 月更为集中,枯水期径流量很小。第二松花江主要控制站天然径流量成果见表 5-7,第二松花江主要控制站天然径流量年内分配成果及示意图分别见表 5-8、图 5-3。

表 5-7　第二松花江主要控制站天然径流量成果　　　　　单位:亿 m³

测站	资料系列	平均径流量	最大径流量	最小径流量
吉林	1956—2016 年	136.96	274.70	58.60
松花江	1956—2016 年	146.21	265.89	55.90
扶余	1956—2016 年	163.86	343.68	68.64

表 5-8　第二松花江主要控制站天然径流量年内分配成果　　　　单位:亿 m³

测站	1 月	2 月	3 月	4 月	5 月	6 月	7 月	8 月	9 月	10 月	11 月	12 月
吉林	8.44	7.03	7.99	10.57	12.17	13.79	18.39	20.87	11.46	8.95	8.92	8.38
松花江	6.69	5.95	8.29	12.91	13.42	14.74	20.96	24.94	13.18	9.34	8.54	7.25
扶余	1.53	1.39	5.35	18.72	16.58	16.19	34.55	41.61	16.01	6.77	3.59	1.57

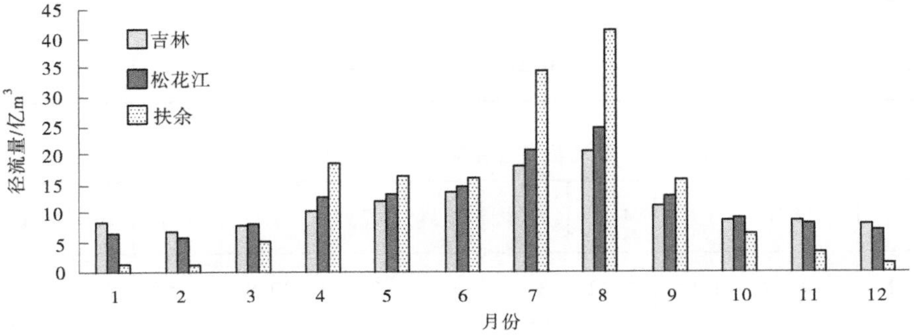

图 5-3　第二松花江主要控制站天然径流量年内分配示意图

3)洪水

第二松花江洪水主要由暴雨产生,年最大洪峰流量多发生在 7—9 月,以 7—8 月为最多。洪水多呈单峰型,历时 7~11 d,当几次连续降水发生时,洪水呈双峰形,过程线历时一般不超过 15 d。第二松花江主要控制站设计洪水成果见表 5-9。

表 5-9　第二松花江主要控制站设计洪水成果　　　　单位:m³/s

测站	Q_m 均值	C_v	C_s/C_v	设计洪水频率			说明
				1%	2%	5%	
扶余	3 650	0.66	2.5	11 900	10 400	8 400	采用松花江流域防洪规划成果

4)泥沙

第二松花江为少沙河流,吉林站、松花江站、扶余站多年平均悬移质输沙量分别为 74.12 万 t、214.75 万 t、204.56 万 t。泥沙年际变化较大,吉林站、松花江站、扶余站年输沙量最大值与最小值相差分别约为 102 倍、56 倍、15 倍。泥沙年内分配与水量基本一致,主要集中在汛期,且沙量比水量更集中,6—9 月输沙量占全年的 70%~80%。第二松花江主要控制站悬移质泥沙成果见表 5-10,第二松花江主要控制站泥沙年内分配成果及示意图分别见表 5-11、图 5-4。

表 5-10　第二松花江主要控制站悬移质泥沙成果

测站	资料系列	平均含沙量/（kg/m³）	悬移质平均输沙量/万 t	悬移质最大输沙量/万 t	悬移质最小输沙量/万 t
吉林	1956—2018 年	0.143	74.12	906.30	8.83
松花江	1956—2018 年	0.270	214.75	1 060.02	18.70
扶余	1955—2018 年	0.210	204.56	523.11	34.70

表 5-11　第二松花江主要控制站泥沙年内分配成果　　　　单位:万 t

测站	1 月	2 月	3 月	4 月	5 月	6 月	7 月	8 月	9 月	10 月	11 月	12 月
吉林	1.34	1.13	1.53	2.42	3.12	6.53	29.90	20.88	3.55	1.39	1.30	1.03
松花江	3.65	2.97	4.56	12.21	12.33	22.45	60.36	63.60	14.46	6.38	5.73	6.05
扶余	2.90	1.89	2.63	16.97	14.29	23.68	51.70	55.85	18.82	7.13	5.05	3.65

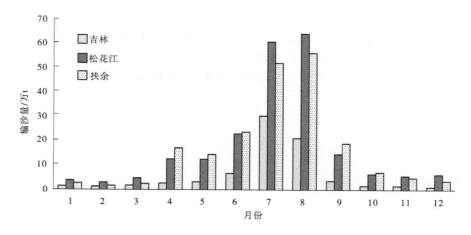

图 5-4　第二松花江主要控制站输沙量年内分配示意图

3. 松花江

1）气候

松花江流域地处温带大陆性季风气候区,春季干燥多风,夏、秋降水集中,冬季严寒漫长。降水量时空分布不均匀,多年平均降水量为 440～760 mm,主要集中在 6—9 月,占全年的 60%~80%。蒸发量大部分在 500~800 mm,由西南向东北呈递减状态。多年平均气温变化在−3~5 ℃。

2)径流

松花江下岱吉站多年平均天然径流量为 384.61 亿 m³,径流年际分配较均匀,年径流量最大值为最小值的 4.6 倍左右。径流年内分配不均匀,最小月径流量占全年的 0.6%左右,最大月径流量占全年的 23%左右,其中 6—10 月径流量占全年的 75%左右。松花江主要控制站天然径流量成果成果见表 5-12,松花江主要控制站天然径流量年内分配成果及示意图分别见表 5-13、图 5-5。

表 5-12　松花江主要控制站天然径流量成果　　　　　　单位:亿 m³

测站	资料系列	平均径流量	最大径流量	最小径流量
下岱吉	1956—2016 年	384.61	838.50	177.78
哈尔滨	1956—2016 年	440.07	932.24	203.25

表 5-13　松花江主要控制站天然径流量年内分配成果　　　　　　单位:亿 m³

测站	1 月	2 月	3 月	4 月	5 月	6 月	7 月	8 月	9 月	10 月	11 月	12 月
下岱吉	3.24	2.62	6.63	26.33	33.51	35.41	62.61	91.42	62.67	36.77	16.96	6.44
哈尔滨	3.44	2.52	7.53	31.35	41.20	39.21	67.05	102.55	73.11	44.68	20.22	7.21

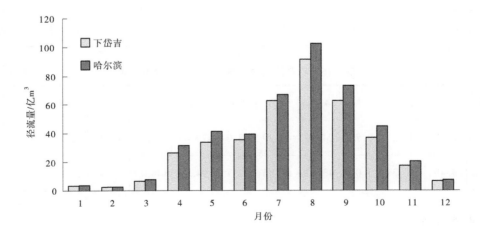

图 5-5　松花江主要控制站天然径流量年内分配示意图

3)洪水

松花江洪水主要来自嫩江、第二松花江,受河槽调蓄的影响,一般为单峰型洪水,洪水过程比较平稳,最大洪峰出现时间较晚,一般在 8—9 月较多,一次洪水历时较长,最长可达 90 d。松花江主要控制站设计洪水成果见表 5-14。

表 5-14　松花江主要控制站设计洪水成果　　　　　　　　　单位:m³/s

测站	Q_m 均值	C_v	C_s/C_v	设计洪水频率			说明
				1%	2%	5%	
下岱吉	4 530	0.87	2.5	19 100	16 200	12 400	采用松花江流域防洪规划成果

4)泥沙

松花江下岱吉站、哈尔滨站悬移质多年平均输沙量分别为 404.06 万 t、586.46 万 t。泥沙年际分配不均匀,年输沙量最大值与最小值一般相差 12~15 倍。泥沙年内分配与水量基本一致,主要集中在汛期,6—9 月输沙量占全年的 65%~70%。松花江主要控制站悬移质泥沙成果见表 5-15,松花江主要控制站泥沙年内分配成果及示意图分别见表 5-16、图 5-6。

表 5-15　松花江主要控制站悬移质泥沙成果

测站	资料系列	平均含沙量/(kg/m³)	悬移质多年平均输沙量/万 t	悬移质最大输沙量/万 t	悬移质最小输沙量/万 t
下岱吉	1956—2018 年	0.11	404.06	1 430.00	91.03
哈尔滨	1956—2018 年	0.14	586.46	1 170.00	91.50

表 5-16　松花江主要控制站泥沙年内分配成果　　　　　　　　　单位:万 t

测站	1 月	2 月	3 月	4 月	5 月	6 月	7 月	8 月	9 月	10 月	11 月	12 月
下岱吉	2.70	2.12	2.79	24.69	40.29	48.07	79.64	105.76	49.26	32.00	12.75	3.99
哈尔滨	4.49	2.73	5.09	43.12	61.96	62.75	94.36	144.17	84.73	57.13	21.21	4.72

4. 东辽河

1)气候

东辽河流域为温带大陆性季风气候区,雨热同季,冬季寒冷漫长,春秋季短,东湿西干。多年平均降水量 566.6 mm,降水在年际和年内分配不均,大水年和小水年之比达 3

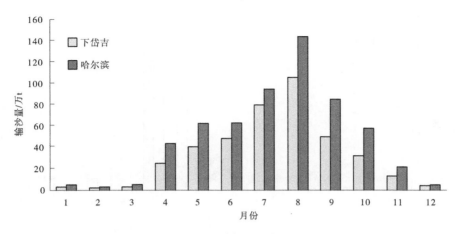

图 5-6　松花江主要控制站输沙量年内分配示意图

倍以上,年内 6—9 月降水量占全年降水量的 70% 以上。多年平均蒸发量 814 mm;多年平均气温 5 ℃;多年平均日照 2 500 h;最大风速 25.7 m/s。平均相对湿度 50%~70%;多年平均最大冻土深 1.25 m,最大平均冰厚 0.67 m;无霜期 136~146 d。

2)径流

东辽河二龙山水库站、王奔站多年平均天然径流量分别为 4.52 亿 m³、7.63 亿 m³。径流年际变化极不均匀,年径流量最大值与最小值相差 28~31 倍。径流年内分配不均,最小月径流量仅占全年的 0.2%~0.4%,最大月径流量占全年的 32.8%~35.3%,主要集中在汛期,6—9 月径流量占全年的 70%~80%,枯水期径流量很小。东辽河主要控制站天然径流量成果见表 5-17,东辽河主要控制站天然径流量年内分配成果及示意图分别见表 5-18、图 5-7。

表 5-17　东辽河主要控制站天然径流量成果　　　　　单位:亿 m³

测站	资料系列	平均径流量	最大径流量	最小径流量
二龙山水库	1956—2016 年	4.52	12.65	0.44
王奔	1958—2016 年	7.63	21.62	0.70

表 5-18　东辽河主要控制站天然径流量年内分配成果　　　　　单位:亿 m³

测站	1月	2月	3月	4月	5月	6月	7月	8月	9月	10月	11月	12月
二龙山水库	0.01	0.02	0.20	0.21	0.14	0.34	1.27	1.59	0.43	0.18	0.09	0.04
王奔	0.03	0.03	0.29	0.34	0.23	0.53	2.02	2.51	0.93	0.41	0.22	0.09

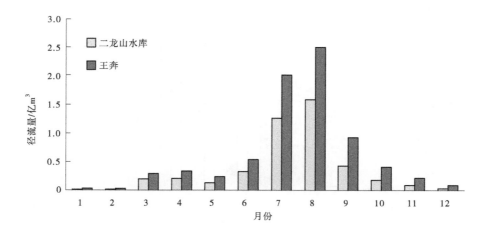

图 5-7　东辽河主要控制站天然径流量年内分配示意图

3) 洪水

东辽河的洪水主要来自二龙山水库以上山丘地区,二龙山水库以下至福德店区间洪水与上游洪水多能错峰。洪水多由暴雨形成,发生在 6—9 月,洪水过程一般 7 d 左右,大洪水多呈单峰型,主要洪量集中在 3 d 左右。暴雨洪水有明显区域性,东辽河上游是暴雨较多的地区。东辽河主要控制站设计洪水成果见表 5-19。

表 5-19　东辽河主要控制站设计洪水成果　　　　　　单位:m³/s

测站	Q_m 均值	C_v	C_s/C_v	设计洪水频率			说明
				1%	2%	5%	
二龙山水库	900	1.28	2.5	5 650	4 570	3 200	采用辽河流域防洪规划成果
王奔	950	1.20	2.5	5 570	4 540	3 230	

4) 泥沙

东辽河二龙山水库站、王奔站悬移质平均输沙量分别为 3.93 万 t、83.80 万 t。泥沙年际分布极不均匀,年输沙量二龙山水库站最大值与最小值相差 85 倍左右,王奔站最大值与最小值相差达 1 710 倍。泥沙输移主要在 6—9 月,与径流分布特征一致,6—9 月输沙量占全年的 80%~90%。东辽河主要控制站悬移质泥沙成果见表 5-20,东辽河主要控制站泥沙年内分配成果及示意图分别见表 5-21、图 5-8。

表 5-20　东辽河主要控制站悬移质泥沙成果

测站	资料系列	平均含沙量/ (kg/m³)	悬移质平均 输沙量/万 t	悬移质最大 输沙量/万 t	悬移质最小 输沙量/万 t
二龙山水库	1961—1966 年 1973—2016 年	0.098	3.93	28.80	0.341
王奔	1961—2016 年	1.30	83.80	431.00	0.252

表 5-21　东辽河主要控制站泥沙年内分配成果　　　　　　　　单位:万 t

测站	1 月	2 月	3 月	4 月	5 月	6 月	7 月	8 月	9 月	10 月	11 月	12 月
二龙山水库	0.02	0.02	0.02	0.03	0.63	0.63	0.73	1.11	0.57	0.08	0.08	0.01
王奔	0.07	0.07	0.34	0.77	3.32	10.17	30.59	24.88	10.25	1.59	1.60	0.15

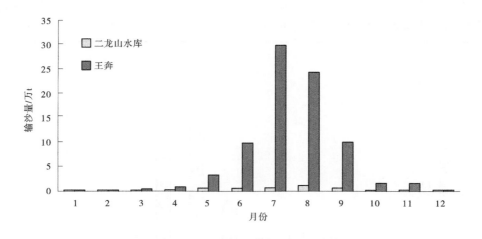

图 5-8　东辽河主要控制站输沙量年内分配示意图

5. 老哈河

1) 气候

老哈河流域属于大陆性季风气候区,四季分明,太阳辐射强烈,气温年、日差较大。冬季寒冷漫长;夏季炎热短促,雨量集中;春、秋两季气温变化剧烈,降水少,干旱多风。流域多年平均降水量为 344.3 mm,多年平均蒸发量为 1 911.9 mm;多年平均风速为 2.6 m/s,最大风速可达 19 m/s;多年平均气温为 7 ℃,历年最高气温可达 40 ℃,最低气温达-30 ℃左右;无霜期为 120~130 d;最大冻深可达 2.01 m。

2)径流

老哈河太平庄站、兴隆坡站多年平均天然径流量分别为 2.89 亿 m³、6.40 亿 m³。径流年际变化极不均匀,兴隆坡站、太平庄站年径流量最大值与最小值分别相差 20 倍、101 倍。年内径流主要集中于汛期 6—9 月,占全年的 70%～80%,最小月径流量仅占全年的 1.6%,最大月径流量占全年的 30%。老哈河主要控制站天然径流量成果见表 5-22,老哈河兴隆坡站天然径流量年内分配成果及示意图分别见表 5-23、图 5-9。

表 5-22　老哈河主要控制站天然径流量成果　　　　　　单位:亿 m³

测站	资料系列	平均径流量	最大径流量	最小径流量
太平庄	1956—2016 年	2.89	14.11	0.14
兴隆坡	1956—2016 年	6.40	25.78	1.31

表 5-23　老哈河兴隆坡站天然径流量年内分配成果　　　　　　单位:亿 m³

测站	1 月	2 月	3 月	4 月	5 月	6 月	7 月	8 月	9 月	10 月	11 月	12 月
兴隆坡	0.10	0.10	0.35	0.33	0.21	0.77	1.92	1.38	0.51	0.41	0.22	0.10

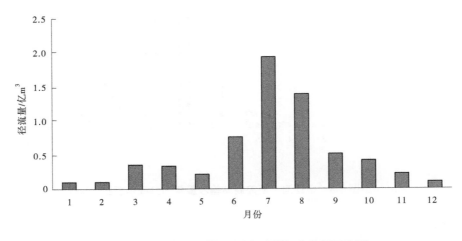

图 5-9　老哈河兴隆坡站天然径流量年内分配示意图

3)洪水

老哈河洪水主要由暴雨形成,发生在 6—9 月,主要集中在 7 月、8 月两月。一次暴雨历时在 3 d 左右,相应一次洪水过程在 6 d 左右。洪水过程线的形状一般情况是底部平缓、洪峰附近较为尖瘦,洪峰滞时较短,洪水过程陡涨陡落。老哈河主要控制站设计洪水成果见表 5-24。

表 5-24　老哈河主要控制站设计洪水成果　　　　　　单位:m³/s

测站	Q_m 均值	C_v	C_s/C_v	设计洪水频率			说明
				1%	2%	5%	
太平庄	800	1.8	3	7 470	5 530	3 250	采用辽河流域
兴隆坡	1 250	1.5	3	9 660	7 430	4 720	防洪规划成果

4)泥沙

老哈河流域多是黄土丘陵地区,地表植被差,水土流失严重,是产沙的高值区,太平庄站、兴隆坡站多年平均悬移质输沙量分别为 618.5 万 t、1 797.8 万 t。泥沙年际分布极不均匀,年输沙量最大值与最小值相差几千倍甚至上万倍。泥沙输移多集中在大洪水年份,水沙同步,且沙量比水量更集中,一般 6—9 月输沙量占全年的 90% 以上,而 7 月、8 月的沙量占年沙量的 80% 左右。老哈河主要控制站悬移质泥沙成果见表 5-25,老哈河主要控制站泥沙年内分配成果及示意图分别见表 5-26、图 5-10。

表 5-25　老哈河主要控制站悬移质泥沙成果

测站	资料系列	平均含沙量/(kg/m³)	悬移质平均输沙量/万 t	悬移质最大输沙量/万 t	悬移质最小输沙量/万 t
太平庄	1956—2018 年	15.0	618.50	10 820	1.61
兴隆坡	1956—2018 年	19.3	1 797.80	14 012	0.28

表 5-26　老哈河主要控制站泥沙年内分配成果　　　　　单位:万 t

测站	1 月	2 月	3 月	4 月	5 月	6 月	7 月	8 月	9 月	10 月	11 月	12 月
太平庄	0	0	0.73	0.81	2.84	55.34	377.24	162.24	17.38	1.73	0.19	0
兴隆坡	0	0	1.08	1.44	27.51	327.56	930.39	441.37	62.51	5.76	0.18	0

6.拉林河

1)气候

拉林河流域属中温带大陆性季风气候区,气候较为寒冷,年均气温在 3 ℃ 左右。年积温 2 500~2 700 ℃。多年平均降水量 500~800 mm,上游大,下游小,降水多集中在 6—8 月,占全年的 70% 以上。年均蒸发量 1 000~1 500 mm。全年日照数 2 400~2 600 h。无霜期 110~140 d。土壤最大冻深 2 m。

2)径流

拉林河五常站、蔡家沟站多年平均天然径流量分别为 16.72 亿 m³、34.56 亿 m³。径流年际变化相对不大,年径流量最大值与最小值一般相差 4~5 倍。径流年内分配较不均

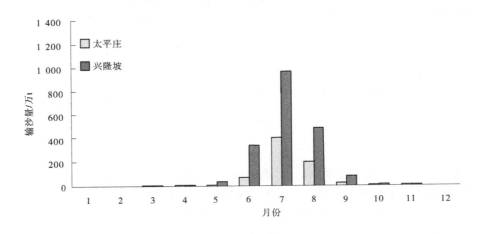

图 5-10　老哈河主要控制站输沙量年内分配示意图

匀,最小月径流量占全年的 0.3% 左右,最大月径流量占全年的 22.9%~25.7%,汛期 6—9月径流量占全年的 60%~70%。拉林河主要控制站天然径流量成果见表 5-27,拉林河主要控制站多年平均径流量年内分配成果及示意图分别见表 5-28、图 5-11。

表 5-27　拉林河主要控制站天然径流量成果　　　　单位:亿 m³

测站	资料系列	平均径流量	最大径流量	最小径流量
五常	1956—2016 年	16.72	32.58	7.84
蔡家沟	1956—2016 年	34.56	71.07	14.18

表 5-28　拉林河主要控制站多年平均径流量年内分配成果　　　　单位:亿 m³

测站	1 月	2 月	3 月	4 月	5 月	6 月	7 月	8 月	9 月	10 月	11 月	12 月
五常	0.07	0.05	0.24	1.94	2.26	1.96	3.29	3.83	1.49	0.89	0.52	0.18
蔡家沟	0.16	0.12	0.46	3.18	4.36	3.53	6.40	8.87	4.02	1.98	1.07	0.41

3) 洪水

拉林河春汛发生在 4 月上旬,以融雪为主,夏、秋汛一般发生在 7—8 月,洪水主要来源于集中降水。拉林河中下游从山丘区过渡到平原,洪水过程一般为多峰型,但有时只出现一次较大的单峰,一次洪水过程一般为 15 d 左右,有时长达 30 d。拉林河主要控制站设计洪水成果见表 5-29。

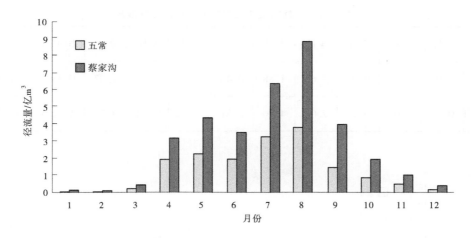

图 5-11　拉林河主要控制站多年平均径流量年内分配示意图

表 5-29　拉林河主要控制站设计洪水成果　　　　　单位:m³/s

测站	Q_m 均值	C_v	设计洪水频率			说明
			1%	2%	5%	
五常	779	0.98	3 620	3 040	2 310	采用哈尔滨市磨盘山水库供水工程初步设计成果
蔡家沟	1 085	1.21	6 410	5 230	3 710	

4)泥沙

拉林河为少沙河流,五常站、蔡家沟站多年平均悬移质输沙量分别为 17.31 万 t、48.49 万 t。泥沙年际变化较大,五常站输沙量最大值与最小值一般相差 10 倍,蔡家沟站最大值与最小值相差达 49 倍。泥沙年内分配与水量基本一致,主要集中在汛期,6—9 月输沙量占全年的 60%~70%。拉林河主要控制站悬移质泥沙成果见表 5-30,拉林河主要控制站泥沙年内分配成果及示意图分别见表 5-31、图 5-12。

表 5-30　拉林河主要控制站悬移质泥沙成果

测站	资料系列	平均含沙量/ (kg/m³)	悬移质平均 输沙量/万 t	悬移质最大 输沙量/万 t	悬移质最小 输沙量/万 t
五常	1954—1958 年 1960—1979 年	0.082	17.31	32.30	3.03
蔡家沟	1956—2018 年	0.208	48.49	257.00	5.24

表 5-31　拉林河主要控制站泥沙年内分配成果　　　　　　单位:万 t

测站	1 月	2 月	3 月	4 月	5 月	6 月	7 月	8 月	9 月	10 月	11 月	12 月
五常	0.01	0	0.07	3.61	1.88	2.43	3.54	3.87	1.07	0.45	0.24	0.14
蔡家沟	0.04	0.01	0.15	7.04	4.76	5.81	12.52	12.28	4.27	1.12	0.41	0.08

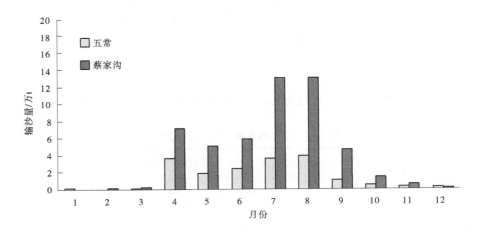

图 5-12　拉林河主要控制站输沙量年内分配示意图

7. 洮儿河

1) 气候

洮儿河流域地处松花江流域西部,属于中温带大陆性季风气候区。多年平均降水量为 435.4 mm,降水量年内分配很不均匀,6—9 月降水量占全年的 85.4%。多年平均气温为 −2~5 ℃。多年平均无霜期为 90~167 d;多东北风及西北风,平均风速为 3.8 m/s,最大风速为 24 m/s;每年 10 月下旬至 11 月初结冰,冰期长达半年之久。

2) 径流

洮儿河察尔森站多年平均天然径流量为 8.08 亿 m³。径流年际分配不均匀,年径流量最大值与最小值相差 33 倍。径流年内分配亦不均匀,主要集中在 6—9 月,约占年径流量的 78%,最小月径流量仅占全年的 0.7%,最大月径流量占全年的 29.3%,枯水期径流量很小。洮儿河主要控制站天然径流量成果见表 5-32,洮儿河主要控制站天然径流量年内分配成果及示意图分别见见表 5-33、图 5-13。

表 5-32 洮儿河主要控制站天然径流量成果 单位:亿 m³

测站	资料系列	平均径流量	最大径流量	最小径流量
察尔森	1956—2016 年	8.08	30.40	0.90

表 5-33 洮儿河主要控制站天然径流量年内分配成果 单位:亿 m³

测站	1 月	2 月	3 月	4 月	5 月	6 月	7 月	8 月	9 月	10 月	11 月	12 月
察尔森	0.07	0.06	0.10	0.22	0.32	0.74	2.00	2.37	1.21	0.61	0.27	0.11

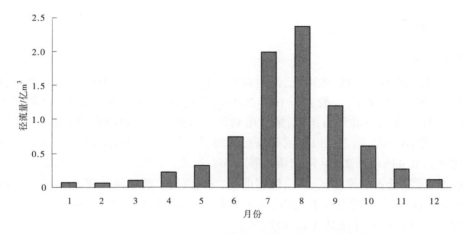

图 5-13 洮儿河察尔森站天然径流量年内分配示意图

3)洪水

洮儿河洪水主要由暴雨形成,洪水主要发生在 6—9 月,尤以 7 月中下旬至 8 月中下旬为最多,占全年的 80%～90%。洪水过程一般在 8～15 d,主峰多集中在 3 d。受暴雨影响,洪水往往是一次洪峰未尽,下一次洪峰又起,形成双峰或多峰。洮儿河主要控制站设计洪水成果见表 5-34。

表 5-34 洮儿河主要控制站设计洪水成果 单位:m³/s

测站	Q_m 均值	C_v	C_s/C_v	设计洪水频率			说明
				1%	2%	5%	
察尔森	358	1.3	2.5	2 290	1 840	1 280	采用察尔森水库除险加固工程初步设计成果

4) 泥沙

察尔森站分别于 1954 年、1958—1960 年、1962—1967 年、1969—1980 年进行了泥沙观测,具有 22 年不完整的悬移质泥沙观测资料,近年该站已不再进行泥沙观测。《察尔森水库除险加固工程初步设计报告》通过建立月平均输沙率–月平均流量相关关系,插补缺测年份的输沙率资料。插补延长系列后,察尔森站多年平均入库悬移质沙量为 16.7 万 t,多年平均入库推移质输沙量为 3.34 万 t,总入库沙量为 20.04 万 t。

5.3.3　地质

5.3.3.1　嫩江

1. 地形地貌

嫩江流域地形西北高、东南低,河道自西北向东南流。嫩江市以上为上游段,属于山区,山高林密,河谷狭窄,一般宽为 100~200 m,河道蜿蜒,水流湍急,河道比降较大,平均为 1‰,河床由卵石及砂砾石组成;嫩江市到莫力达瓦达斡尔自治旗(尼尔基水库)为中游段,两岸多低山丘陵,阿彦浅以下河谷渐形开阔,河谷宽 2~3 km,河床宽 300~700 m,水面河道比降为 0.44‰~0.22‰,河床质由砂及碎石组成;莫力达瓦达斡尔自治旗到三岔河口为下游段,河流进入平原地区,河道蜿蜒曲折,多呈网状,两岸滩地延展很宽,最宽处可达 10 km 左右,滩地上广泛分布着泡沼、湿地和牛轭湖,河道比降较缓,河床质组成从上往下由粗变细,由粗砂、砂砾逐渐变成细砂、黏土。

2. 地层岩性

第四系广泛分布于河谷平原、高平原、山间平原上及丘陵区、低山区的河谷中,包括下更新统、中更新统、上更新统和全新统。第四系全新统岩性以壤土、沙壤土、细砂为主,厚 5~40 m,下部上、中、下更新统冲积层岩性主要为粗砂、砾石、卵石类,厚 50~140 m。

3. 河床组成

研究河段岩性以砂、细砾及砂砾石为主,砾主要以原岩碎块为主,磨圆一般~较好,砂主要为长石、石英,自上游向下游粒径逐渐变细,由粗砂过渡为中粗砂、中细砂、细砂,结构稍密~密实。尼尔基水库坝下、富拉尔基、江桥、大赉滩地泥沙中值粒径分别为 7.00 mm、3.10 mm、0.12 mm、0.064 mm(见图 5-14~图 5-17)。

5.3.3.2　第二松花江

1. 地形地貌

第二松花江地形东南高、西北低,河道由东南流向西北,河谷穿越东部丘陵、中部波状台地至西部松辽平原。从丰满水库坝址到沐石河口为中游段,为第二松花江的丘陵区江段,两岸河谷展阔,水面宽 400~800 m,河道比降 0.14‰~0.45‰,支流汇入少,河床多由

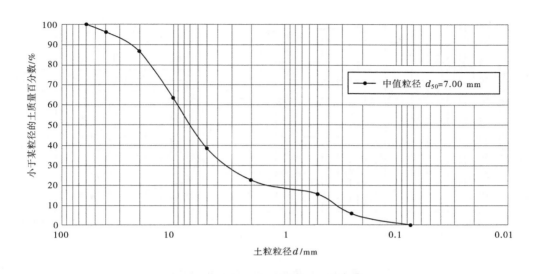

图 5-14　尼尔基水库坝下滩地土样颗粒级配曲线

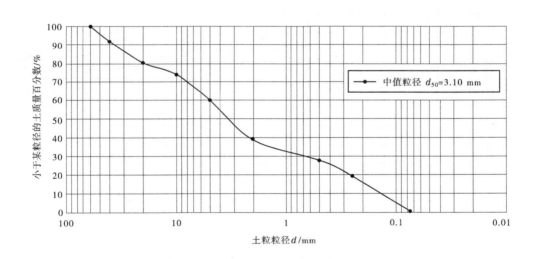

图 5-15　富拉尔基滩地土样颗粒级配曲线

砂石组成,河湾、江汊、浅滩时有出现,河流多呈线状结构;沐石河口到三岔河口为下游段,属平原地区,河道宽浅多沙滩,河流坡度减缓,河道中汊河、串沟和江心洲岛较多,河宽一般为 400~1 000 m,大部分河段河道比降小于 0.14%,该河段两岸多细砂,易冲淤。

　　2. 地层岩性

　　区内第四系地层广泛分布,基岩露头极少,漫滩上部主要为第四系全新统冲积层,局部地段揭露了中-上更新统,下伏基岩以白垩系泥岩为主。第四系风积沙丘主要以沙壤土、中细砂为主,厚 3~15 m,漫滩上部以黏土、壤土为主,厚 0.4~11 m,漫滩中下部细砂、

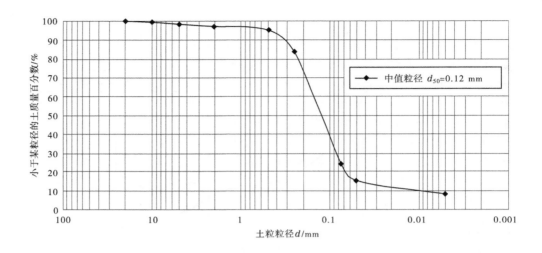

图 5-16　江桥滩地土样颗粒级配曲线

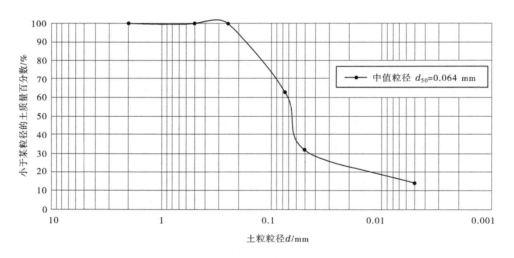

图 5-17　大赉滩地土样颗粒级配曲线

中砂、粗砂及卵砾石均有分布。

3. 河床组成

吉林市和舒兰市河段河床岩性上部为低液限黏土和粉土,局部含细砂;下部多为砂砾石,部分地区分布有细砂、中砂、粗砂。长春市九台区至松原市河段河床上部为低液限黏土和粉土,局部含细砂,下部多为细砂、中砂、粗砂,部分地区分布有砂砾石。白旗松花江大桥、八家子第二松花江特大桥河段泥沙中值粒径分别为 8.00 mm、0.20 mm(见图 5-18、图 5-19)。

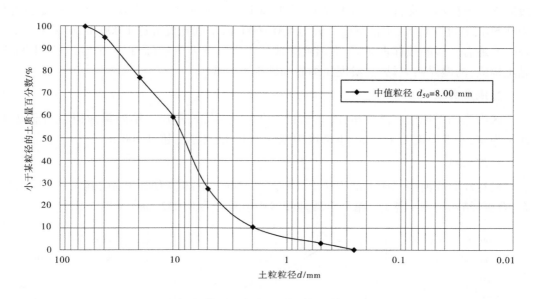

图 5-18 白旗松花江大桥滩地土样颗粒级配曲线

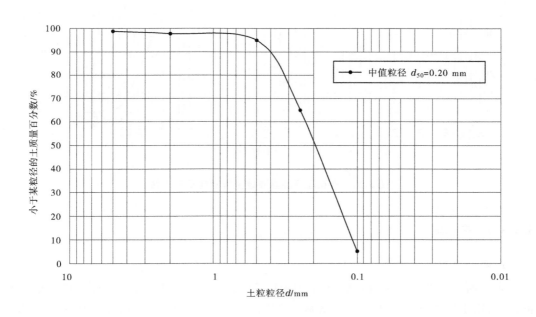

图 5-19 八家子第二松花江特大桥滩地土样颗粒级配曲线

5.3.3.3 松花江

1. 地形地貌

松花江流域地貌单元主要以堆积河漫滩为主,地势自西南向东北渐低,自两岸向河床缓倾斜。该段河流穿行于松嫩平原中,从上而下弯道和河汊交替出现,主流不稳定,比降为 0.5‰,宽度变化大,主槽宽度一般为 400~600 m,个别宽处可达 1 000 m,水深 4~7 m。两岸滩地有较多的残存古河道、泡沼或湿地。两岸阶地多由砂砾石、中细砂、亚砂土和亚黏土构成,河漫滩由亚黏土、淤泥质细砂和砂砾土组成。

2. 地层岩性

区内第四系地层广泛分布,漫滩上部主要为全新统冲积层。第四系冲积层上部以黏性土为主,一般厚度为 1~3 m;下部以中细砂为主,最大厚度超过 200 m。

3. 河床组成

松花江研究河段河床上部为粉土,局部含粉细砂,下部多为细、中砂,其成分主要为长石、石英,结构稍密~密实。肇源县滩地泥沙中值粒径为 0.022 mm(见图 5-20)。

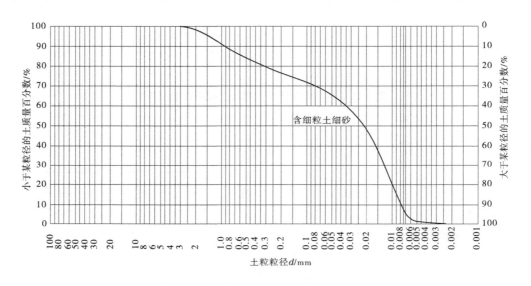

图 5-20　松花江肇源县滩地土样颗粒级配曲线

5.3.3.4　东辽河

1. 地形地貌

东辽河流域地处吉林省东部长白山向西部松辽平原的过渡地带,地势总趋势东高西低,二龙山水库坝址至城子上水文站属丘陵地区,河宽 30~50 m,河道比降 0.56‰~1‰,河床下切较深,河流迂回曲折,属弯曲分汊型,河底由泥沙及少量卵石组成;城子上站至福德店站为冲积平原、沙化沙丘冲积平原,河宽 60~70 m,河道比降 0.26‰,河床由壤土、沙壤土、细砂组成,两岸为耕地,是重要的农业区。

2. 地层岩性

区内第四系松散堆积层不整合覆盖于白垩系及第三系地层之上。第四系下更新统岩性主要为砂砾石,厚 2~7 m;中更新统岩性为泥质黏土、壤土、沙壤土,厚 20~150 m;上更新统岩性主要为壤土、细砂及中细砂,厚 5~20 m。全新统由冲积层、风积层等组成,厚 15~30 m。

3. 河床组成

东辽河研究河段河床岩性以细砂、中砂、粗砂和砂砾石为主,砾主要以原岩碎块为主,粒径不均匀,砂主要为长石、石英,结构稍密—密实。东辽河腰家窝棚河床泥沙中值粒径为 3.2 mm(见图 5-21)。

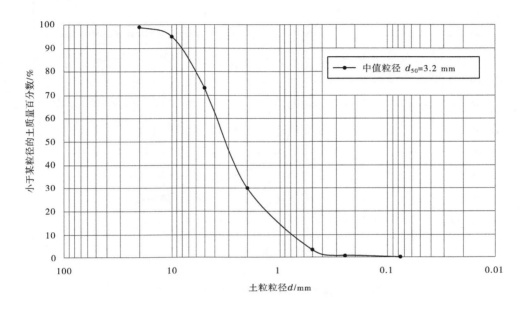

图 5-21 东辽河腰家窝棚土样颗粒级配曲线

5.3.3.5 老哈河

1. 地形地貌

老哈河流域地势总体呈西北高、东南低,河槽宽 200~600 m,河流两岸比较开阔,河道比降 2‰~2.5‰,地面高程在 445~545 m,两岸地貌为黄土丘陵区,植被差,冲沟发育,河漫滩土质松散,多为沙壤土及砂土,河床为砂土及卵砾石。

2. 地层岩性

区内出露的地层为侏罗系上统第三岩组、第三系上新统及第四系地层。侏罗系上统第三岩组分布范围极广,区域厚度为 784~1 720 m。第三系上新统多沿河谷两侧呈条带状分布,不整合于中生代及其以前地层和岩体上。第四系上更新统岩性以壤土、沙壤土为主,含碎石及砾石;全新统冲积层分布在各河流一级阶地、河漫滩及其支沟中,主要为含细粒土砂、粉土质砂、壤土及沙壤土。

3. 河床组成

老哈河研究河段河床岩性以细砂、中砂、粗砂和砂砾石为主,砾主要以原岩碎块为主,棱角多,粒径不均匀,砂主要为长石、石英,结构稍密~密实。元宝山发电厂、太平庄水文站河床泥沙中值粒径分别为 0.065 mm、0.025 mm,颗粒级配曲线见图 5-22、图 5-23。

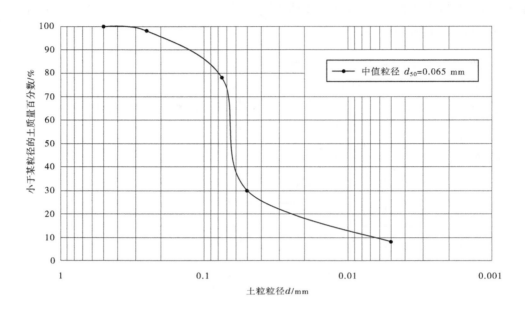

图 5-22　元宝山发电厂河床土样颗粒级配曲线

5.3.3.6　拉林河

1. 地形地貌

拉林河向阳镇以上为上游段,属山区,植被良好,谷窄流急,河道比降较陡,约为 2.5‰,河床组成多为砂、砾石,河宽 50~100 m,深 3 m 左右;向阳镇至牤牛河口为中游段,属丘陵区,两岸山丘低平,台地起伏,间夹冲积平原,河道比降逐渐平缓,平均约为 0.33‰,河谷变得开阔,谷宽一般在 2 km 以上,最宽处可达 5 km,河道逐变弯曲;牤牛河口以下为下游平原区,河谷、滩地宽达 3~15 km,大部分为沼泽地,土地肥沃,河道弯曲,平均比降 0.12‰~0.16‰。

2. 地层岩性

区内第四系地层广泛分布。更新统坡积、洪积层分布于山前倾斜台地,岩性为碎石混合土、卵石混合土等;上更新统冲洪积层分布于一级阶地部位,以低液限黏土、级配不良砂、砾等为主;全新统冲洪积层分布于河漫滩,岩性为低液限黏(粉)土、级配不良砂、砾等。

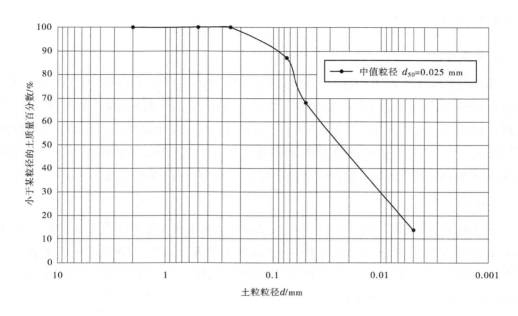

图 5-23　太平庄水文站土样颗粒级配曲线

3. 河床组成

拉林河研究河段河床岩性以砂、砂砾石为主,砾主要以原岩碎块为主,粒径不均匀,砂主要为长石、石英,自上游向下游粒径逐渐变细,五常市、舒兰市、榆树市以粗砂为主,双城区、扶余市以中砂、粗砂为主,结构稍密~密实。京哈铁路桥段河床泥沙中值粒径为 0.33 mm(见图 5-24)。

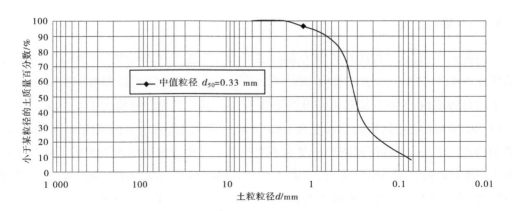

图 5-24　拉林河京哈铁路桥河床土样颗粒级配曲线

5.3.3.7　洮儿河

1. 地形地貌

洮儿河流域自西北向东南倾斜,西北部为山地,中部为丘陵,东南部为洪积平原,其中山区占 65%,丘陵平原占 35%。察尔森水库以上为山区,属上游区,森林茂密,植被覆盖良好,河谷呈 U 形,坝址处河谷宽 1 500 m。察尔森水库以下至镇西进入丘陵和由丘陵向平原过渡地区,此段为中游,河道弯曲,河谷逐渐开阔至 2~5 km,主槽宽度一般为 30~50 m,河床由卵石和粗砂组成。镇西以下为下游,进入松辽平原,多沼泽湿地。

2. 地层岩性

区域地层分布有侏罗系、第四系地层。侏罗系下统上兴安组岩性为火山角砾岩,成分为火山岩块,呈棱角状,在火山角砾岩中穿插有燕山期辉长岩脉。第四系冲积物岩性主要为黏土和细砂,厚 3.5~4.5 m,较为松散;第四系坡积物岩性主要为黏土和碎(块)石,碎(块)石一般厚度为 1.5~2.5 m。

3. 河床组成

研究河段为察尔森水库管理河段,岩性上部为低液限黏土,分布有淤泥质土和草炭土,下部为级配不良细砂、砾、含细粒土砾、黏土质砾等。

5.3.4　工程概况

5.3.4.1　堤防工程

研究范围内,嫩江堤防总长度为 846.27 km,其中黑龙江省境内 593.07 km、内蒙古自治区境内 114.65 km、吉林省境内 138.55 km;第二松花江堤防总长度为 563.38 km,全部位于吉林省境内;松花江堤防总长度为 180.58 km,其中黑龙江省境内 110.29 km、吉林省境内 70.29 km;老哈河堤防总长度为 106.06 km,其中内蒙古自治区境内 44.69 km、辽宁省境内 61.37 km;东辽河堤防总长度为 417.36 km,其中吉林省境内 285.93 km、辽宁省境内 73.96 km、内蒙古自治区境内 57.47 km;拉林河堤防总长度为 421.96 km,其中黑龙江省境内 189.90 km、吉林省境内 232.06 km。研究河段堤防工程统计见表 5-35。

5.3.4.2　护岸工程

研究范围内,嫩江护岸总长度为 81.31 km,其中内蒙古自治区 1.70 km、黑龙江省 74.48 km、吉林省 5.13 km;第二松花江护岸总长度为 130.36 km,全部位于吉林省境内; 松花江护岸总长度为 14.15 km,其中黑龙江省 7.95 km、吉林省 6.20 km;老哈河护岸总长度为 52.33 km,其中内蒙古自治区 13.53 km、辽宁省 38.80 km;东辽河护岸总长度为 12.99 km,其中吉林省 12.69 km、辽宁省 0.30 km;拉林河护岸长度为 20.28 km,其中黑龙 江省 2.64 km、辽宁省 17.64 km。研究河段堤防、护岸工程统计见表 5-35。

表 5-35　研究河段堤防、护岸工程统计

河流	省级行政区	岸别	堤防长度/km	护岸长度/km
嫩江	黑龙江	左岸	406.73	20.55
		右岸	186.34	53.93
	内蒙古	右岸	114.65	1.70
	吉林	右岸	138.55	5.13
	嫩江合计		846.27	81.31
第二松花江	吉林	左岸	331.35	59.23
		右岸	232.03	71.13
	第二松花江合计		563.38	130.36
松花江	黑龙江	左岸	110.29	7.95
	吉林	右岸	70.29	6.20
	松花江合计		180.58	14.15
老哈河	内蒙古	左岸	44.69	13.53
	辽宁	右岸	61.37	38.80
	老哈河合计		106.06	52.33

续表 5-35

河流	省级行政区	岸别	堤防长度/km	护岸长度/km
东辽河	吉林	左岸	122.56	8.42
		右岸	163.37	4.27
	辽宁	左岸	73.96	0.30
	内蒙古	右岸	57.47	
	东辽河合计		417.36	12.99
拉林河	黑龙江	左岸	17.70	1.10
		右岸	172.20	1.54
	吉林	左岸	232.06	17.64
	拉林河合计		421.96	20.28
	合计		2 535.61	311.42

5.3.4.3 涉河建筑物

研究范围内,嫩江涉河建筑物共计 363 处,其中港口(码头)23 处,涵闸(泵站)238 处,取(排)水口 36 处,桥梁 23 处,跨(穿)河管线 30 处,水文站 9 处,拦河坝 4 处;第二松花江涉河建筑物共计 259 处,其中港口(码头)35 处,涵闸(泵站)63 处,取(排)水口 87 处,桥梁 39 处,跨(穿)河管线 26 处,水文站 4 处,拦河坝 5 处;松花江涉河建筑物共计 58 处,其中港口(码头)6 处,涵闸(泵站)42 处,取(排)水口 6 处,桥梁 2 处,水文站 2 处;老哈河涉河建筑物共计 66 处,其中涵闸(泵站)49 处,取(排)水口 7 处,桥梁 7 处,跨(穿)河管线 1 处,水文站 2 处;东辽河涉河建筑物共计 157 处,其中港口(码头)12 处,涵闸(泵站)121 处,取(排)水口 4 处,桥梁 9 处,跨(穿)河管线 4 处,水文站 4 处,拦河坝 3 处;拉林河涉河建筑物共计 142 处,其中涵闸(泵站)78 处,取(排)水口 29 处,桥梁 32 处,水文站 3 处。研究河段涉河建筑物统计见表 5-36。

表 5-36　研究河段涉河建筑物统计

河流	省级行政区	岸别	港口（码头）	涵闸（泵站）	取（排）水口	桥梁	跨（穿）河管线	水文站	拦河坝
嫩江	黑龙江	左岸	5	81	16	23	30	9	4
		江心岛		22					
		右岸		58	20				
	内蒙古	右岸	16	43					
	吉林	右岸	2	34					
	嫩江合计		23	238	36	23	30	9	4
第二松花江	吉林	左岸	17	45	35	39	26	4	5
		右岸	18	18	52				
	第二松花江合计		35	63	87	39	26	4	5
松花江	黑龙江	左岸	6	30	3	2		2	
	吉林	右岸		12	3				
	松花江合计		6	42	6	2		2	
老哈河	内蒙古	左岸		20	7	7	1	2	
	辽宁	右岸		29					
	老哈河合计			49	7	7	1	2	
东辽河	辽宁	左岸	4	27	2	9	4	4	3
	内蒙古	右岸	8	10					
	吉林	左岸		29	1				
		右岸		55	1				
	东辽河合计		12	121	4	9	4	4	3

续表 5-36

河流	省级行政区	岸别	港口（码头）	涵闸（泵站）	取(排)水口	桥梁	跨(穿)河管线	水文站	拦河坝
拉林河	黑龙江	左岸		43	19	32		3	
	吉林	右岸		35	10				
	拉林河合计			78	29	32		3	
合计			76	591	169	112	61	24	12

5.3.5　航道基本情况

7 条河流中仅嫩江、第二松花江、松花江通航,航道总长度 1 368 km。

嫩江研究河段航道总长度 872 km,现有航运港口站点 23 处,最大靠泊 1 000 t,嫩江、富裕、莫旗、讷河等市、县之间的客、货渡口运输较多,富拉尔基承运煤炭和矿石,在其以下河段航运港口主要通航渔船或游艇。

第二松花江研究河段航道总长度 367 km,现有港口 5 处,客运泊位 6 个,客运吞吐量以为旅游观光客运服务为主,主要集中在吉林港主城客运港区和松原港宁江港区;货运泊位 2 个,最大靠泊 300 t,货物吞吐量以砂石等建材货物为主,兼有玉米等粮食货物,主要集中在吉林港九站港区、德惠港、榆树港,货物年综合吞吐能力 35 万 t。

松花江研究河段航道总长度 129 km,现有港口 1 处,为肇源港口,现有泊位 3 个,最大靠泊 1 000 t,客运以两岸城市间的短途运输及旅游运输为主;货运以大宗散货为主,主要为矿建材料、煤炭和木材等,货运吞吐能力 80 万 t。

5.3.6　水环境与水生态现状

5.3.6.1　水环境现状

1. 嫩江

根据《全国重要江河湖泊水功能区划(2011—2030 年)》《黑龙江省地表水功能区标准》《吉林省地表水功能区》《内蒙古自治区水功能区划》,嫩江研究河段有一级水功能区

9个,其中保护区2个,保留区1个,缓冲区4个,开发利用区2个。根据2018年全年水质监测数据,水功能区个数达标率为52.9%,超标河段主要超标项目为高锰酸盐指数。嫩江研究河段水功能区划及水质现状见表5-37。

表 5-37　嫩江研究河段水功能区划及水质现状

序号	一级水功能区名称	二级水功能区名称	水质目标	现状水质	年度达标率/%	达标情况	超标项目
1	嫩江嫩江市源头水保护区		Ⅱ	Ⅲ	33.3	未达标	高锰酸盐指数、化学需氧量、氨氮
2	嫩江黑蒙缓冲区1		Ⅲ	Ⅲ	58.3	未达标	高锰酸盐指数
3	嫩江尼尔基水库调水水源保护区		Ⅱ	Ⅲ	0	未达标	高锰酸盐指数
4	嫩江黑蒙缓冲区2		Ⅲ	Ⅲ	58.3	未达标	高锰酸盐指数
5	嫩江甘南县保留区		Ⅲ	Ⅲ	75	未达标	高锰酸盐指数
6	嫩江齐齐哈尔市开发利用区	嫩江富裕县农业用水区	Ⅲ	Ⅲ	83.3	达标	—
		嫩江富裕县排污控制区	—	—	—	—	—
		嫩江富裕县过渡区	Ⅳ	Ⅲ	100	达标	—
		嫩江中部引嫩工业、农业用水区	Ⅲ	Ⅲ	83.3	达标	—
		嫩江中部引嫩过渡区	Ⅱ	Ⅲ	0	未达标	高锰酸盐指数、氨氮
		嫩江浏园饮用、农业用水区	Ⅱ~Ⅲ	Ⅲ	33.3	不达标	高锰酸盐指数

续表 5-37

序号	一级水功能区名称	二级水功能区名称	水质目标	现状水质	年度达标率/%	达标情况	超标项目
6	嫩江齐齐哈尔市开发利用区	嫩江齐齐哈尔市排污控制区	Ⅲ	Ⅲ	83.3	达标	—
		嫩江齐齐哈尔市过渡区	Ⅲ	Ⅲ	83.3	达标	—
		嫩江富拉尔基工业、景观娱乐用水区	Ⅲ	Ⅲ	90.9	达标	—
		嫩江富拉尔基电厂排污控制区	—	—	—	—	—
		嫩江莫呼过渡区	Ⅳ	Ⅳ	100	达标	—
7	嫩江黑蒙缓冲区 3		Ⅲ	Ⅲ	100	达标	—
8	嫩江泰来县开发利用区	嫩江泰来县农业、渔业用水区	Ⅲ	Ⅲ	100	达标	—
9	嫩江黑吉缓冲区		Ⅲ	Ⅲ	75	未达标	高锰酸盐指数

2. 第二松花江

根据《全国重要江河湖泊水功能区划(2011—2030年)》《吉林省地表水功能区》,第二松花江研究河段有一级水功能区 5 个,其中保护区 2 个,缓冲区 1 个,开发利用区 2 个。根据 2018 年全年水质监测数据,水功能区个数达标率为 63.6%,部分断面水质超标,主要超标项目为铁和高锰酸盐指数。第二松花江研究河段水功能区划及水质现状见表 5-38。

表 5-38　第二松花江研究河段水功能区划及水质现状

序号	一级水功能区名称	二级水功能区名称	水质目标	现状水质	年度达标率/%	达标情况	超标项目
1	第二松花江长春市调水水源保护区		Ⅱ	Ⅱ	33.3	未达标	高锰酸盐指数

续表 5-38

序号	一级水功能区名称	二级水功能区名称	水质目标	现状水质	年度达标率/%	达标情况	超标项目
2	第二松花江吉林市、长春市开发利用区	第二松花江吉林市饮用、工业用水区 1	II ~ III	II	100	达标	—
		第二松花江吉林市景观娱乐用水区	III	III	100	达标	—
		第二松花江吉林市饮用、工业用水区 2	II ~ III	II	41.7	未达标	铁
		第二松花江吉林市工业用水区	IV	IV	100	达标	—
		第二松花江吉林市、长春市农业、过渡区	III	III	100	达标	—
		第二松花江德惠市、榆树市饮用、工业用水区	II ~ III	III	0	未达标	铁
3	第二松花江吉林扶余洪泛湿地自然保护区		III	III	83.3	达标	—
4	第二松花江松原市开发利用区	第二松花江松原市饮用、工业用水区	II ~ III	III	16.7	未达标	铁
		第二松花江松原市排污控制区	—	—	—	—	—
		第二松花江松原市过渡区	IV	IV	100%	达标	—
5	第二松花江吉黑缓冲区		III	III	91.7	达标	—

3. 松花江

根据《全国重要江河湖泊水功能区划(2011—2030年)》《吉林省地表水功能区》《黑龙江省地表水功能区》,松花江研究河段划分了2个一级水功能区、1个二级水功能区。根据2018年全年水质监测数据,水功能区个数达标率为50%,超标河段为松花江黑吉缓冲区,主要超标项目为高锰酸盐指数。松花江研究河段水功能区划及水质现状见表5-39。

表5-39　松花江研究河段水功能区划及水质现状

序号	一级水功能区名称	二级水功能区名称	水质目标	现状水质	年度达标率/%	达标情况	超标项目
1	松花江黑吉缓冲区		Ⅲ	Ⅲ	50.0	未达标	高锰酸盐指数
2	松花江哈尔滨市开发利用区	松花江肇东市、双城区农业、渔业用水区	Ⅲ	Ⅲ	91.7	达标	—

4. 东辽河

根据《全国重要江河湖泊水功能区划(2011—2030年)》《吉林省地表水功能区》《辽宁省水功能区划报告》,东辽河规划河流共涉及2个一级水功能区、1个二级水功能区。根据2018年全年水质监测数据,各水功能区水质均未达标,主要超标因子为总磷、氨氮、化学需氧量和高锰酸盐指数。东辽河研究河段水功能区划及水质现状见表5-40。

表5-40　东辽河研究河段水功能区划及水质现状

序号	一级水功能区名称	二级水功能区名称	水质目标	现状水质	年度达标率/%	达标情况	超标项目
1	东辽河辽源市、四平市开发利用区	东辽河梨树县、公主岭市、双辽市农业用水区	Ⅴ	劣Ⅴ	33.3	未达标	总磷、氨氮、化学需氧量
2	东辽河吉辽、蒙辽缓冲区		Ⅲ	Ⅲ	58.3	未达标	氨氮、总磷和高锰酸盐指数

5.老哈河

根据《全国重要江河湖泊水功能区划(2011—2030年)》《内蒙古自治区水功能区划》《辽宁省水功能区划报告》,老哈河规划河流共涉及 2 个一级水功能区。根据 2018 年全年水质监测数据,一级水功能区分别为老哈河宁城县开发利用区、老哈河辽蒙缓冲区,均能满足相应标准要求。老哈河研究河段水功能区划及水质现状见表 5-41。

表 5-41　老哈河研究河段水功能区划及水质现状

序号	一级水功能区名称	二级水功能区名称	水质目标	现状水质	年度达标率/%	达标情况	超标项目
1	老哈河宁城县开发利用区	老哈河宁城县开发利用区	Ⅲ	Ⅲ	100	达标	——
2	老哈河辽蒙缓冲区		Ⅲ、Ⅳ	Ⅲ	100	达标	——

6.拉林河

根据《全国重要江河湖泊水功能区划(2011—2030年)》《吉林省地表水功能区》《黑龙江省地表水功能区》,拉林河共划分一级水功能区 5 个,其中保护区 1 个,缓冲区 2 个,保留区 1 个,开发利用区 1 个。根据 2018 年全年水质监测数据,水功能区个数达标率为40%,超标河段主要为拉林河磨盘山水库调水水源保护区、拉林河五常市开发利用区及拉林河吉黑缓冲区 2,主要超标项目为高锰酸盐指数、氨氮和总磷。拉林河研究河段水功能区划及水质现状见表 5-42。

表 5-42　拉林河研究河段水功能区划及水质现状

序号	一级水功能区名称	二级水功能区名称	水质目标	现状水质	年度达标率/%	达标情况	超标项目
1	拉林河磨盘山水库调水水源保护区		Ⅱ	Ⅲ	25	未达标	高锰酸盐指数
2	拉林河五常市保留区		Ⅲ	Ⅱ	100	达标	——

续表 5-42

序号	一级水功能区名称	二级水功能区名称	水质目标	现状水质	年度达标率/%	达标情况	超标项目
3	拉林河吉黑缓冲区 1		Ⅲ	Ⅱ	83.3	达标	—
4	拉林河五常市开发利用区	拉林河五常市农业用水区	Ⅲ	Ⅲ	75	未达标	氨氮
5	拉林河吉黑缓冲区 2		Ⅲ	Ⅳ	66.7	未达标	氨氮和总磷

7. 洮儿河

根据《全国重要江河湖泊水功能区划(2011—2030 年)》《内蒙古自治区水功能区划》,洮儿河研究河段共划分一级水功能区 2 个,均为开发利用区。根据 2018 年全年水质监测数据,水功能区水质良好,均达到Ⅱ类水质。洮儿河研究河段水功能区划及水质现状见表 5-43。

表 5-43　洮儿河研究河段水功能区划及水质现状

序号	一级水功能区名称	二级水功能区名称	水质目标	现状水质	年度达标率/%	达标情况	超标项目
1	洮儿河科尔沁右翼前旗开发利用区 1	洮儿河科尔沁右翼前旗农业用水区 1	Ⅲ	Ⅱ	100	达标	—
2	洮儿河乌兰浩特市开发利用区	洮儿河乌兰浩特市农业用水区	Ⅲ	Ⅱ	100	达标	—

5.3.6.2 水生态现状

1. 嫩江

研究河段水生生境整体较好,鱼类资源丰富,因地处我国最北部,属于高纬度、高寒地区,也是冷水性鱼类的主要分布区。鱼类共计 14 科 69 种,占嫩江鱼类种类的 93.1%。其中,鲤科有 45 种,鳅科 7 种,鲱科和鳕科各 3 种,七鳃鳗科 2 种,其他 9 科各 1 种。

浮游植物共计 8 门 231 种属,其中硅藻门 109 种属,绿藻门 75 种属,蓝藻门 22 种属,金藻门 10 种属,裸藻门 9 种属,隐藻门 3 种属,甲藻门 2 种属,黄藻门 1 种属。高等水生植物 3 大类别,22 科 44 种,其中蕨类植物 2 种,被子植物 17 种,单子叶植物 25 种。

浮游动物共计 4 类 88 种属,其中轮虫 48 种属,原生动物 19 种属,桡足类 14 种属,枝角类 7 种属。底栖动物 5 类,共计 17 目 53 科 150 种,其中水生昆虫 113 种,软体动物 19 种,环节动物 13 种,甲壳动物 4 种,扁形动物 1 种。

2. 第二松花江

研究河段鱼类共计 66 种,分别隶属 50 属 13 科,其中鲤科鱼类 45 种。常见鱼类 11 科 39 种,主要是湖泊定居性鱼类和江湖半洄游性鱼类,如鲤鱼、鲫鱼、鲶鱼、鲌鱼、红鲌鱼等。

浮游植物 41 种,其中硅藻门 12 种、绿藻门 18 种、蓝藻门 6 种、裸藻门 3 种、隐藻门 1 种、黄藻门 1 种。

浮游动物 20 种,其中原生动物 9 种、轮虫 7 种、枝角类 2 种、桡足类 2 种。底栖动物 4 类 22 种,其中寡毛类 4 种、昆虫类 5 种、软体动物 10 种、甲壳类 3 种。

3. 松花江

研究河段为松花江水产种质资源保护区分布密集区,分布有松花江大型漂流型鱼类产卵场及鱼类洄游通道,水生生境较好,鱼类种类丰富。鱼类共计 8 目 12 科 76 种,其中鲤科 53 种,鳅科 8 种,鳕科 4 种,鮨科、塘鳢科各 2 种,银鱼科、胡瓜鱼科、鮨科、鰕虎鱼科、鳢科、斗鱼科、杜父鱼科各 1 种。

浮游植物 8 门 131 种属,其中硅藻门 65 种属,绿藻门 40 种属,蓝藻门 9 种属,金藻门 4 种属,裸藻门 6 种属,甲藻门 3 种属,黄藻门和绿藻门各 2 种属。

浮游动物的优势种及常见种为轮虫类,大型底栖动物类群以水生昆虫和软体动物为主。

4. 东辽河

由于人类对环境的破坏及对鱼类的过度捕捞,东辽河鱼类种类和数量大幅度下降。鱼类共计 26 种,以鲤科中的小型杂鱼为主,其中鲤科鱼类 19 种、鳅科 3 种、鮨科 1 种、鳕科 2 种、杜父鱼科 1 种。

浮游植物 37 种,其中绿藻门 16 种、硅藻门 12 种、蓝藻门 5 种、甲藻门 2 种、金藻门 1 种、黄藻门 1 种。

浮游动物 23 种,其中枝角类 11 种、轮虫 9 种、绕足类 3 种。

5. 老哈河

老哈河水生生物种类不丰富。鱼类共计 9 科 25 种,鲤科为 18 种、鳅科 3 种、塘鳢科 2 种、鲇科 1 种、杜父鱼科 1 种。

浮游植物 33 种,其中绿藻门 14 种、硅藻门 10 种、蓝藻门 5 种、甲藻门 2 种、金藻门 1 种、黄藻门 1 种。

浮游动物 31 种,其中原生动物 8 种、枝角类 4 种、轮虫 17 种、绕足类 2 种。底栖动物只有水蚯和几种双翅目(摇蚊、幽蚊)幼虫。

6. 拉林河

研究河段鱼类 6 目 15 科 68 种,鲤科鱼类 41 种,鳅科鱼类 7 种、鳕科 4 种、鲑科、胡瓜鱼科、鰕虎鱼科和塘鳢科各 2 种,七鳃鳗科、鲇科、大银鱼科、狗鱼科、鳕科、鳢科、鮨科、斗鱼科各 1 种。

浮游植物 8 门 69 种,其中硅藻门 35 种,绿藻 15 种,蓝藻 10 种,裸藻 4 种,隐藻 2 种,黄藻、金藻、甲藻门各 1 种。

浮游动物 3 类 36 种,其中轮虫 19 种、原生动物 14 种、桡足类 3 种。底栖动物 5 类,共计 16 目 30 科 60 种,其中水生昆虫 30 种、软体动物 17 种、环节动物 9 种、甲壳动物 3 种、扁形动物 1 种。

7. 洮儿河

研究河段为察尔森水库库区段,进入该段后河道逐渐宽阔,流速也较为平缓,为众多的温水性鱼类提供了繁殖、索饵和栖息的环境。鱼类共计 74 种,分属于 8 目 16 科,其中鲤科鱼类共计 46 种、鳅科 8 种、七鳃鳗科 2 种、鲑科 2 种、鳕科 2 种、鲇科 2 种、塘鳢科 2 种、杜父鱼科 2 种,其余各科鱼类均为 1 种。

浮游植物共计 6 门 43 种,其中硅藻门 18 种、绿藻门 16 种、蓝藻门 5 种、裸藻门 2 种、隐藻门 1 种、甲藻门 1 种。

浮游动物共计 3 类 24 种,其中轮虫 16 种、原生动物 5 种、桡足类 3 种。底栖动物 5 类,共计 10 科 21 种,其中水生昆虫 7 种、软体动物 7 种、环节动物 5 种、甲壳动物 2 种。

5.3.6.3　环境敏感区

研究河段涉及的环境敏感区调查时间为 2019 年底,鱼类重要"三场"依据《松花江流域综合规划(2012—2030 年)》(国函〔2012〕38 号)成果。

1. 嫩江

嫩江研究河段分布有 7 处自然保护区、6 处水产种质资源保护区、3 处重要鱼类"三场"、4 处饮用水水源保护区、3 处湿地公园。嫩江研究河段环境敏感区分布情况见表 5-44。

表 5-44　嫩江研究河段环境敏感区分布情况

敏感区	环境敏感区名称	级别	保护对象	保护目标
自然保护区	黑龙江省门鲁河省级自然保护区	省级	湿地生态系统	保护生境,维持生态系统的完整性
	黑龙江省讷谟尔河湿地省级自然保护区	省级	温带湿地生态系统及栖息于此的珍稀濒危野生动植物	
	黑龙江省尼尔基省级自然保护区	省级	湿地生态系统	
	黑龙江省乌裕尔河国家级自然保护区	国家级	湿地生态系统、自然景观资源及栖息于其中的珍稀濒危野生动植物	
	黑龙江省齐齐哈尔沿江湿地省级自然保护区	省级	典型湿地生态系统和珍稀野生动植物资源及其栖息地	
	吉林省莫莫格国家级自然保护区	国家级	湿地生态系统与丹顶鹤、白鹤、白头鹤、白枕鹤、灰鹤、蓑羽鹤等	
	黑龙江省肇源沿江湿地省级自然保护区	省级	松嫩平原北部半干旱地区典型内陆湿地与水域生态系统,丹顶鹤、东方白鹳、野大豆等珍稀濒危野生动植物、东亚鸟类重要国际迁徙通道和停歇地	
水产种质资源保护区	甘河哲罗鱼、细鳞鱼国家级水产种质资源保护区	国家级	哲罗鱼和细鳞鱼	保护鱼类生境,维持保护物种种群数量
	月亮湖国家级水产种质资源保护区	国家级	细鳞斜颌鲴、翘嘴红鲌、鳡等	
	嫩江镇赉段特有鱼类国家级水产种质资源保护区	国家级	花鱼骨、鳜鱼、乌苏里拟鲿	
	嫩江大安段乌苏里拟鲿国家级水产种质资源保护区	国家级	乌苏里拟鲿、鳜鱼,栖息的其他物种包括雷氏七鳃鳗、日本七鳃鳗、江鳕、狗鱼、翘嘴鲌、怀头鲶、鲟、鳇等物种	
	嫩江松花江三岔河口鲢翘嘴鲌国家级水产种质资源保护区	国家级	鲢、翘嘴鲌鱼类资源及其生境	
	嫩江前郭段国家级水产种质资源保护区	国家级	光泽黄颡鱼、乌苏里拟鲿、鳜、黄颡鱼、鲤等	

续表 5-44

敏感区	环境敏感区名称	级别	保护对象	保护目标
重要鱼类"三场"	多宝山、尼尔基、莫呼公路桥、光荣村、月亮泡和三岔河口	珍稀濒危鱼类	雷氏七鳃鳗鱼类产卵场	保护产卵场功能
	大安市至三岔河口江段	珍稀濒危鱼类	怀头鲇鱼类产卵场	
	内蒙古扎赉特旗喇嘛湾至黑龙江省杜蒙县石人沟,杜蒙县石人沟到三岔河口	无	鲢、鳙、草鱼及部分鲤科鱼类产卵场	
饮用水水源保护区	嫩江市饮用水水源保护区	省级	地表水源	保护水源,保障用水安全
	齐齐哈尔市浏园饮用水水源保护区	国家级	地表水源	
	呼伦贝尔市莫力达瓦达斡尔族自治旗哈达阳镇水源地	乡镇级	地表水源	
	呼伦贝尔市莫力达瓦达斡尔族自治旗尼尔基水源地保护区	县级	地表水源	
湿地公园	吉林省大安嫩江湾国家湿地公园	国家级	保护湿地生态系统	保护生境,维持生态系统的完整性
	齐齐哈尔明星岛国家湿地公园	国家级	保护湿地生态系统	
	嫩江圈河省级湿地公园	省级	保护湿地生态系统	

2. 第二松花江

第二松花江研究河段分布有 1 处自然保护区、3 处水产种质资源保护区、3 处饮用水水源保护区。第二松花江研究河段环境敏感区分布情况见表 5-45。

表 5-45　第二松花江研究河段环境敏感区分布情况

敏感区	环境敏感区名称	级别	保护对象	保护目标
自然保护区	吉林扶余洪泛湿地自然保护区	省级	洪泛湿地生态系统	保护生境，维持生态系统的完整性
水产种质资源保护区	松原松花江银鲴国家级水产种质资源保护区	国家级	银鲴、花鳕鱼类资源及其生境	保护鱼类生境，维持保护物种种群数量
	松花江宁江段国家级水产种质资源保护区	国家级	乌苏拟鲿、怀头鲇、花鱼骨	
	松花江吉林段七鳃鳗国家级水产种质资源保护区	国家级	日本七鳃鳗和雷氏七鳃鳗	
饮用水水源保护区	吉林市松花江生活饮用水水源保护区	国家级	地表水	保护饮用水水源保护区水质
	哈达山水库饮用水水源保护区	国家级	地表水	
	松原市城区第二松花江饮用水水源保护区	省级	地表水	

3. 松花江

松花江研究河段分布有 2 处自然保护区、3 处水产种质资源保护区、3 处重要鱼类"三场"。松花江研究河段环境敏感区分布情况见表 5-46。

表 5-46　松花江研究河段环境敏感区分布情况

敏感区	环境敏感区名称	级别	保护对象	保护目标
自然保护区	黑龙江省肇源沿江湿地省级自然保护区	省级	松嫩平原北部半干旱地区典型内陆湿地与水域生态系统、丹顶鹤、东方白鹳、野大豆等珍稀濒危野生动植物、东亚鸟类重要国际迁徙通道和停歇地	保护生境，维持生态系统的完整性
	吉林扶余洪泛湿地自然保护区	省级	洪泛湿地生态系统	
水产种质资源保护区	嫩江松花江三岔河口鲢翘嘴鲌国家级水产种质资源保护区	国家级	鲢、翘嘴鲌鱼类资源及其生境	保护鱼类生境，维持保护物种种群数量
	松花江肇源段花鱼骨国家级水产种质资源保护区	国家级	花鱼骨、乌苏里拟鲿、鳜、黄颡鱼鱼类资源及其生境	
	松花江宁江段国家级水产种质资源保护区	国家级	乌苏拟鲿、怀头鲇、花鱼骨	
重要鱼类"三场"	三岔河至肇源老北江 37 km 江段	无	草鱼、鲢鱼、鳙鱼重点产卵场	保护产卵场功能
	扶余市的河嘴子(鸭子圈)至江东楞 30 km 江段	无	草鱼、鲢鱼、鳙鱼重点产卵场	
	三岔河口	无	重要洄游通道	洄游通道连通性及生境保护

4. 拉林河

拉林河研究河段分布有 2 处自然保护区、1 处国家级水产种质资源保护区、1 处国家级湿地公园。拉林河研究河段环境敏感区分布情况见表 5-47。

表 5-47　拉林河研究河段环境敏感区分布情况

敏感区	环境敏感区名称	级别	保护对象	保护目标
自然保护区	吉林扶余洪泛湿地自然保护区	省级	湿地生态系统	保护生境,维持生态系统的完整性
	黑龙江拉林河口湿地自然保护区	省级	湿地生态系统	
水产种质资源保护区	松花江双城段鳜银鮰国家级水产种质资源保护区	国家级	鳜、银鮰、黄颡鱼、鲤、鲫、鲢等鱼类资源及其生境	保护鱼类生境,维持保护物种种群数量
湿地公园	吉林扶余大金碑湿地公园	国家级	湿地生态系统	保护生境,维持生态系统的完整性

5. 东辽河、老哈河及洮儿河

老哈河研究河段分布有平庄镇地下水水源地 1 处,东辽河和洮儿河研究河段范围无自然保护区等环境敏感区分布。老哈河研究河段环境敏感区分布情况见表 5-48。

表 5-48　老哈河研究河段环境敏感区分布情况

敏感区	环境敏感区名称	级别	保护对象	保护目标
饮用水水源地	平庄镇地下水水源地	省级	地下水	水质

5.4　河道演变及泥沙补给分析

5.4.1　河道演变

5.4.1.1　嫩江

1. 河道演变概况

嫩江河道自上游至下游由山区型逐渐向平原型过渡,长度 872 km。地形西北高、东南低,河流自西北向东南流,河道平面形态上主要以分汊型、蜿蜒型河道为主。

那都里河口至欧肯河河口段属于蜿蜒型河道。两岸为山区、丘陵区,河谷狭窄,岸坡陡立,河深水急。河道基底多为岩石,属岩土或基岩河岸,抗冲能力较强,几十年来,河道平面形态变化不大,河势基本稳定。

欧肯河河口至尼尔基水库末段属于蜿蜒型河道。该河段右岸部分河段岸坡抗冲能力稍差,冲刷较上游有所加剧,主流线、河岸顶冲部位和河岸、河床存在一定幅度的摆动、变化,需修建护岸工程。总体来看,平面河势相对稳定。

尼尔基水库修建后,库区段因水深变化流速变缓,水流挟沙能力降低,非汛期水库放流量较低,基本为清水下泄,使得部分泥沙淤积在库区,导致库末端及其上游段发生淤积,库岸相对稳定。

尼尔基水库坝下至大五福玛村(齐齐哈尔市昂昂溪区)段主要属于分汊型河道。上游尼尔基水库的建设改变了径流年内分配状况,下游河道随之发生相应变化,支汊萎缩、河道主流的优势地位不断加强,由此造床作用不断削弱,河道平面摆动变化减弱,河势逐渐稳定。

大五福玛村(齐齐哈尔市昂昂溪区)至江桥段为蜿蜒型河道与分汊型河道相间,分汊型河道部分,主、支汊交替演变;蜿蜒型河道则呈现为凹岸冲刷、凸岸淤积,平面上横向摆动,河势相对稳定。

江桥至三岔河口段为蜿蜒型河道。从 20 世纪 60 年代至今,由于河道滩地宽阔,河床组成较细,抗冲能力差,主流线、河岸顶冲部位和河岸、河床均发生了较大幅度的摆动、变化,岸线冲刷或淤积变化较大。很多支汊逐渐演变为牛轭湖,进而消亡;有的河道受水流造床作用的影响,弯道侧蚀蠕动发展比较明显;有的河段裁弯取直,改变了主河槽位置。

2. 河道断面冲淤变化

通过库漠屯站、富拉尔基站、江桥站、大赉站 2001 年、2007 年和 2015 年河道实测大断面对比分析可知,水文站附近由于禁止采砂等人类活动,河道基本呈现出凸岸淤积、凹岸冲刷的自然变化趋势,其中江桥站主槽横向变化较大,河道主槽左右摆动,河道深泓位置呈淤积状态,淤积 2~3 m。各水文站实测大断面见图 5-25~图 5-28。

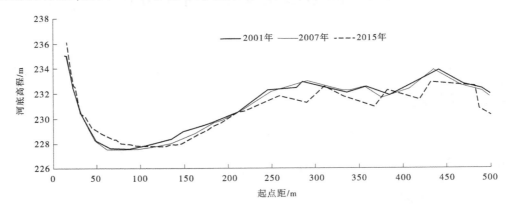

图 5-25　库漠屯站各年实测大断面

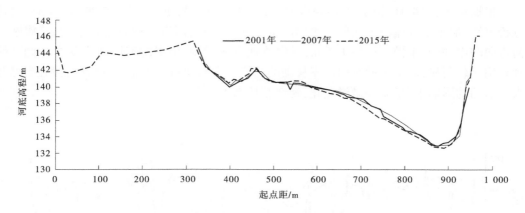

图 5-26　富拉尔基站各年实测大断面

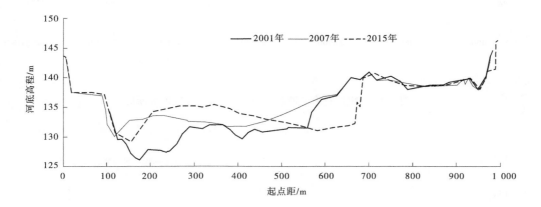

图 5-27　江桥站各年实测大断面

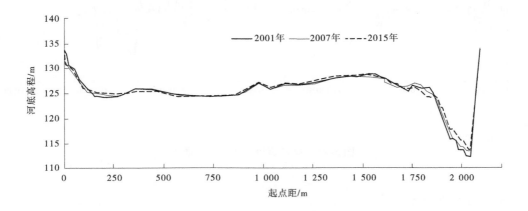

图 5-28　大赉站各年实测大断面

　　根据莫旗、富裕县、镇赉县 1999 年和 2015 年河道实测断面(见图 5-29～图 5-31)对比分析可知,尼尔基水库坝下河段受水库清水下泄的影响,河道主槽有小幅下切,莫旗断面河道向凹岸冲刷,主槽下切约 1.1 m,右岸滩地有所淤积;中下游河段河床受弯道侧蚀蠕动作用比较明显,河道主槽有向凹岸移动的趋势。由断面对比图来看,嫩江河段在自然和人类活动的影响下,呈微冲微淤变化,河势整体基本稳定。

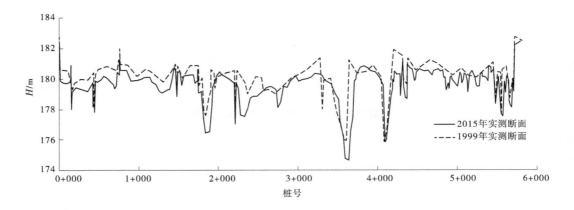

图 5-29　嫩江莫旗讷谟尔河口上游 3 km 处实测大断面

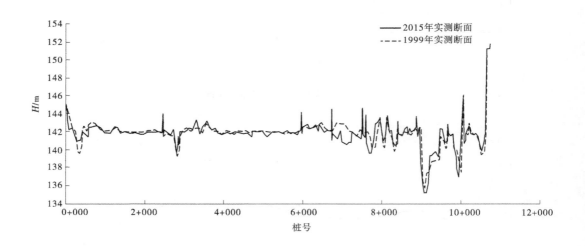

图 5-30　嫩江富裕县实测大断面

3.河道演变趋势分析

　　上游两岸为山区,沟谷狭窄,岸坡坚固,河势基本稳定。尼尔基水库以下基本处于平原地区,河道两岸土质为沙壤土,抗冲能力差,尼尔基水库的调蓄作用使得下游河道的造

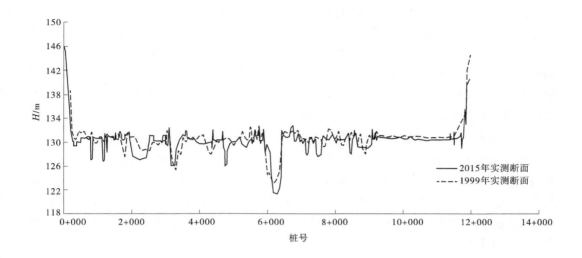

图 5-31　嫩江镇赉县大赉站上游 9 km 处实测大断面

床流量历时减少,下游河道支汊萎缩、主汊优势地位逐渐加强,随着下游河道的适应性调整,河道基本趋于稳定,但局部河道平面仍呈凹岸冲刷、凸岸淤积的冲淤变化规律。整体来看,规划期内嫩江河势将基本稳定,在自然和人类活动的影响下,局部河段呈微冲微淤变化。

5.4.1.2　第二松花江

1. 河道演变概况

河道自上游至下游由丘陵区逐渐向平原区过渡,长度 367 km。地形东南高、西北低,平面形态上主要以蜿蜒型、分汊型河道为主。

丰满水库坝下至贾家崴子段,河道两岸岸坡坚固,不易发生变形,河流以侵蚀作用为主,为蜿蜒型河道,丰满水库建成已有 80 余年,下游河道的适应性调整已经基本结束,同时在桥梁、堤防、护坡等工程的控制下,多年来平面河势稳定;纵向上受丰满水库冲刷和人类采砂活动影响,该段河道有一定下切。

贾家崴子至半拉山段,河道宽度较大,呈现出蜿蜒型河道和分汊型河道相间的形态,多年来河势没有太大的变化。由于河道的槽蓄作用,虽然丰满水库下泄的大洪水在本段河道的冲刷作用逐渐减弱,但大中洪水的造床作用突出,使得分汊型河道兴衰交替增多,边滩、心滩消长不断,主河道具有一定的游荡性。

半拉山至陶赖昭段,河道宽度较大,为分汊型河道,各支汊散乱,多年来各个汊道发生了很大的变化,有些汊道已经消亡,而随之又新生了一些汊道,主流位置也随之变化,主河道游荡不定。由于河道的游荡性很大,影响了通航,2004 年航道部门开展了航道整治工程,该工程包括疏浚、护岸等措施,起到了稳定河势、防止河势出现较大变化的作用,同时使两岸的防洪堤免受威胁。

陶赖昭至三岔河口段,单一型河道和分汊型河道相间,两岸由于堤防和高地的束缚,多年来河势没有太大的变化,但分汊型河道兴衰交替较多,边滩、心滩消长不断。该段河道多年来一直呈现出不断淤积的趋势,且由于河道中推移质泥沙颗粒组成较细,河道的可动性较大,河床不断变化。哈达山水库建成后,库区水流速度减慢,泥沙淤积量增加,下游输沙量减少,坝下河道主流偏向左侧,右侧支汊逐渐萎缩,河道主流的优势不断加强,在水库调蓄及两岸控制性工程作用下,主流仅在堤防、护岸等工程范围内摆动。

2. 河道断面冲淤变化

由于水文站附近禁止采砂等人类活动,河道能够表现出天然冲淤变化,通过吉林站、松花江站 2006 年和 2015 年河道实测大断面对比分析可知,松花江站主槽横向变化最大,幅度约 400 m,原主槽位置发生淤积,淤积厚度 3.20 m,主槽深点向右侧偏移,下切 2.20 m。天然状态下,河道呈自然变化趋势,有冲有淤。各水文站实测大断面见图 5-32、图 5-33。

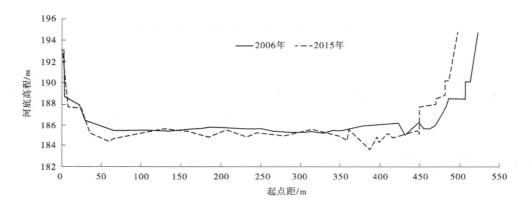

图 5-32   吉林站各年实测大断面

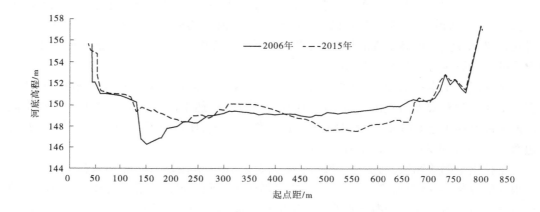

图 5-33   松花江站各年实测大断面

　　上游由于丰满水库的修建,拦蓄了大量泥沙,水库基本清水下泄,尤其是在大洪水期间,长春市九台区河段河道有一定的冲刷,同时该段有永庆、九站、土城子等多处拦河坝拦截泥沙,支流多为土质河道,泥沙补给量很少,加之大量的采砂活动,使得河床下切范围逐渐扩大,吉林市城区段河道平均下切约 3.2 m,九台区主槽下切约 3.7 m;中下游河段水流速度逐渐减慢,呈不同的冲淤变化,德惠市断面主槽向左偏移 25 m,略有淤积。长春市九台区、德惠市 2013 年和 2019 年河道实测大断面见图 5-34、图 5-35。

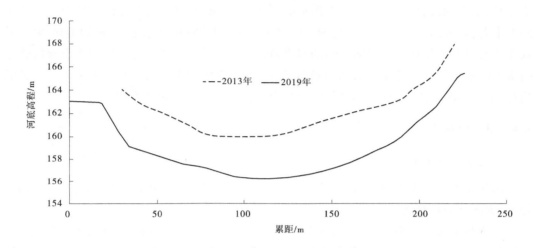

图 5-34　长春市九台区龙鹏村实测大断面

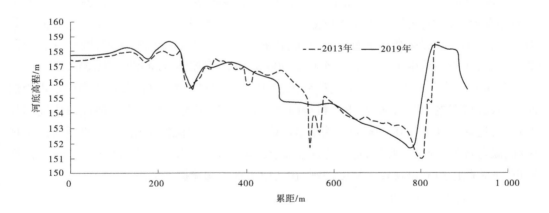

图 5-35　德惠市西崴子屯实测大断面

3. 河道演变趋势分析

　　丰满水库坝下至半拉山段平面河势较稳定,受丰满水库冲刷和人类采砂活动的影响,此段上游部分河床有一定下切,下游河床下切趋势减弱,分汊型河道存在兴衰交替。半拉山至三岔河口段 2004 年以前主河道游荡不定,支汊散乱,兴衰不断,随着 2004 年航道整治、疏浚、护岸等工程措施的开展,河道主流优势更加明显,河势逐渐趋于稳定。陶赖昭至三岔河口段同样存在分汊型河道兴衰交替、边滩心滩消长不断的现象,但主流仅在堤防、护岸等工程范围内摆动,多年来该段河道呈现出淤积的趋势,哈达山水库对泥沙的拦蓄,使该段水库下游输沙量较上游有所减少。

整体来看,第二松花江由于两岸有堤防和高地的束缚,在永庆水库、哈达山水库、桥梁、护岸工程、航道整治工程等人类活动的影响下,增加了河道的多处控制性节点。从平面上来看,研究河段河势平面演变的空间越来越小,河势将更加稳定,弯道的下移、河道的裁滩切弯只会发生在两岸堤防之间的有限范围内。从纵向上来看,上游吉林市河段受丰满水库清水下泄和人类采砂活动的影响,河道有一定的下切,这种下切仍有向下游延伸的趋势;下游河段水流速度逐渐减慢,陶赖昭至三岔河口段呈一定的淤积趋势。

5.4.1.3　松花江

1. 河道演变概况

松花江干流属于平原型河道,长 135 km。河流走向自西向东,以分汊型、弯曲型河道为主,少部分为顺直河道。

河道两岸为冲积平原,河床组成以粗砂、中砂为主,河床抗冲能力一般,主要表现为凸岸逐渐淤长,凹岸逐渐崩退。随着凹岸的冲刷后退和凸岸的淤长,部分河段裁弯取直后形成洲岛。

分汊型河道江心洲多呈现缩小趋势,两侧凹岸多向外扩张,部分边滩受护岸保护,不再向外发展。其中,古恰至孟克里村分汊河段,受直线河段洪水顶冲,将原有江心洲一分为二,其后小江心洲逐渐在下游落淤,形成新的沙洲。肇源县南侧鹅头形沙洲,受直线段洪水冲刷,江心洲减少 1/4,主流向东移动 500 m,受堤坝控制,江心洲趋于稳定。

弯曲型河道存在不同程度的迁移变化,其中三岔河口至维新村河段、姜岗屯至古恰镇河段、双胜村至老虎背村河段、丰产村至前永久村河段、宏大村至宏生村河段河道迁移程度较大,迁移长度为 300~700 m。受洪水冲刷影响,江道主流发生摆动,弯曲型河道出现分汊、撤弯现象。红鱼泡段河道原为弯曲型,受垂直向南洪水冲刷,增加分支,变为分汊型河道,下游凸岸边滩出现较大幅度冲刷,在凸岸出现了切滩撤弯的现象。

2. 河道断面冲淤变化

从 2002 年、2009 年、2015 年下岱吉站实测大断面对比来看,受 2010 年洪水影响,2015 年河道主槽逐渐向右侧凹岸迁移,幅度约 212 m,原主槽位置凸岸泥沙落淤,淤积厚度约 2.5 m,主槽向凹岸移动的同时受到洪水冲刷,深泓点逐渐下移,下切约 1.6 m。可见,天然状态下河道局部弯曲段呈凸岸淤积、凹岸冲刷特征,整体河势变化不大。下岱吉站各年实测大断面见图 5-36。

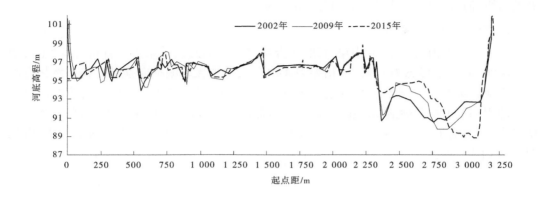

图 5-36　下岱吉站各年实测大断面

3. 河道演变趋势分析

江道变迁在平面上表现为凹岸的冲刷后退、凸岸的淤长及支汊的兴衰,呈弯道侧蚀蠕动发展,但在两岸堤防及护岸的束缚下,河道主流优势逐步凸显,分汊型河段江心洲多呈现缩小趋势,总体河势基本稳定。一般凹岸在没有防护的情况下,均有继续向外扩张的趋势,肇源二站段河道弯曲程度较大,如遇水流漫滩,在比降陡、流速大的情况下便可将狭颈冲开,形成自然裁弯。整体来看,规划期内松花江研究河段河势将基本稳定,在自然和人类活动的影响下,局部河段呈微冲微淤变化。

5.4.1.4　东辽河

1. 河道演变概况

东辽河河道自上游至下游由丘陵区逐渐向平原区过渡,长 259 km。地势东高西低,以蜿蜒型河道为主,河道弯段较多,顺直段较少。

二龙山水库至二十家子河口段,堤岸两侧植被较好,河道较顺直。本河段区间来水较少,来水主要是二龙山水库放流,河床组成为砾石、粗砂,河床抗冲能力强,同时由于二龙山水库的拦蓄作用,洪水对河势的影响有所减弱,二龙山水库投入运用已有 70 余年,下游河道的适应性调整已经基本结束,河道平面河势基本稳定。

二十家子河口至双山渠首段,原河道弯曲,两岸淘刷严重,险工多,1976 年进行人工裁弯取直后,河道长度由 141.8 km 减至 73.2 km,成为人工顺直型河道。为了不增大河道比降及不加大水流流速,设置 9 处干砌块石跌水,主槽加宽,河槽边坡采用块石护坡。自河道治理以来,已运行了近 40 年,河道平面没有太大变化,河势较稳定。

双山渠首至福德店段为蜿蜒型河道,顺直段较少,河道的弯曲系数较大,并在多个位置形成了正反相间的急弯,河道主槽摆动剧烈,弯顶向下游移动,间或有连续弯道自然裁弯,各弯道曲率半径亦有较大变化。纵向上,弯道段表现为凹岸逐年下切,凸岸淤长。经过多年变化,主河槽拓宽,两岸坍塌,险工险段明显增多。本段是东辽河河势演变最为剧烈的河段,河势、河形尚未达到相对稳定的状态。

2. 河道断面冲淤变化

通过对二龙山水库站、双山渠首站、王奔站多年断面测量结果进行分析,河段主河槽宽 40~80 m,主槽形态为 U 形,滩槽差为 4~14 m,主槽无大幅横向摆动。在天然状态和人类活动影响下,多年来河道深泓有所加深,主槽河床下切。2002—2015 年,该段河道受洪水冲刷和上下游采砂活动的影响,同时河流泥沙补给量很少,使得双山渠首站河道呈下切趋势,主河槽下切 5~6 m。二龙山水库站、双山渠首站、王奔站各年实测大断面见图 5-37~图 5-39。

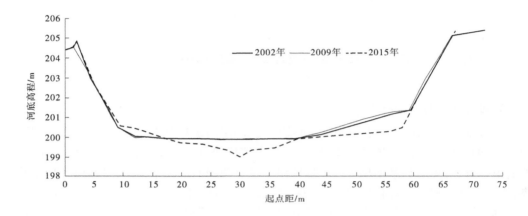

图 5-37　二龙山水库站各年实测大断面

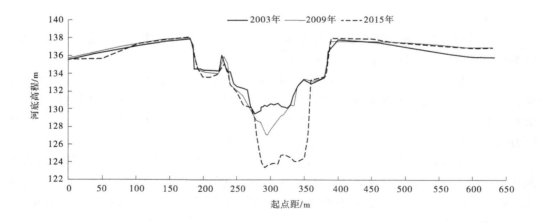

图 5-38　双山渠首站各年实测大断面

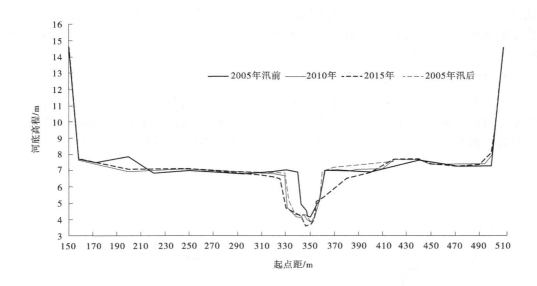

图 5-39 王奔站各年实测大断面

3.河道演变趋势分析

从平面上看,双山渠首以上河段于 20 世纪 70 年代人工裁弯取直后,成为人工顺直型河道,同时由于二龙山水库的拦蓄作用,洪水对河势的影响有所减弱,下游河道对二龙山水库的适应性调整已经基本结束,该段河道平面河势基本稳定;双山渠首以下河段控制性工程减少,河道弯曲且主流易摆动,河势演变剧烈,平面河势改变的可能性较大。从纵向上看,受二龙山水库清水下泄和人类活动影响,东辽河规划段河道深泓有所加深,河床有一定下切趋势,局部弯道段表现为凹岸冲刷、凸岸淤长。

整体来看,目前东辽河弯道有工程控制的仍然不足一半,未来一段时间内,河势演变仍主要受上游水沙条件及河道的河床质影响。双山渠首以上平面河势基本稳定,有一定下切趋势,双山渠首以下河道蜿蜒,呈微淤趋势,平面河势改变的可能性较大。

5.4.1.5 老哈河

1.河道演变概况

老哈河研究河段属于纵向、横向均不稳定的游荡型河道,长 114 km。地势总体西北高、东南低,两岸地貌为黄土丘陵区,河床组成为砂土及卵砾石。

老哈河研究河段河槽宽浅,河流两岸比较开阔、植被覆盖率低,水土流失较严重,河水含沙量及输沙量从上向下随着支流汇入逐渐加大。本河段为河谷冲积平原地貌,由河床、漫滩、一级阶地组成,河流两岸比较开阔,为 3~6 km 宽的一级阶地,河道抗冲能力差,河道河势尚不稳定,主流摆动改道较频繁。河势变化主要发生于汛期的几次洪水过程。自 1979 年以来,老哈河流域发生了几次较大洪水,特别是 1994 年洪水致使河道发生较大变化,在实测断面中约有 65% 形成明显主槽,1994 年至今,因再无较大洪水,主槽处于相对稳定的状态,主槽摆动幅度较小。总体来看,该段河道主槽受洪水影响较大,河势尚不稳定。

2. 河道断面冲淤变化

由太平庄站、兴隆坡站 2006 年、2010 年、2015 年实测大断面成果可以看出,近年来,叶赤铁路桥—赤通铁路桥段老哈河主槽冲淤变化幅度相对较小,处于相对稳定的状态,河床有缓慢抬升的趋势。太平庄站、兴隆坡站各年实测大断面见图 5-40、图 5-41。

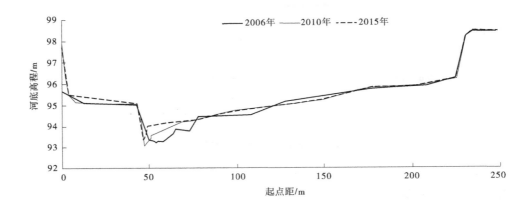

图 5-40 太平庄站各年实测大断面

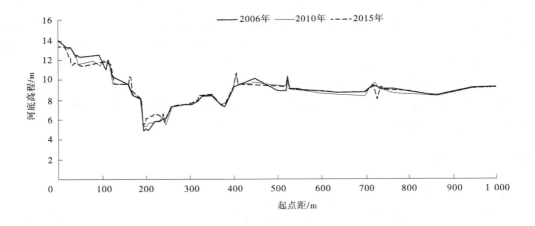

图 5-41 兴隆坡站各年实测大断面

3. 河道演变趋势分析

老哈河具有游荡型河流的演变特征,比降较缓,河槽宽浅,滩槽高差较小,主槽较不稳定,河床抗冲能力差且流域植被较差,水流含沙量大、颗粒细、来水来沙集中。当发生常遇洪水时,河道落淤;当发生较大洪水时,河道则以冲刷为主。由于受下游红山水库回水影响,从多年平均来看,老哈河研究段河床一直在缓慢抬升。

总体来看,研究段河道由于近年无较大洪水,主槽摆动幅度相对较小,处于相对稳定的状态,河道呈淤积趋势。若遇较大洪水,则河床冲刷,主槽仍有改道的可能。

5.4.1.6　拉林河

1.河道演变概况

拉林河河道自上游至下游由山区型逐渐转向平原型,长 348 km。地势东南高、西北低,从平面形态上主要划分为蜿蜒型、分汊型两种河道。

拉林河磨盘山水库坝下至牤牛河口段为河流中上游,两岸多为山区和低山丘陵,为纵向基本稳定的分汊型河道。受磨盘山水库调蓄作用及两岸山体的束缚,在近 20 年间,河床形态相对稳定,只有局部河段存在主流摆动、岸线崩退、裁弯取直、河势变化较大的情况。

牤牛河口至拉林河口段为河流下游,属于平原区,河流蜿蜒迁回,分汊、泡沼众多,分汊型、蜿蜒型河道交替出现。河道宽窄不一,且不稳定,主流常易变迁。背河沟汊纵横,与主流蜿蜒相通,丰水季节水面相连。近年来通过防洪工程建设,增强了河岸的稳定性,稳定了河道主流的走向。

2.河道断面冲淤变化

通过蔡家沟站和拉林河口 1999 年和 2011 年河道断面的对比分析可知,天然状态下,河道呈自然变化趋势,有冲有淤。蔡家沟站主槽深度变化不大,横向变化较大,幅度约 40 m;拉林河口断面受松花江 2010 年洪水影响,河道发生冲刷,主槽冲刷深度约 4 m。河道实测断面对比见图 5-42、图 5-43。

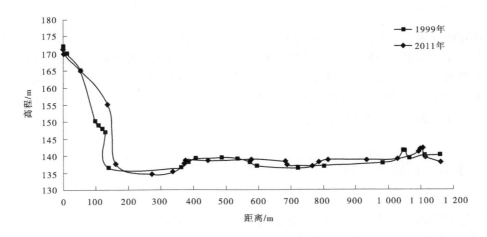

图 5-42　蔡家沟站各年实测大断面

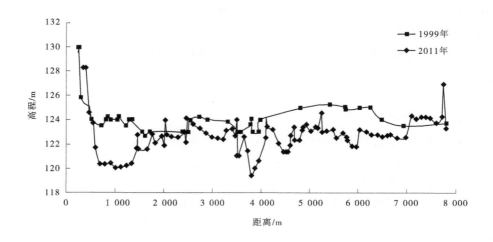

图 5-43　拉林河口各年实测大断面

3. 河道演变趋势分析

拉林河干流磨盘山水库坝下至牤牛河口段由于两岸山体的束缚和防洪护岸工程的修建,限制了河岸崩退,也增强了河道的稳定性,整体河势稳定。牤牛河口至拉林河口段存在主流变迁、局部冲淤变化,河道受上游洪水及松花江洪水顶托的影响,易发生崩岸,近年来通过防洪工程建设,增强了河岸的稳定性,河势趋于稳定。整体来看,规划期内拉林河河势将基本稳定,在自然和人类活动的影响下,局部河段呈微冲微淤变化。

5.4.1.7　洮儿河

研究河段为苏林至洮儿河大桥松辽水利委员会直管察尔森水库管理河段,长 22 km。察尔森水库正常蓄水位时水库面积 79.54 km²,库区呈鹿角形,水面宽一般在 2~2.5 km,属湖泊型水库。察尔森水库修建后,由于水库各年蓄水量不同,水面宽会有小幅变动,库区段流速变缓,水流挟沙力降低,非汛期水库基本为清水下泄,部分泥沙淤积在库区,导致库末端及其上游段发生淤积,库岸相对稳定。

5.4.2 冰期河道演变分析

松辽流域内在冰期对河床稳定有影响的主要是松花江流域。松花江流域地处我国东北部,冬季寒冷漫长。由于流域内不同地点的纬度、自然地理特征的差异,冬季气温差异较大,因而不同河流的冰情特征有明显的不同。流域内各河流初冰日期多在 10 月中旬,封冻日期多在 11 月中旬,解冻日期多在 4 月上旬,封冻期为 130~180 d。其中,南部河流,如第二松花江上游封冻期较短,为 130 d 左右。多年平均最大冰厚在 0.8~1.4 m。

　　松花江流域各河流约在 4 月中旬开江,其中嫩江流域各河流大部分由北流向南,开江时下游先融冰,上游后融冰,解冻时产生的冰块可以顺畅下泄,至今没有发生过大的冰塞或冰坝现象。但有些河段受河道形态、水文气象条件的影响,如松花江下游依兰—佳木斯段,有时出现上游先解冻或上下游同时解冻的现象,造成大批冰块难以下泄,形成冰坝。

　　河冰的发展演变过程中常伴随着水位的变化,对松花江流域各水文、水位站多资料进行分析比较,可知冰期水位变化一般分 5 个不同的过程。

　　(1)在河道封冻前夕,河道流量逐渐减小,水位也随之降低,一般年最枯水位发生在该时期。

　　(2)进入结冰期,河道水位变化不仅受来流量控制,还与河道阻力变化密切相关。在冰盖的形成及发展过程中,河道阻力增加,过流能力降低,水位逐渐壅高,当河道普遍封冻后,流冰会消失,冰盖完成水力增厚,此时,水位壅高至极大值。

　　(3)冰盖水力增厚过程定成后,冰盖底部受水流冲蚀作用变光滑,冰盖糙率逐渐衰减,水位也随之降低。

　　(4)进入稳定封冻期后一段时间,冰盖糙率基本上不再衰减,保持为常数,河道水位变化主要受来流量控制。

　　(5)至解冻期,受融冰、融雪径流影响,水量急剧增大,同时受冰塞作用,水位也大幅升高,随着气温的不断回升,冰雪逐渐开化完毕,沿河水位普遍下降。

5.4.2.1　冻融作用对河岸冲刷的影响

　　许多研究者指出,在寒冷及中等湿度条件下,冻融作用可以影响水流对河岸的冲刷。不过,所有将冻融作用作为控制河岸冲刷的主要因素的定量研究,都是在相对较小的河流上进行的。由于这些小河本身的河岸冲刷速率相对较低,因而冻融作用对河岸冲刷的影响就显得相对重要。尽管不同类型的冻融作用对河岸冲刷的影响程度不同,但是那些位于河岸表面、具有垂向分布的针状冰,对河岸冲刷的影响是相当大的。这是因为冰晶体在融化过程中,能将河岸边坡表面上的泥沙颗粒直接移到河道中;另外,冰晶体在冻胀或融化过程中,可以使土体强度降低,引起河岸坍塌。特别是像黑龙江这样冰期较长的河流,冻融作用对河岸冲刷及塌岸的影响显得尤为重要。

　　(1)冰晶体融化过程中泥沙颗粒的输移。针状冰是一种较为常见的冰晶体,一般在空气温度降至 0 ℃以下时形成,且垂直于河岸表面。这种冰晶体在形成过程中,经常能将河岸表面的泥沙颗粒或团粒举起,或者将它们包含在晶体内,这取决于其所处环境中温度和湿度的变化。在冰晶体融化后,通常它们中的大多数会作为一种粉碎了的、极易冲刷的物质停留在河岸表面上。在随后河道水位上涨过程中,这种河岸表层物质有一部分被水流带走,它们中的另一部分会直接输移到河道内的水流中。

　　通常包含在晶体内部的泥沙颗粒,在河岸边坡从上向下运动时,主要有以下 4 种运动方式:

　　①颗粒直接降落。尤其是那些覆盖在冰晶体表面粉末状的泥沙颗粒,很容易在冰晶

体融化过程中直接降落到河岸坡面上。

②颗粒被挟沙水流带走。在冰晶体融化过程中,沿冰晶体的外表面以及河岸表面与冰晶体接触面上流动的小股水流,能将泥沙颗粒挟带走。

③滑动破坏。在那些坡度较陡,但较平整的河岸坡面上,一些冰晶体群体中的下部分可能会沿河岸边坡向下滑动。

④倾倒破坏。由于作为横向支撑结构的一部分冰晶体,在融化时强度降低,导致另一部分冰晶体发生倾倒。有研究者对英国南威尔士 Ilston 河进行了为期两年的河岸冲刷观测,发现由针状冰引起河岸冲刷的土体数量占到河岸冲刷土体总量的 32% ~ 43%。因此,在某些特定的环境条件下,冻融作用对河岸的破坏是相当严重的。

(2)冻融作用引起的河岸坍塌。河岸土体内发生的冻胀或融化作用,可使土体抗剪强度降低。冬季河道内水温处于正负交替时,河岸土体内的水体在负温度条件下结冰,使土体发生冻胀,土壤结构变松,强度减弱,容易引起河岸坍塌。这主要是因为河岸土体内部形成冰晶体,将许多黏性小团粒分开,引起土体黏结力降低,此时最容易引起河岸坍塌。当河道内水温上升到零上温度时,作为土体的临时结构黏结力的冰晶体消失,土体结构变松,强度降低,同样也会引起河岸坍塌。如果河岸土层的湿度较大,能促使冻融作用进一步发展。冻融作用对河岸冲刷的影响程度,与河岸土层的冻结深度和范围有关,而河岸土层的冻结深度和冻融范围,又与区域气候条件和岩性等因素有关。因此,冻融作用对河岸冲刷的影响,仅具有区域性的意义。

5.4.2.2 河冰对河岸的破坏

河冰对河岸的破坏形式主要表现在以下几个方面:

(1)静冰压力破坏。

水结成冰的过程中及冰体形成后,温度回升,体积都会发生膨胀,对河岸产生挤压力,特别是早春温度骤升,河冰迅速做外伸破坏。

(2)弯矩破坏。

当冰盖厚度较厚时,冰盖与河岸之间的冻结强度较大,此时如果水位不变,则河岸承受较大的胀压力;如果水位下降,水对冰盖的顶托力减小,冰盖在自身的重力作用下将会下沉并产生弯曲变形,这时冰盖对河岸产生较大的反弯矩作用和拉拔力,可能使河岸产生破坏。冰盖与河岸将在拉应力和剪应力的共同作用下,沿冰盖与河岸之间的冻结面产生裂缝,对土质河岸,由于土颗粒间黏聚力较小,与冰盖接触处土体可能会完全裂开,则冰盖沿岸坡上爬,河岸受剪力作用;对人工护岸,冰盖与护岸之间可能还保持一定的连接,则冰盖对护岸产生拉拔作用易使护岸产生拉伸破坏。

(3)动冰压力对河岸的破坏。

在流冰期,特别是在开河期,冰盖厚、尺寸大,流冰块将对河岸产生很大的撞击力,对河岸破坏作用较强。冰块运动作用在护岸上的动冰压力标准值与冰块运动速度、冰厚、冰块面积以及冰块的抗压强度有关。

冰盖的存在显著地改变了水流流动结构,冰盖下水流输沙规律必然不同于明流时的输沙规律,冰盖下水流流速分布主要取决于床面和冰盖粗糙度的相对大小,而冰盖粗糙(糙率)随时间变化,影响因素复杂,难以准确确定;水内冰对泥沙的挟带运输是客观存在的现象,但是水内冰的输沙能力受到各种因素共同作用,十分复杂,需要进行试验研究,以确定各种水力和热力要素乃至泥沙本身性质对水内冰输沙能力的影响。

对于顺直河道,当河道底坡不变、流量固定时,一般冰盖厚度也较均匀,出现冰盖后,河床切应力减小,次生环流速度变小,输沙率有所减小,这一点许多学者已达成共识。但是天然河道中,不仅河道平面形态蜿蜒曲直,而且深度在断面上通常亦有较大变化。断面上水流深度和速度的差异,加上冰盖厚度在形成过程中与水内冰花的浓度关系较大,使得冰盖厚度不仅沿流向变化较大,且断面分布不均。而且冰盖出现后,水流究竟是有压流还是无压流,这个问题一直比较模糊。Ettema 在其研究中,对冰盖进行了明确的划分,即自由浮动冰盖和固定冰盖。对于自由浮动冰盖,水流的侵蚀力减弱,但在天然河道中,会促使水流向中泓集中,局部区域的水流挟沙能力可能会增加,而对于固定的因冻结与河岸坚固连接的冰盖,冰盖的出现会使水流流速增加,从而输沙率增加。实际上,同一床面条件下,泥沙起动与否仅取决于近底流速,当近底流速大到足以使泥沙起动所需要的流速值时,泥沙便会起动。对冰盖流,冰盖的作用使最大流速点的位置位于一定水深处,造成流速分布及紊动切应力的重新调整,使得床面层近底流速区流速加大,与明流情况相比,近底流速区流速加大导致了泥沙的易起动性。因此,在其他条件相同时,冰盖下泥沙起动流速较明流时泥沙起动流速值偏小,偏小的幅度主要取决于冰盖糙率与床面糙率的相对大小。

以上研究的缺陷主要是未考虑输冰量,即冰期河道只考虑了坚冰盖的情况,显然输冰量对于输沙会产生较大的影响。Kempema 等发现在淡水中水内冰可以凝结成直径达 8 cm 的絮状物,这些絮状物挟带床面泥沙向前移动,而较重的冰沙混合体在流速低的地方就会沉积到河床底部从而形成底冰。在对 Southern Lake(Michigan) 等进行的实地观测中发现,冰凌输沙浓度在 1.2~122 g/L,平均浓度达 26 g/L,浓度变化跨越了一个很大的范围。Tsang、Kerretal 在对底冰形成的研究中,得到了一些定性描述,可大致总结如下:①水中悬浮的沙粒为冰花形成提供了"晶"和"核",水流过冷却时,冰花会黏附于沙床及漂石上。②直接在河床或河床凸出物上生长的"冰核"往往尺寸较小,但更密实。③大量的底冰主要与粗砂结合在一起,由河床底部浮起所产生的冰的挟带作用可能会使断面悬沙浓度变得很高。

冬季,随着气温的下降和太阳辐射的减少,河水冻结成冰,而春季随着气温的升高和太阳辐射的增加,又由冰融化成水,这一过程产生了量与质的变化及形态变化复杂的冰情现象。按照冰量的增减,可分为成冰和融冰两个阶段。按照冰的形态变化,可分为结冰期、封冻期和解冻期 3 个阶段,这 3 个阶段的河道演变规律有其自身的特点。冰晶体在融化过程中,能将河岸边坡表面上的泥沙颗粒直接输移到河道中,使断面含沙浓度加大,河床可能会淤升。

结冰期主要包括水内冰和岸冰的生成及演变、表面流冰输移、冰盖的形成以及冰盖下水内冰的输运和堆积。一般来说,在合适的来流、来冰条件下,水内冰在冰盖前缘下潜并于冰盖下堆积,形成初封期的冰盖和冰塞体,在下游先封江的条件下,往往致使上游水位壅高,造成凌洪灾害,影响河势稳定,松花江干流就属于这种情况。而嫩江干流、第二松花江是由高纬流向低纬的河流,一般上游封冻日期早于下游,上游来冰量受到限制,且封冻前夕河道流量较小,严重冰塞现象不易发生,但河道阻力增加,水位会有小幅度的壅高,水流挟沙能力有所下降。此时,白天温度有可能在零摄氏度以上,夜间空气温度降为零摄氏度以下时形成的冰晶体可能会融化,冰晶体在融化过程中,能将河岸边坡表面上的泥沙颗粒直接输移到河道中,使断面含沙浓度加大,河床可能会淤升。另外,流冰期冰花含量较高,水内冰带泥沙向前运动,较重的冰沙混合体可能在低流速区沉积。

河道在封冻期,水体通过冰盖传导与大气交换热量。由于水流失去过冷却的条件,封冻河段一般不再产生水内冰,冰盖厚度以热力增厚为主。当封冻前夕河道来流量较小时,初封冰盖高程较低,若后期来流量增加,冰盖下水流变为有压流,水流流速将会加大,特别当床面粗糙度小于冰盖粗糙度时,最大流速点位置靠近床面,容易引起河床冲刷下切,但冰盖出现后,减小了环流强度,河床横向坡度减小,凹岸淘刷将有所缓解。当封冻前夕河道来流量较大时,初封冰盖高程较高,若后期来流量减小,会出现自由浮动冰盖,水流侵蚀力减弱,但会促使水流向中泓集中,局部冲刷加剧。

河道解冻期产生的流冰块、冰塞(冰坝)及冻融作用,将对河道稳定产生明显不利的影响,主要表现在以下几个方面:

(1)流冰期持续时间长,冰块厚,尺寸大,融冰、融雪径流较大时,冰速较快,对河岸破坏作用较强。

(2)解冻期气温常处于正负交替状态,受冻融作用,岸边土壤结构变松,强度减弱,岸边积雪融化后,河岸土层的湿度较大,使冻融作用进一步发展,岸坡极易在流冰块撞及波浪淘刷下坍塌。

(3)当冰坝发生时,河道水位大幅壅高,岸坡土体浸水湿化加剧,强度进一步减弱,在冰坝溃决时,水力坡度较大,水流对河床的侵蚀力大大加剧,特别是流冰块随水流下泄,巨大的撞击力往往造成严重崩岸。

5.4.3　泥沙补给分析

河道泥沙组成主要为每年河道淤积的悬移质、推移质泥沙(泥沙补给量)及历年河道淤积在河床、滩地上的泥沙(历史储量)。年度采砂控制总量一般以河道砂石年度补给量为控制目标,当河道砂石年度补给量较少无法满足需求时,可以考虑砂石历史储量作为河道采砂砂源。

多年平均泥沙补给量=上游控制站断面河道输沙量+主要支流汇入沙量+两个控制站区间产沙量−下游控制站断面河道输沙量

(1)上游/下游控制站断面河道输沙量。河道输沙量分为多年平均悬移质输沙量和推移质输沙量。

悬移质输沙量:采用水文测站实测泥沙资料计算多年平均悬移质输沙量。

推移质输沙量:具有多年推移质资料时,其算术平均值即为多年平均推移质年输沙量。当缺乏推移质实测资料时,可根据下式系数法推算。

$$W_{\mathrm{b}} = \beta W_{\mathrm{s}} \tag{5-1}$$

式中　W_{b}——多年平均推移质年输沙量,t;

　　　　W_{s}——多年平均悬移质年输沙量,t;

　　　　β——推移质输沙量与悬移质输沙量的比值,一般取 10% ~ 30%,平原区或产沙少的河流一般取小值,山区或产沙大的河流取大值。根据研究河段分布及产沙情况,嫩江、第二松花江、松花江、拉林河取 10%,东辽河、老哈河取 20%。

(2)主要支流汇入沙量。支流下游控制站断面多年平均悬移质、推移质输沙总量。计算方法同上。

(3)控制站区间产沙量。两个控制站之间侵蚀模数与区间面积的乘积。

5.4.3.1　嫩江

1.尼尔基水库建库前后水沙变化

尼尔基水库位于嫩江的最后一个峡谷处,坝址以上控制流域面积 6.64 万 km^2,于 2007 年正式投入运用。根据监测资料,同盟站 1956—2006 年平均径流量为 160.43 亿 m^3,2007—2016 年平均径流量为 130.03 亿 m^3。尼尔基水库建成后,库区水流速度减慢,泥沙多淤积于库区内,水库下游输沙量有一定减少。尼尔基水库建库前后同盟站径流变化情况见表 5-49。

表 5-49　尼尔基水库建库前后同盟站径流变化情况

同盟站	径流系列	年平均径流量/亿 m^3	说明
建库前	1956—2006 年	160.43	缺乏泥沙监测资料
建库后	2007—2016 年	130.03	

2.泥沙补给量

嫩江属于少沙河流,在尼尔基水库以下进入平原地区,两岸滩地延展很宽,河道有很好的自然蓄洪能力,区间产沙较少。尼尔基水库修建后,泥沙主要来自右岸的诺敏河、雅鲁河、洮儿河等支流,左岸讷漠尔河和乌裕尔河两条支流流经平原沼泽地带,产沙量极少。由于缺乏推移质实测资料,推移质输沙量根据系数法推算,按照悬移质的 10% 计算。经计算,主要控制站库漠屯、江桥和大赉站多年平均悬移质、推移质输沙总量分别为 33.62 万 t、328.71 万 t、267.72 万 t。嫩江主要控制站输沙量统计见表 5-50。

表 5-50　嫩江主要控制站输沙量统计

测站	平均径流量/亿 m³	悬移质输沙量/万 t	推移质输沙量/万 t	输沙总量/万 t	系列
库漠屯	53.62	30.56	3.06	33.62	径流:1956—2016 年;泥沙:1956—1967 年、1974—2018 年
江桥	109.40	298.83	29.88	328.71	径流:2007—2016 年;泥沙:2007—2018 年
大赉	202.74	243.38	24.34	267.72	径流:2007—2016 年;泥沙:2007—2018 年

注:江桥站、大赉站采用尼尔基水库建库后系列。

库漠屯站径流量占江桥站的 49.0%,输沙量占江桥站的 10.2%,可见库漠屯站至江桥站河段泥沙主要来自区间产沙及支流汇入;江桥站径流量占大赉站的 53.9%,输沙量占大赉站的 122.8%,可见江桥站至大赉站河段泥沙主要来自河道上游补给。

库漠屯站至江桥站江段,库漠屯站年输沙量为 33.62 万 t,支流诺敏河和雅鲁河泥沙汇入量为 166.84 万 t,区间产沙量为 207.43 万 t;江桥站输沙量为 328.71 万 t;则库漠屯站至江桥站河段泥沙补给量为 79.18 万 t。

江桥站至大赉站河段,江桥站输沙量为 328.71 万 t,支流洮儿河汇入量为 67.32 万 t,区间产沙量为 37.74 万 t;大赉站输沙量为 267.72 万 t;则该区间泥沙补给量为 166.05 万 t。

经分析计算,库漠屯站至大赉站区间年均泥沙补给量约为 245.23 万 t,其中推移质补给量约为 22.29 万 t。

3. 泥沙补给趋势分析

分别按 10 年、20 年、30 年进行年径流量和年输沙量滑动统计,嫩江径流量呈减小趋势,输沙量呈增加趋势,但变化不大。受尼尔基水库拦蓄影响,尼尔基下游江桥以上段泥沙补给量较少,江桥至大赉段属泥沙淤积段。预计规划期内河道冲淤变化不大,泥沙补给量也无较大变化,下游微有增加趋势。库漠屯站、江桥站年径流量和年输沙量滑动平均曲线分别见图 5-44~图 5-47。

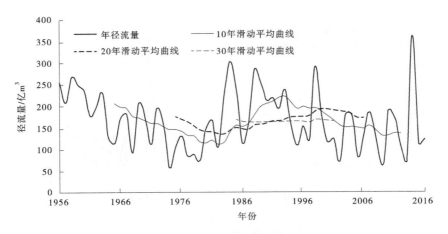

图 5-44　库漠屯站年径流量滑动平均曲线

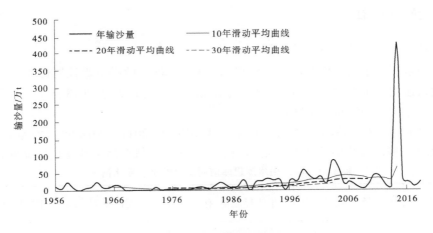

图 5-45　库漠屯站年输沙量滑动平均曲线

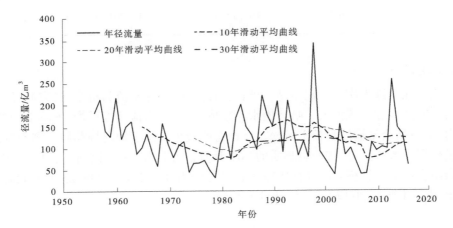

图 5-46　江桥站年径流量滑动平均曲线

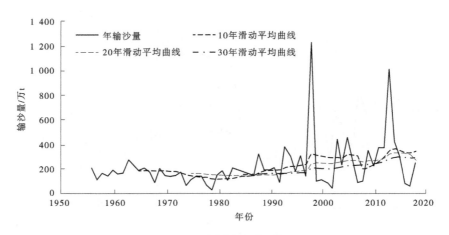

图 5-47　江桥站年输沙量滑动平均曲线

5.4.3.2　第二松花江

1.哈达山水库建库前后水沙变化

哈达山水库位于第二松花江下游河段,是第二松花江最后一级控制性工程,于 2011 年正式投入运用。水库运用前后,下游扶余站径流量无明显变化,2013 年为大水年,年径流量达到多年平均径流量的 179%。

2011 年以来,扶余站输沙量较建库前有明显减少,2011—2018 年输沙量均值仅为 1955—2010 年输沙量均值的 49%。哈达山水库建库前后扶余站水沙变化情况见表 5-51。

表 5-51　哈达山水库建库前后扶余站水沙变化情况

扶余站	径流系列	年均径流量/亿 m³	泥沙系列	年均输沙量/万 t
建库前	1956—2010 年	163.44	1955—2010 年	206.96
建库后	2011—2016 年	167.74	2011—2018 年	101.25

2.泥沙补给量

第二松花江丰满水库入库泥沙基本被拦蓄在库区,出库水流为清水,研究河段泥沙来源主要为区间产沙和支流汇入。哈达山水库建成后,库区水流速度减慢,上游来沙多淤积于库区内,下游扶余站输沙量较上游松花江站有所减少。由于缺乏推移质实测资料,推移质输沙量根据系数法推算,按照悬移质的 10% 计算。经计算,主要控制站吉林站、松花江站和扶余站多年平均悬移质和推移质输沙总量分别为 81.53 万 t、236.23 万 t、111.38 万 t。第二松花江主要控制站输沙量统计见表 5-52。

表 5-52　第二松花江主要控制站输沙量统计

测站	平均径流量/ 亿 m³	悬移质输沙量/ 万 t	推移质输沙量/ 万 t	输沙总量/ 万 t	系列
吉林	136.96	74.12	7.41	81.53	径流:1956—2016 年; 泥沙:1956—2018 年
松花江	146.21	214.75	21.48	236.23	径流:1956—2016 年; 泥沙:1956—2018 年
扶余	167.74	101.25	10.13	111.38	径流:2011—2016 年; 泥沙:2011—2018 年

注:扶余站采用哈达山水库建库后系列。

吉林站径流量为松花江站的 93.7%,输沙量占松花江站的 34.5%,可见吉林站至松花江站河段泥沙主要来自支流补给及区间产沙;松花江站径流量占扶余站的 87.2%,输沙量为扶余站的 212.1%,可见松花江站至扶余站河段泥沙主要来自河道上游补给,同时由于哈达山水库拦蓄,下游扶余站输沙量大幅减少。

吉林站至松花江站河段,吉林站输沙量为 81.53 万 t;支流有温德河、沐石河汇入,汇入量分别为 11.77 万 t、58.38 万 t;区间产沙量为 148 万 t;松花江站输沙量为 236.23 万 t;则吉林站至松花江站河段泥沙补给量为 63.45 万 t。

松花江站至扶余站河段,松花江站输沙量为 236.23 万 t;支流有饮马河汇入,汇入量为 55.88 万 t;区间产沙量为 61.92 万 t;扶余站输沙量为 111.38 万 t;哈达山水利枢纽水库坝址距下游扶余水文站 23.4 km,根据《哈达山水利枢纽工程初步设计报告》,水库建成后,扶余站年输沙量减少 60.69 万 t,则该河段泥沙补给量为 181.96 万 t。

经分析计算,吉林站至扶余站年均泥沙补给量约为 245.41 万 t,其中推移质补给量约为 22.31 万 t。

3. 泥沙补给趋势分析

分别按 10 年、20 年、30 年进行年径流量和年输沙量滑动统计,扶余站年径流量变化不大,受哈达山水库拦蓄作用的影响,近期扶余站年输沙量呈减少趋势,2011 年以来多年平均输沙量仅为 1955—2010 年均值的 49%。考虑到该段为河流下游,水流挟沙能力降低,泥沙难以起动,一般易产生淤积,但上游来沙多被拦蓄在库内,若不发生较大洪水,预计规划期内河道冲淤变化不大,泥沙补给量也无较大变化,下游微有减少趋势。扶余站年径流量、年输沙量滑动平均曲线见图 5-48、图 5-49。

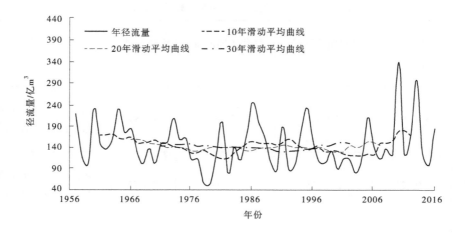

图 5-48　扶余站年径流量滑动平均曲线

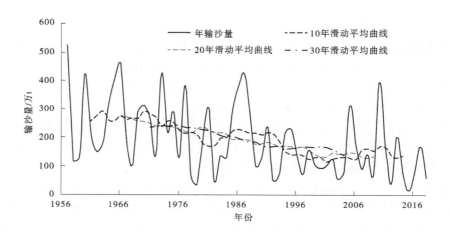

图 5-49　扶余站年输沙量滑动平均曲线

5.4.3.3　松花江

1. 泥沙补给量

松花江研究河段为三岔河口至拉林河口,仅右岸有夹津沟汇入。研究河段只有下岱吉 1 个水文站,因此进行三岔河口至下岱吉站之间的泥沙补给分析,鉴于缺乏推移质实测资料,推移质按照悬移质的 10% 计算。经计算,下岱吉站多年平均悬移质和推移质输沙总量为 338.65 万 t,河段泥沙主要来自上游补给。松花江下岱吉站输沙量统计见表 5-53。

表 5-53　松花江下岱吉站输沙量统计

测站	平均径流量/亿 m³	悬移质输沙量/万 t	推移质输沙量/万 t	输沙总量/万 t	系列
下岱吉	363.03	307.86	30.79	338.65	径流:2011—2016 年;泥沙:2011—2018 年

注:下岱吉站采用哈达山水库建库后系列。

三岔河口至下岱吉站河段,嫩江和第二松花江泥沙输入量为 379.1 万 t,其间无较大支流汇入,区间产沙量为 241.09 万 t,下岱吉站年输沙量为 338.65 万 t。经计算,三岔河口至下岱吉站区间年均泥沙补给量为 281.54 万 t,其中推移质补给量约为 25.59 万 t。

2. 泥沙补给趋势分析

三岔河口至下岱吉站河段无较大支流汇入,泥沙主要来源于上游嫩江和第二松花江泥沙补给和区间产沙量。该处位于嫩江、第二松花江下游河流汇合口,流速缓慢,水流挟沙能力降低,泥沙难以起动,一般易产生淤积,但上游来沙部分被拦蓄在库内,同时受尼尔基水库、哈达山水库的调蓄作用影响,若不发生较大洪水,预计规划期内河道冲淤变化不大,泥沙补给量也无较大变化。

5.4.3.4　东辽河

1. 泥沙补给量

东辽河年均径流量较小,支流水系不太发育,水流挟沙能力有限。二龙山水库运用后,拦蓄了大部分泥沙,至下游王奔站之间仅有卡伦河、小辽河等较小支流,汇入沙量不多。由于缺乏推移质实测资料,推移质按照悬移质的 20% 计算。经计算,主要控制站二龙山水库站和王奔站多年平均悬移质和推移质输沙总量分别为 4.72 万 t、100.56 万 t。东辽河主要控制站输沙量统计见表 5-54。

表 5-54　东辽河主要控制站输沙量统计

测站	平均径流量/亿 m³	悬移质输沙量/万 t	推移质输沙量/万 t	输沙总量/万 t	系列
二龙山水库	4.52	3.93	0.79	4.72	径流:1956—2016 年;泥沙:1961—1966 年、1973—2016 年
王奔	7.63	83.80	16.76	100.56	径流:1956—2016 年;泥沙:1961—2016 年

二龙山水库站年径流量占王奔站的 59.2%，输沙量占王奔站的 4.7%，可见二龙山水库站至王奔站河段泥沙主要来自区间、支流来沙。

二龙山水库站至王奔站河段，二龙山水库站输沙量为 4.72 万 t，支流小辽河来沙量为 27.65 万 t；区间产沙量为 132.38 万 t；王奔站输沙量为 100.56 万 t。经分析计算，二龙山水库站至王奔站区间年均泥沙补给量为 64.19 万 t，其中推移质补给量约为 10.70 万 t。

2. 泥沙补给趋势分析

分别按 10 年、20 年、30 年进行年径流量和年输沙量滑动统计，二龙山水库站和王奔站年径流与输沙量均呈减少趋势，其中王奔站输沙量减少趋势较明显，预计该河段规划期内泥沙补给量微有减少趋势。东辽河二龙山水库站、王奔站年径流量和输沙量滑动平均曲线见图 5-50～图 5-53。

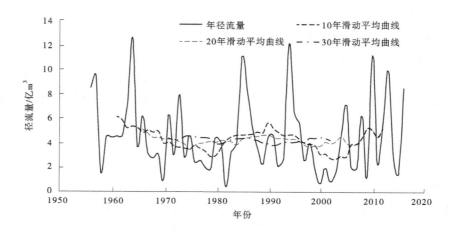

图 5-50　二龙山水库站年径流量滑动平均曲线

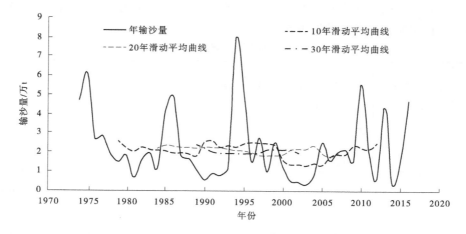

图 5-51　二龙山水库站年输沙量滑动平均曲线

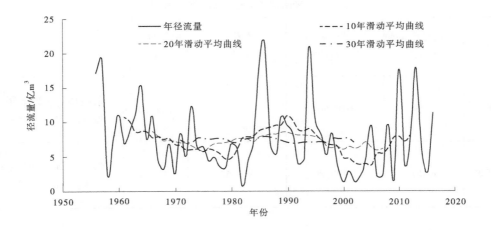

图 5-52　王奔站年径流量滑动平均曲线

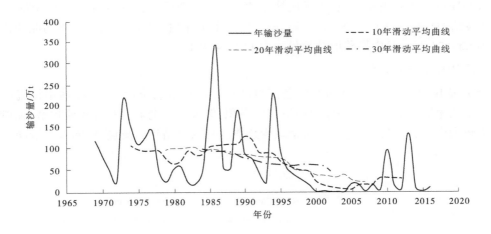

图 5-53　王奔站年输沙量滑动平均曲线

5.4.3.5　老哈河

1.泥沙补给量

老哈河流域多是黄土丘陵地区,地表植被差,水土流失严重,是产沙的高值区。输沙量年际变化很大,泥沙输移多集中在大洪水年份,水沙同步,且沙量比水量更集中。由于缺乏推移质实测资料,推移质输沙量根据系数法推算,按照悬移质的20%计算。经计算,主要控制站太平庄站和兴隆坡站多年平均悬移质和推移质输沙总量分别为742.20万 t、2 157.36万 t。老哈河主要控制站输沙量统计见表5-55。

表 5-55　老哈河主要控制站输沙量统计

测站	平均径流量/ 亿 m³	悬移质 输沙量/万 t	推移质 输沙量/万 t	输沙总量/ 万 t	系列
太平庄	2.89	618.50	123.70	742.20	径流:1956—2016 年; 泥沙:1956—2018 年
兴隆坡	6.40	1 797.80	359.56	2 157.36	径流:1956—2016 年; 泥沙:1956—2018 年

太平庄站径流量占兴隆坡站的 45.2%,输沙量占兴隆坡站的 34.4%,太平庄站至兴隆坡站河段泥沙来自河道上游补给和区间产沙。

太平庄站至兴隆坡站河段,太平庄站输沙量为 742.20 万 t;区间产沙量为 2 078.4 万 t;兴隆坡站输沙量为 2 157.36 万 t。经分析计算,太平庄站至兴隆坡站区间年均泥沙补给量约为 663.24 万 t,其中推移质补给量约为 110.54 万 t。

2. 泥沙补给趋势分析

分别按 10 年、20 年、30 年进行年径流量和年输沙量滑动统计,兴隆坡站年径流量与年输沙量均呈减少的趋势。该段河道虽有所淤积,但近年来老哈河断流现象频繁,规划期内若无较大洪水,该段泥沙补给量将呈减少趋势。兴隆坡站年径流量、年输沙量滑动平均曲线见图 5-54、图 5-55。

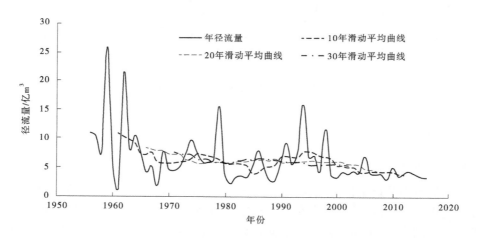

图 5-54　兴隆坡站年径流量滑动平均曲线

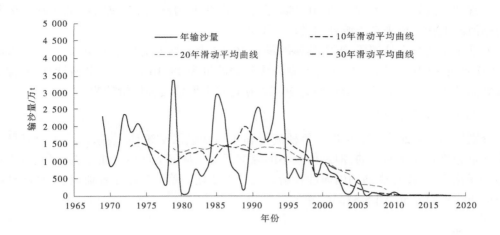

图 5-55　兴隆坡站年输沙量滑动平均曲线

5.4.3.6　拉林河

1. 泥沙补给量

拉林河属于少沙河流,泥沙补给量较少。上游磨盘山水库 2006 年投入运用后,出库水流基本为清水,拦蓄了大部分泥沙,区间支流挟沙量有限,汇入沙量不多。由于缺乏推移质实测资料,推移质按照悬移质的 10% 计算。经计算,主要控制站五常站和蔡家沟站多年平均悬移质和推移质输沙总量分别为 19.04 万 t、28.16 万 t。拉林河主要控制站输沙量统计见表 5-56。

表 5-56　拉林河主要控制站输沙量统计

测站	平均径流量/亿 m³	悬移质输沙量/万 t	推移质输沙量/万 t	输沙总量/万 t	系列
五常	12.71	17.31	1.73	19.04	径流:2006—2016 年;泥沙:1954—1958 年、1960—1979 年
蔡家沟	31.44	25.60	2.56	28.16	径流:2006—2016 年;泥沙:2006—2018 年

注:五常站径流、蔡家沟站径流及泥沙采用磨盘山水库建库后系列。

五常站径流量占蔡家沟站的 40.4%,输沙量占蔡家沟站的 67.6%,可见五常站至蔡家沟站河段泥沙主要来自上游补给及区间汇入。

五常站至蔡家沟站河段,五常站输沙量为 19.04 万 t,区间有牤牛河汇入,泥沙汇入量为 13.0 万 t;区间产沙量为 22.4 万 t;蔡家沟站输沙量为 28.16 万 t。经分析计算,五常站至蔡家沟站区间年均泥沙补给量约为 26.28 万 t,其中推移质补给量约为 2.39 万 t。

2.泥沙补给趋势分析

分别按 10 年、20 年、30 年进行年径流量和年输沙量滑动统计,蔡家沟站年径流量和年输沙量趋势是逐年递减的,但总体减小的幅度不大。从河势演变分析来看,研究河段整体冲淤变化不大,预计规划期内泥沙补给量无较大变化。蔡家沟站年径流量、年输沙量滑动平均曲线见图 5-56、图 5-57。

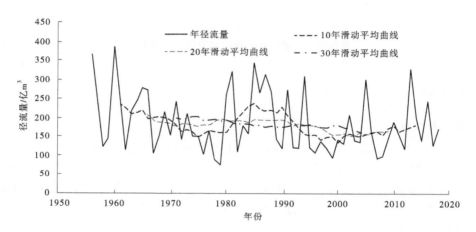

图 5-56　蔡家沟站年径流量滑动平均曲线

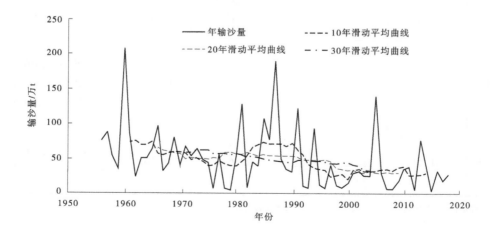

图 5-57　蔡家沟站年输沙量滑动平均曲线

5.4.3.7　洮儿河

洮儿河研究河段为苏林至洮儿河大桥松辽水利委员会直管察尔森水库管理河段,由于近年来缺乏泥沙观测资料,根据察尔森站 22 年不完整的悬移质泥沙观测资料,建立月平均输沙率–月平均流量相关关系,插补缺测年份的输沙率资料。插补延长系列后,察尔森站多年平均总入库沙量约为 20.0 万 t,其中推移质入库沙量约为 3.34 万 t。

5.5　河道采砂控制条件分析

松辽流域的河流多为宽浅型,河岸抗冲能力弱,河势稳定性相对较差。在河道的长期演变过程中,通过挟沙水流与河床的相互作用,形成了相对稳定的河床形态。同时,研究范围已建成大量防洪工程、河道整治工程等,在工程作用下,增强了两岸的抗冲性,限制了河岸的崩退,稳定了河道主流的走向,增加了河道的稳定性,河势总体趋于基本稳定,但局部河段仍存在主流摆动、岸线崩退、河势变化较大的情况。河道采砂必须以维持河势稳定为前提,可采区的布置不得对河势造成不利影响。禁止在可能引起河势发生较大不利变化的河段开采砂石;尽量考虑河道、航道整治工程的疏浚要求,做到采砂与河道、航道整治工程疏浚相结合;为避免大幅改变河道断面形态,可采区采砂控制高程应在河槽深泓点以上。

确定松辽流域可采区位置时,需要对防洪工程预留一定安全距离,在国家相关法律法规的基础上,还应考虑地方的河道管理条例。

(1)《黑龙江省河道管理条例》第九条规定,禁止在下述区域内采掘砂石土料物:①堤防迎水面 50 m 以内,河库凹岸和堤防险工地段、河道整治工程 100 m 以内;②大、中、小铁路桥及防护工程上下游 500 m、300 m、200 m 以内,公路桥及引道、防护工程上下游 200 m 以内;③拦河闸坝、泵站上下游 300 m 以内;④水文测流断面上下游 500~1 000 m;⑤可能因采砂而导致流势变化影响其他部门正常生产活动的区域。

(2)《吉林省河道管理条例》第十一条规定,县级以上人民政府应当根据当地实际情况,按照下列标准划定护堤地:主要江河堤防迎水面 30~50 m,背水面 5~15 m;其他河流堤防迎水面 15~30 m,背水面 5~10 m。

(3)《辽宁省河道管理条例》第十一条规定,流域面积 5 000 km² 以上河流堤防护堤地迎水面一般不得少于 50 m,背水面一般不得少于 20 m。其他河流堤防护堤地范围,由市、县人民政府按照河道管理权限确定。

同时,河道采砂还应满足通航安全、水环境保护、水生态保护和涉水工程对河道采砂的控制条件要求。

5.6　采砂控制总量

　　根据泥沙补给分析结果,研究河段泥沙补给量较少,不能满足砂石开采需求,考虑河道砂石历史储量较丰富,因此以泥沙补给量和历史储量作为开采砂源。

　　河道采砂控制总量为建筑砂料采砂总量,按照采砂控制总量确定的原则,综合考虑河道泥沙补给情况、河道冲淤变化、河道采砂现状,确定研究范围内建筑砂料年度采砂控制总量。为避免大幅改变河道断面形态,以维护河势稳定为前提,原则上开采可采区主河槽平均高程以上历史储量,开采深度一般不超过 2.5 m,结合采砂需求,综合确定采砂控制总量。

5.6.1　砂石历史储量及可采砂石量

5.6.1.1　砂石历史储量

　　河段砂石历史储量采用河道地质资料和河道断面资料,根据河道面积和砂石厚度确定。砂石厚度根据河道地质资料,采用河道深泓以上厚度。

　　经估算,松辽流域研究范围内砂石历史储量为 47.61 亿 t,其中嫩江砂石历史储量约为 24.72 亿 t,第二松花江砂石历史储量约为 11.05 亿 t,松花江砂石历史储量约为 5.54 亿 t,东辽河砂石历史储量约为 1.04 亿 t,老哈河砂石历史储量约为 0.39 亿 t,拉林河砂石历史储量约为 4.87 亿 t。研究河段河道砂石历史储量统计见表 5-57。

表 5-57　研究河段河道砂石历史储量及可采砂石量统计

序号	河流	历史储量/亿 t	可采砂石量/万 t
1	嫩江	24.72	4 534
2	第二松花江	11.05	5 947
3	松花江	5.54	1 035
4	东辽河	1.04	0
5	老哈河	0.39	0
6	拉林河	4.87	2 055
合计		47.61	13 571

5.6.1.2　可采砂石量

可采砂石量为规划可采区河道深泓点高程以上的砂石量,经计算,研究河段可采区砂石可采总量约为 13 571 万 t,其中嫩江约为 4 534 万 t,第二松花江约为 5 947 万 t,松花江约为 1 035 万 t,拉林河约为 2 055 万 t,东辽河、老哈河及洮儿河未规划可采区,规划期无可采砂石。研究河段河道可采砂石量统计见表 5-57。

1. 嫩江

嫩江为少沙河流,根据河道地质资料,河道主槽深泓以上砂层厚度一般在 3~7 m,结合河道断面资料,估算研究河段可采区可采砂石量约为 4 534 万 t。

2. 第二松花江

第二松花江为少沙河流,根据河道地质资料,河道深泓以上砂层厚度一般在 4~6 m,结合河道断面资料,估算研究河段可采区可采砂石量约为 5 947 万 t。

3. 松花江

根据河道地质资料,松花江河道深泓以上砂层厚度一般在 4~7 m,结合河道断面资料,估算研究河段可采区可采沙石量约为 1 035 万 t。

4. 拉林河

拉林河为少沙河流,根据河道地质资料,河道深泓以上砂层厚度一般在 3~6 m,结合河道断面资料,估算研究河段可采区可采砂石量约为 2 055 万 t。

5. 东辽河、老哈河及洮儿河

东辽河研究河段河道存在下切,部分河段河道呈深 U 形,为维护河势稳定,未规划可采区;老哈河研究河段河势不稳定,河床破坏严重,现状水沙条件较差,为遏制采砂对河床和生态环境的破坏,该河段划定为禁采河段;洮儿河研究河段为察尔森水库管理河段,规划该河段划定为禁采河段。因此,规划期内东辽河、老哈河及洮儿河无可开采砂石。

5.6.2　采砂总量控制及分配

按照采砂年度控制总量的确定原则和方法,根据河道河势变化、河道采砂现状和泥沙补给情况,确定研究河段采砂控制总量为 4 566.70 万 t,年度采砂控制总量为 913.34 万 t,其中东辽河、老哈河、洮儿河不规划可采区,不设年度采砂控制量,嫩江、第二松花江、松花江和拉林河研究河段规划期采砂控制总量分别为 1 600.95 万 t、1 997.40 万 t、343.55 万 t、624.80 万 t,年度采砂控制总量分别为 320.19 万 t、399.48 万 t、68.71 万 t、124.96 万 t。涉及各省(自治区)中,辽宁省河段为东辽河下游,本期未规划采砂量,黑龙江省、吉林省和内蒙古自治区研究河段规划期采砂控制总量分别为 1 612.10 万 t、2 763.25 万 t、191.35 万 t,年度采砂控制总量分别为 322.42 万 t、552.65 万 t、38.27 万 t。

5.6.2.1 嫩江

嫩江可采区可采砂石量约为 4 534 万 t。综合考虑河道河势稳定、防洪安全、供水安全、水生态环境安全、涉水建筑物安全及相关管理条例要求,确定嫩江研究河段规划期采砂控制总量为 1 600.95 万 t,年度采砂控制量为 320.19 万 t。其中,黑龙江省规划期采砂控制总量为 1 409.60 万 t,年度采砂控制量为 281.92 万 t;内蒙古自治区规划期采砂控制总量为 191.35 万 t,年度采砂控制量 38.27 万 t。

5.6.2.2 第二松花江

第二松花江可采区可采砂石量约为 5 947 万 t。根据河道演变分析结果,研究范围内上游部分河段存在一定的河道下切,为避免大幅改变河道断面形态,维护河势稳定,规划期内河道下切段将限制采砂,以恢复河道断面形态。综合考虑河道河势稳定、防洪安全、供水安全、水生态环境安全、涉水建筑物安全,确定第二松花江吉林省规划期采砂控制总量为 1 997.40 万 t,年度采砂控制量为 399.48 万 t。

5.6.2.3 松花江

松花江可采区可采砂石量约为 1 035 万 t。由于左岸大面积分布黑龙江省肇源沿江湿地自然保护区,规划松花江黑龙江省未设置可采区,仅规划一处保留区。综合考虑河道河势稳定、防洪安全、供水安全、水生态环境安全、涉水建筑物安全,确定松花江吉林省规划期采砂控制总量为 343.55 万 t,年度采砂控制量为 68.71 万 t。

5.6.2.4 拉林河

拉林河可采区可采砂石量约为 2 055 万 t。综合考虑河道河势稳定、防洪安全、供水安全、水生态环境安全、涉水建筑物安全及相关管理条例要求,确定拉林河研究河段规划期采砂控制总量为 624.80 万 t,年度采砂控制量为 124.96 万 t。其中,黑龙江省规划期采砂控制总量为 202.50 万 t,年度采砂控制量为 40.50 万 t;吉林省规划期采砂控制总量为 422.30 万 t,年度采砂控制量 84.46 万 t。

各研究河段采砂控制总量统计见表 5-58,各省(自治区)采砂控制总量统计见表 5-59。

表 5-58　各研究河段采砂控制总量统计

河流	规划期采砂控制总量/万 t	年度采砂控制总量/万 t	可采区可采砂石量/万 t
嫩江	1 600.95	320.19	4 534
第二松花江	1 997.40	399.48	5 947

续表 5-58

河流	规划期采砂控制总量/万 t	年度采砂控制总量/万 t	可采区可采砂石量/万 t
松花江	343.55	68.71	1 035
拉林河	624.80	124.96	2 055
合计	4 566.70	913.34	13 571

表 5-59　各省(自治区)采砂控制总量统计

省级行政区	规划期采砂控制总量/万 t	年度采砂控制总量/万 t
黑龙江省	1 612.10	322.42
吉林省	2 763.25	552.65
内蒙古自治区	191.35	38.27
合计	4 566.70	913.34

5.7　采砂分区规划

5.7.1　采砂分区总体方案

采砂分区规划综合河势稳定、防洪安全、供水安全、通航安全、沿河涉水工程和设施正常运行、水生态环境保护等方面的要求,充分考虑河道特性和泥沙补给情况,结合不同河流的特点和不同地区经济发展程度的差别,综合考虑与流域综合规划、流域防洪规划等规划相协调,从增强规划的指导性和可操作性出发,提出各河段禁采区、可采区和保留区规划方案。首先根据禁采区划定原则和方法,按照环境敏感区、已建工程保护要求以及河道管理需求划定禁采河段和禁采区域;然后根据可采区规划原则和方法,规划可采区;规划河道范围内禁采河段、禁采区域和可采区以外的区域均规划为保留区。

5.7.1.1　嫩江

尼尔基水库以上河段多年来河势稳定,但泥沙补给量较少,分布有嫩江市饮用水水源保护区等生态保护区,同时珍稀濒危野生动物密集分布于此段,该河段本期未规划可采区;尼尔基水库库区段属于重要防洪工程管理范围,全部划定为禁采区;尼尔基水库坝下至江桥段蜿蜒河道呈凹岸冲刷、凸岸淤积的变化规律,河道主槽存在小幅下切,河势整体较稳定,根据河势稳定、防洪安全、供水安全、通航安全、水生态水环境保护和涉河工程安全的要求,将河道下切段、生态敏感区、主航道、防洪工程和涉水工程保护范围划为禁采区,在弯道凸岸和宽阔的河滩处合理规划可采区,其他区域均规划为保留区;江桥至三岔河口段砂石粒径较细,砂质不符合建筑砂料要求,同时该段分布多处自然保护区,根据水生态水环境保护的需要,该河段未规划可采区。

嫩江共规划可采区 13 个,可采区面积 697.21 万 m^2,年度采砂控制总量 320.19 万 t,其中黑龙江省 8 个可采区,年度采砂控制总量 281.92 万 t;内蒙古自治区 5 个可采区,年度采砂控制总量 38.27 万 t。

5.7.1.2　第二松花江

多年来河道平面形态没有太大的变化,但分汊型河道兴衰交替较多,边滩、心滩消长不断。从纵向上来看,吉林市城区河段,长春市九台区和舒兰市上游部分受丰满水库清水冲刷和大量采砂的影响,该段河道呈明显下切趋势,考虑该段河势敏感,且上游来沙基本被拦蓄在丰满水库,泥沙补给量较小,因此该段布置少量可采区;德惠市、榆树市及以下河段冲刷幅度逐渐减弱,泥沙补给量有所增加,局部河段凹岸有所冲刷,下游河段有所淤积,以上河段根据河势稳定、防洪安全、供水安全、通航安全、水生态水环境保护和涉河工程安全的要求,将河道下切段、生态敏感区、主航道、防洪工程和涉水工程保护范围划为禁采区;由于饮马河全面禁采,部分采砂需求将转移到第二松花江,未来第二松花江采砂量可能会有所增加,因此在河流弯道凸岸、岛尾泥沙落淤处等位置合理规划可采区,除禁采区和可采区外,其他区域均规划为保留区。

第二松花江共规划可采区 30 个,可采区面积 1 868.43 万 m^2,年度采砂控制总量 399.48 万 t,全部位于吉林省。

5.7.1.3　松花江

泥沙补给相对较丰富,嫩江、第二松花江汇入泥沙大部分淤积于此,但沿江两岸分布有多处国家级和省级湿地自然保护区、水产种质资源保护区、大型经济鱼类产卵场、重要洄游通道等环境敏感区,根据水生态水环境保护的需要,结合生态保护红线要求,考虑该段珍稀濒危野生动植物密集分布,本段以禁采为主,将生态敏感区、主航道、防洪工程和涉水工程保护范围划为禁采区,规划少量可采区,其余区域规划为保留区。

松花江规划 2 个可采区,面积 323.55 万 m^2,年度采砂控制总量 68.71 万 t,全部位于吉林省。

5.7.1.4　东辽河

二龙山水库运用后,拦蓄了大部分泥沙,河道泥沙补给量减少。研究河段上游通过人工裁弯取直,河道较为顺直,平面河势比较稳定,但上游水库的清水下泄使该河段受到冲刷,根据双山渠首站、二龙山水库站实测大断面套绘结果,多年来河道深泓有所加深,河床下切,同时河道主河槽宽度不大,河道形态呈 U 形,河床持续下切,部分河道出现陡岸,已不适宜在该河段主河槽中进行采砂活动。研究河段下游为蜿蜒型河道,弯曲系数较大,多处弯道近堤威胁大堤安全,河道主槽摆动剧烈,险工险段众多,河道采砂容易引起上下游河势变化,产生新的险工,威胁防洪安全。

近年来,辽河流域出现了水污染、生态破坏等问题,生态空间萎缩,生态系统功能持续下降,按照习近平总书记重要指示批示精神,集中力量解决辽河流域水环境突出问题,强力扭转水环境质量持续恶化趋势,吉林省相继制定了《吉林省辽河流域水污染综合整治联合行动方案》和《吉林省辽河流域国土空间规划(2018—2035 年)》,并印发实施了《吉林省辽河流域水环境保护条例》,通过多种措施以实现辽河流域的水污染防治、水资源保护和水生态修复。

河道采砂容易对河流生态环境造成一定影响。根据维持河势稳定、防洪安全和水生态水环境保护的需要,考虑到研究河段河势不稳定、水生态水环境破坏严重,该河段以禁采为主,规划将大部分区域划定为禁采区,其他区域均规划为保留区。

5.7.1.5　老哈河

河床摆动剧烈,水流含沙量大,具有游荡型河道的特点。自 20 世纪 80 年代以来,无序采砂导致河道破坏严重,河势散乱,河床采砂坑遍布,最大采砂坑深度达 30 m,加之近年来河道多为断流状态,河床砂坑无法平复。2018 年,赤峰市人民政府以赤政字〔2018〕33 号文发布《赤峰市人民政府关于进一步加强河道采砂管理的通知》,该通知中规定老哈河赤峰市河段禁止采砂。

为保障河道河势稳定、防洪安全,保护水生态水环境,综合考虑研究范围河势不稳定、河床破坏严重、现状水沙条件较差等诸多因素,为遏制采砂对河床和生态环境的破坏,逐渐恢复河道生态环境,叶赤铁路桥—赤通铁路桥段河道均划定为禁采区,禁采河段长 114 km。

5.7.1.6　拉林河

由于两岸山体的束缚和防洪工程建设,河势总体稳定。上游磨盘山水库修建后,拦蓄了大部分泥沙,出库水流为清水,泥沙补给量较少,中下游由于支流汇入,泥沙补给量有所增加。由于上游河道冲刷和采砂的影响,部分河段有一定的下切,通过 2016 年和 2019 年河道深泓线对比分析,最大下切幅度约 4.9 m。根据河势稳定、防洪安全、供水安全、水生态水环境保护和涉河工程保护的要求,将河道下切段、生态敏感区、防洪工程和涉水工程保护范围划为禁采区,可在弯道凸岸、岛尾泥沙落淤处等位置合理规划可采区,其他区域均规划为保留区。

拉林河共规划可采区 15 个,可采区面积 451.85 万 m²,年度采砂控制总量 124.96 万

t,其中黑龙江省 2 个可采区,年度采砂控制总量 40.50 万 t,吉林省 13 个可采区,年度采砂控制总量 84.46 万 t。

5.7.1.7　洮儿河

洮儿河苏林至洮儿河大桥松辽水利委员会直管察尔森水库管理河段,全部位于内蒙古自治区。研究河段位于水库管理范围,规划全部划为禁采区,禁采河段长度 22 km。

5.7.2　禁采区划定

5.7.2.1　禁采河段

禁采河段为河道两断面之间的整个区域。根据各河道特点,划定禁采河段 13 个,长约 746.3 km,河道的禁采河段统计见表 5-60。

表 5-60　研究范围禁采河段统计

序号	河流	禁采河段数量/个	禁采河段长度/km
1	嫩江	2	276.2
2	第二松花江	4	142.3
3	松花江	3	72.2
4	东辽河	1	99.8
5	老哈河	1	114.0
6	拉林河	1	19.8
7	洮儿河	1	22.0
研究范围		13	746.3

1. 嫩江

尼尔基水库库区河段、立陡山灌排站至三岔河口段划定为禁采河段,长约 276.2 km。

1)尼尔基水库库区河段

尼尔基水库库区河段长 93.2 km,河段内有黑龙江省尼尔基省级自然保护区和呼伦贝尔市莫力达瓦达斡尔族自治旗尼尔基水源地保护区,涉及全部河段,同时有鱼类产卵场分布于此段,因此尼尔基水库库区河段划定为禁采河段。

2) 立陡山灌排站至三岔河口段

立陡山灌排站至三岔河口段长 183.0 km,河段内涉及 1 个自然保护区、1 个湿地公园和 2 个水产种质资源保护区,黑龙江省肇源沿江湿地省级自然保护区位于嫩江左岸,吉林省大安嫩江湾国家湿地公园、嫩江前郭段国家级水产种质资源保护区和嫩江松花江三岔河口鲢翘嘴鲌国家级水产种质资源保护区位于河段右岸,以上环境敏感区涉及全部河段,同时有多处鱼类产卵场分布此段,因此划定为禁采河段。

嫩江禁采河段涉及环境敏感区统计见表 5-61。

表 5-61　嫩江禁采河段涉及环境敏感区统计

编号	禁采河段	涉及环境敏感区	级别	岸别
1	尼尔基水库库区河段	黑龙江省尼尔基省级自然保护区	省级	全河段
		呼伦贝尔市莫力达瓦达斡尔族自治旗尼尔基水源地保护区	县级	右岸
2	立陡山灌排站至三岔河口段	黑龙江省肇源沿江湿地省级自然保护区	省级	左岸
		吉林省大安嫩江湾国家湿地公园	省级	右岸
		嫩江前郭段国家级水产种质资源保护区	国家级	右岸
		嫩江松花江三岔河口鲢翘嘴鲌国家级水产种质资源保护区	国家级	右岸

2. 第二松花江

吉林市城区河段、哈达山水库库区河段、松原松花江银鲴国家级水产种质资源保护区及松原市城区第二松花江饮用水水源保护区河段、松花江宁江段国家级水产种质资源保护区河段划定为禁采河段,长约 142.3 km。

1) 吉林市城区河段

吉林市城区河段长约 82.7 km,范围上起丰满水库坝址,左岸下至吉林市城区与长春市九台区交界处,右岸下至吉林市城区与舒兰市交界处,河段内有松花江吉林段七鳃鳗国家级水产种质资源保护区和吉林市松花江生活饮用水水源保护区,同时根据吉林市城区段采砂论证报告,该段由于河道下切严重已不适宜采砂,按照河道管理要求划定为禁采河段。

2）哈达山水库库区河段

哈达山水库库区河段长约 23.1 km，包括哈达山水库国家级饮用水水源保护区，涉及全部河段，划定为禁采河段。

3）松原松花江银鲴国家级水产种质资源保护区及松原市城区第二松花江饮用水水源保护区河段

河段范围自粮窝断面至宁江松花江大桥，长约 23.7 km，河段内分布有松原松花江银鲴国家级水产种质资源保护区和松原市城区第二松花江饮用水水源保护区，涉及全部河段，划定为禁采河段。

4）松花江宁江段国家级水产种质资源保护区河段

松花江宁江段国家级水产种质资源保护区（第二松花江部分）位于吉林省松原市宁江区，长约 12.8 km，涉及河段主槽、右岸及左岸部分滩地，划定为禁采河段。

第二松花江禁采河段涉及环境敏感区统计见表 5-62。

表 5-62　第二松花江禁采河段涉及环境敏感区统计

编号	禁采河段	涉及环境敏感区	级别	岸别
1	吉林市城区河段	松花江吉林段七鳃鳗国家级水产种质资源保护区	国家级	全河段
		吉林市松花江生活饮用水水源保护区	国家级	全河段
2	哈达山水库库区河段	哈达山水库国家级饮用水水源保护区	国家级	全河段
3	松原松花江银鲴国家级水产种质资源保护区及松原市城区第二松花江饮用水水源保护区河段	松原松花江银鲴国家级水产种质资源保护区	国家级	全河段
		松原市城区第二松花江饮用水水源保护区	省级	全河段
4	松花江宁江段国家级水产种质资源保护区河段	松花江宁江段国家级水产种质资源保护区	国家级	主槽、右岸及左岸部分滩地

3. 松花江

松花江三岔河口至肇源松花江大桥河段、扶余市东达户至下岱吉站河段、松花江拉林河口河段划定为禁采河段,长约 72.2 km。

1) 松花江三岔河口至肇源松花江大桥河段

松花江三岔河口至肇源松花江大桥河段长约 45.2 km,范围西起三岔河口,东至肇源松花江大桥,河段内有 2 个国家级水产种质资源保护区和 1 个自然保护区,松花江宁江段国家级水产种质资源保护区(松花江部分)、嫩江松花江三岔河口鲢翘嘴鲌国家级水产种质资源保护区涉及全部河段,黑龙江省肇源沿江湿地自然保护区位于河段左岸,以上环境敏感区涉及全部河段,同时有鱼类产卵场分布此段,划定为禁采河段。

2) 扶余市东达户至下岱吉站河段

扶余市东达户至下岱吉站河段长约 21.5 km,范围西起扶余市东达户村,东至下岱吉水文站,河段内有 1 个国家级水产种质资源保护区和 1 个自然保护区,松花江肇源段花鳕国家级水产种质资源保护区涉及河道主槽及左右岸部分滩地,黑龙江省肇源沿江湿地自然保护区位于河段左岸,以上环境敏感区涉及全部河段,同时有鱼类产卵场分布此段,划定为禁采河段。

3) 松花江拉林河口河段

禁采河段长约 5.5 km,河段内有 2 个自然保护区,吉林扶余洪泛湿地自然保护区主要为拉林河口部分,位于松花江右岸,黑龙江省肇源沿江湿地自然保护区位于河段左岸,以上环境敏感区涉及全部河段,划定为禁采河段。

松花江禁采河段涉及环境敏感区统计见表 5-63。

表 5-63　松花江禁采河段涉及环境敏感区统计

编号	禁采河段	涉及环境敏感区	级别	岸别
1	松花江三岔河口至肇源松花江大桥河段	松花江宁江段国家级水产种质资源保护区(松花江部分)	国家级	全河段
		嫩江松花江三岔河口鲢翘嘴鲌国家级水产种质资源保护区	国家级	全河段
		黑龙江省肇源沿江湿地自然保护区	省级	左岸
2	扶余市东达户至下岱吉站河段	松花江肇源段花鳕国家级水产种质资源保护区	国家级	主槽及左右岸部分滩地
		黑龙江省肇源沿江湿地自然保护区	省级	左岸

续表 5-63

编号	禁采河段	涉及环境敏感区	级别	岸别
3	松花江拉林河口河段	吉林扶余洪泛湿地自然保护区	省级	右岸
		黑龙江省肇源沿江湿地自然保护区	省级	左岸

4. 东辽河

集双高速桥至福德店段位于东辽河下游,为蜿蜒型河道,河道弯道较多,顺直段较少,河道主槽摆动剧烈,多处弯道近堤威胁大堤安全,险工险段众多,且河床主要为粉细砂,砂石资源质量较差,不适宜开采砂石,故将东辽河下游集双高速桥至福德店段全部划定为禁采区,禁采河段长 99.8 km。

5. 老哈河

老哈河研究河段河床摆动剧烈,水流含沙量大,具有游荡型河道的特点。自 20 世纪 80 年代以来,无序采砂导致河道破坏严重,河势散乱,河床采砂坑遍布,最大采砂坑深度达 30 m,加之近年来河道多为断流状态,河床砂坑无法平复。为保障河道河势稳定、防洪安全,保护水生态、水环境,综合考虑研究范围河势不稳定、河床破坏严重、现状水沙条件较差等诸多因素,为遏制采砂对河床和生态环境的破坏,省际界河段(叶赤铁路桥—赤通铁路桥)均设为禁采区,禁采河段长 114.0 km。

6. 拉林河

拉林河苗家涵闸至拉林河口河段涉及 2 个自然保护区,黑龙江拉林河口湿地自然保护区(拉林河部分)位于河段右岸,吉林扶余洪泛湿地自然保护区拉林河上主要为自然保护区东片部分,位于河段左岸,以上环境敏感区涉及全部河段,划定为禁采河段,长约 19.8 km。

拉林河禁采河段涉及环境敏感区统计见表 5-64。

表 5-64　拉林河禁采河段涉及环境敏感区统计

编号	禁采河段	涉及环境敏感区	级别	岸别
1	苗家涵闸至拉林河口河段	黑龙江拉林河口湿地自然保护区(拉林河部分)	省级	右岸
		吉林扶余洪泛湿地自然保护区(拉林河部分)	省级	左岸

7. 洮儿河

洮儿河研究河段为苏林至洮儿河大桥松辽水利委员会直管察尔森水库管理河段,属于重要防洪工程管理范围,规划全部设为禁采区,禁采河段长 22.0 km。

5.7.2.2　禁采区域

根据生态环境敏感区和涉水工程分布特点,禁采区域分为两种:一种为环境敏感区禁采区域,另一种为涉水工程保护范围禁采区域。

1. 环境敏感区禁采区域

河道管理范围内部分生态环境敏感区位于河道一侧,或在河道内呈斑块状,横向只涉及河段的部分河槽和滩地,纵向也不连续,对于此类生态环境敏感区,划定为禁采区域。

1) 嫩江

嫩江划定 17 个环境敏感区禁采区域,涉及 5 个自然保护区、4 个水产种质资源保护区、3 处重要鱼类"三场"、3 个饮水水源保护区和 2 个湿地公园,分别是黑龙江省门鲁河省级自然保护区、黑龙江省讷谟尔河湿地自然保护区、黑龙江省齐齐哈尔沿江湿地自然保护区、黑龙江省乌裕尔河国家级自然保护区、吉林省莫莫格湿地自然保护区、嫩江镇赉段特有鱼国家级水产种质资源保护区、嫩江大安段乌苏里拟鲿水产种质资源保护区、甘河哲罗鱼细鳞鱼国家级水产种质资源保护区、月亮湖国家级水产种质资源保护区、嫩江市饮用水水源保护区、呼伦贝尔市莫力达瓦达斡尔族自治旗哈达阳镇水源地、齐齐哈尔市浏园饮用水水源地保护区、嫩江圈河省级湿地公园、齐齐哈尔明星岛国家湿地公园和 3 处重要鱼类"三场"。嫩江禁采区域涉及环敏感区统计见表 5-65。

表 5-65　嫩江禁采区域涉及环境敏感区统计

编号	类别	涉及环境敏感区	级别	岸别
1	自然保护区	黑龙江省门鲁河省级自然保护区	省级	左岸
2		黑龙江省讷谟尔河湿地自然保护区	省级	左岸
3		黑龙江省齐齐哈尔沿江湿地自然保护区	省级	左岸
4		黑龙江省乌裕尔河国家级自然保护区	国家级	左岸
5		吉林省莫莫格湿地自然保护区	国家级	右岸
6	水产种质资源保护区	嫩江镇赉段特有鱼国家级水产种质资源保护区	国家级	右岸
7		嫩江大安段乌苏里拟鲿水产种质资源保护区	国家级	右岸
8		甘河哲罗鱼细鳞鱼国家级水产种质资源保护区	国家级	右岸
9		月亮湖国家级水产种质资源保护区	国家级	右岸

编号	类别	涉及环境敏感区	级别	岸别
10	重要鱼类"三场"	多宝山、尼尔基、莫呼公路桥、光荣村、月亮泡和三岔河口	珍稀濒危鱼类	主河槽
11		大安市至三岔河口江段	珍稀濒危鱼类	主河槽
12		内蒙古扎赉特旗喇嘛湾至黑龙江省杜蒙县石人沟，杜蒙县石人沟到三岔河口	珍稀濒危鱼类	主河槽
13	水源地保护区	嫩江市饮用水水源保护区	省级	左岸
14		呼伦贝尔市莫力达瓦达斡尔族自治旗哈达阳镇水源地	乡镇级	右岸
15		齐齐哈尔市浏园饮用水水源地保护区	国家级	左岸
16	湿地公园	嫩江圈河省级湿地公园	省级	左岸
17		齐齐哈尔明星岛国家湿地公园	国家级	河中孤岛

2）第二松花江

第二松花江划定 1 个环境敏感区禁采区域，涉及环境敏感区为吉林扶余洪泛湿地省级自然保护区，第二松花江上主要为自然保护区南片部分，涉及范围为研究河段右岸。第二松花江禁采区域涉及环境敏感区统计见表 5-66。

表 5-66　第二松花江禁采区域涉及环境敏感区统计

编号	类别	涉及环境敏感区	级别	岸别
1	自然保护区	吉林扶余洪泛湿地省级自然保护区	省级	右岸

3）松花江

松花江划定 4 个环境敏感区禁采区域，涉及环境敏感区为黑龙江省肇源沿江湿地自然保护区部分河段，以及 3 处重要鱼类"三场"。松花江禁采区域涉及环境敏感区统计见表 5-67。

表 5-67　松花江禁采区域涉及环境敏感区统计

编号	类别	涉及环境敏感区	级别	岸别
1	自然保护区	黑龙江省肇源沿江湿地自然保护区	省级	左岸
2	重要鱼类"三场"	三岔河至肇源老北江段	无	主河槽
3		扶余市的河嘴子(鸭子圈)至江东楞段	无	主河槽
4		三岔河口	无	主河槽

4)老哈河

老哈河划定 1 个环境敏感区禁采区域,涉及环境敏感区为平庄镇地下水水源地。老哈河禁采区域涉及环境敏感区统计见表 5-68。

表 5-68　老哈河禁采区域涉及环境敏感区统计

编号	类别	名称	级别	岸别
1	饮用水水源地	平庄镇地下水水源地	省级	左岸

5)拉林河

拉林河划定 3 个环境敏感区禁采区域,涉及 1 个自然保护区、1 个水产种质资源保护区和 1 个湿地公园。吉林扶余洪泛湿地省级自然保护区拉林河上主要为自然保护区东片部分,位于河段左岸,吉林扶余大金碑国家级湿地公园涉及左岸部分滩地;松花江双城段鳜银鲴国家级水产种质资源保护区位于河段右岸。拉林河禁采区域涉及环境敏感区统计见表 5-69。

表 5-69　拉林河禁采区域涉及环境敏感区统计

编号	类别	涉及环境敏感区	级别	岸别
1	自然保护区	吉林扶余洪泛湿地省级自然保护区	省级	左岸
2	湿地公园	吉林扶余大金碑国家级湿地公园	国家级	左岸
3	水产种质资源保护区	松花江双城段鳜银鲴国家级水产种质资源保护区	国家级	右岸

2. 涉水工程禁采区域

涉水工程保护范围禁采区域是以法律、法规、规章、规范所规定的涉水工程保护范围为参考,在此基础上划定有限区域禁采的一种禁采方式。对同一地区、同一河流、相同等级的同类涉水工程,按照下位服从上位的原则划定。法律、法规中已明确规定涉水工程保护范围的,如《堤防工程管理设计规范》(SL/T 171—2020)、《水闸设计规范》(SL 265—2016)中对堤防、涵闸等工程保护范围做了具体规定,在划分禁采区域时直接加以引用。另有部分涉水工程和设施,法律、法规规定在其保护范围内不得从事取土、挖砂、采石等活动,如相关法规对航道等保护范围只做了原则性规定,但没有具体的保护范围,对于这类涉水工程的禁采区域,参照类似工程并结合采砂管理的实际经验确定一个较合适的禁采范围。

由于涉水工程种类杂、数量多、分布广,且随着社会经济的发展,涉水工程的数量和位置处于动态变化之中,难以确定各涉水工程的禁采区域范围,规划仅按 17 种类别对涉水工程的禁采范围做了原则性规定。各省(自治区、直辖市)如有涉水工程保护范围规定,则按照更为严格的保护范围划定禁采区。在编制年度采砂计划或实施方案、进行采砂许可时,应根据河段涉水工程的实际分布情况,复核确定涉水工程保护范围禁采区。各类涉水工程禁采范围统计见表 5-70。

(1)嫩江两岸堤防总长度为 846.28 km、护岸总长度为 81.31 km,沿岸 23 处港口(码头)、238 处涵闸(泵站)、36 处取(排)水口,石灰窑、库漠屯、嫩江、齐齐哈尔、同盟、富拉尔基、江桥、白沙滩、大赉 9 个水文(水位)站,拦河坝、石油管线、公路桥、铁路桥、跨河管线等涉河工程均按照保护范围划定禁采区域。

(2)第二松花江两岸堤防总长度为 563.38 km、护岸总长度为 130.36 km,沿岸 35 处港口(码头)、63 处涵闸(泵站)、87 处取(排)水口,丰满水库、吉林、松花江、扶余 4 个水文站,拦河坝、铁路桥梁、公路桥梁、跨河管线等涉河工程均按照保护范围划定禁采区域。

(3)松花江两岸堤防总长度为 180.58 km、护岸总长度为 14.15 km,沿岸 6 处港口(码头)、42 处涵闸(泵站)、6 处取(排)水口,肇源松花江大桥、下岱吉水文站等涉河工程均按照禁采范围划定禁采区域。

(4)东辽河两岸堤防总长度为 417.36 km,护岸总长度为 12.99 km,沿岸 121 处涵闸(泵站)、4 处取(排)水口、12 处渡口,二龙山水库、城子上、双山渠首、王奔 4 个水文站,南崴子灌区、秦家屯灌区、梨树灌区、双山灌区渠首工程,铁路桥梁、公路桥梁、跌水、险工、跨河管线等涉河工程均按照保护范围划定禁采区域。

(5)拉林河两岸堤防总长度为 421.96 km,护岸总长度为 20.28 km,沿岸 78 处涵闸(泵站)、29 处取(排)水口,磨盘山水库、五常、蔡家沟 3 个水文站,拦河坝、公路桥梁、铁路桥梁、跨河管线、跌水等涉河工程均按照保护范围划定禁采区域。

表 5-70　各类涉水工程禁采范围统计

类别	等级	禁采区域控制性指标	出处	引用法规或规范内容
堤防	1 级	上下游 300 m,距堤脚不少于 300 m	《堤防工程设计规范》(GB 50286—2013)	13.2:保护范围 1 级堤防 200~300 m
	2、3 级	上下游 200 m,距堤脚不少于 200 m		13.2:2、3 级堤防 100~200 m
	4、5 级	上下游 100 m,距堤脚不少于 100 m		13.2:4、5 级堤防 50~100 m
险工(护岸)		上下游 300 m,距离工程 300 m	《河道采砂与管理》(中国水利水电出版社,参考选用)	重点险工段及其上下游 1 000 m,护岸工程 1 000 m
			《黑龙江省河道管理条例》	第九条:禁止在下述区域内采掘砂石土料物:堤防迎水面 50 m 以内,河床凹岸和堤防险工地段,河道整治工程 100 m 以内……
涵闸	大型	上下游 300~500 m,单侧 200~300 m	《水闸设计规范》(SL 265—2016)	10.2:上下游 300~500 m,单侧 200~300 m
	中型	上下游 200~300 m,单侧 100~200 m		10.2:上下游 200~300 m,单侧 100~200 m

续表 5-70

类别	等级	禁采区域控制性指标	出处	引用法规或规范内容
水文站水文观测断面		水文站、水文站验测断面上下游 500～1 000 m 范围	《水文监测环境和设施保护办法》	第四条：沿河纵向以水文基本监测断面上下游各一定距离为边界，不小于 500 m，不大于 1 000 m
航标		航标周围 20 m 内	《中华人民共和国航标条例》	第十七条：禁止在航标周围 20 m 内或者在埋有航标地下管道、线路周围地面钻孔，挖坑，采掘土石，堆放物品或者进行明火作业
航道		Ⅲ 级主航道两侧 50 m；Ⅳ、Ⅴ 级主航道两侧 30 m	《内河通航标准》（GB 50139—2014）	Ⅲ 级航道双线宽度 70～100 m，Ⅳ 级航道双线宽度 55 m，Ⅴ 级航道双线宽度 45 m
铁路桥梁	桥长 500 m 以上	上游 500 m，下游 3 000 m	《铁路运输安全保护条例》	第十六条：任何单位和个人不得在桥梁跨越的河流上下游的下列范围内采砂：(1) 桥长 500 m 以上的铁路桥梁，河道上游 500 m，下游 3 000 m
	桥长 100～500 m	上游 500 m，下游 2 000 m		第十六条：(2) 桥长 100 m 以上 500 m 以下的铁路桥梁，河道上游 500 m，下游 2 000 m
	桥长 100 m 以下	上游 500 m，下游 1 000 m		第十六条：(3) 桥长 100 m 以下的铁路桥梁，河道上游 500 m，下游 1 000 m

续表 5-70

类别	等级	禁采区域控制性指标	出处	引用法规或规范内容
公路桥梁	桥长1 000 m以上	上游500 m，下游3 000 m	《公路安全保护条例》	第二十条:禁止在公路桥梁跨越的河道上下游的下列范围内采砂:(1)特大型公路桥梁,河道上游500 m,下游3 000 m
	桥长100~1 000 m	上游500 m，下游2 000 m		第二十条:(2)大型公路桥梁,河道上游500 m,下游2 000 m
	桥长100 m以下	上游500 m，下游1 000 m		第二十条:(3)中型公路桥梁,河道上游500 m,下游1 000 m
过河电缆		线路两侧各100~200 m(中、小河流两侧各50 m)	《电力设施保护条例》	第十条:江河电缆一般不小于干线路两侧各100 m(中、小河流一般不小于各50 m)所形成的两平行线内的水域为保护范围
过河光缆		电缆上下游各100~200 m	《电力设施保护条例》	第十条:江河电缆一般不小于干线路两侧各100 m(中、小河流一般不小于各50 m)所形成的两平行线内的水域为保护范围

续表5-70

类别	等级	禁采区域控制性指标	出处	引用法规或规范内容
石油天然气管道		线路中心线两侧各500 m	《中华人民共和国石油天然气管道保护法》	第三十三条:在管道专用隧道中心线两侧各1 000 m地域范围内,除本条第二款规定的情形外,禁止采石、采矿、爆破
拦河建筑物(水库、水电站、拦河坝、航运枢纽)	大型	上游500 m,下游3 000 m,两端400 m内	《河道采砂与管理》(中国水利水电出版社,参考选用)	
	中小型	上游500 m,下游1 000 m,两端400 m内		
泵站、取水口	大型	周围500 m		
	中小型	周围300 m		
排(污)水口		周围150 m		排水(污)口周围150 m范围

续表 5-70

类别	等级	禁采区域控制性指标	出处	引用法规或规范内容
河道（航道）整治工程		单一丁（顺）坝上下游 500 m，距坝头 100 m；丁坝群上下游 1 000 m，距坝头 100 m；航道整治建筑物上下游 500 m，接岸侧向岸侧 100 m 陆域	《航道保护范围划定技术规定》（JTS 124—2019）	航道整治建筑物保护范围为上游 500～1 000 m，下游 300～1 000 m，接岸侧，向岸侧 100～200 m 陆域
饮用水水源保护区（饮用水取水口）		划分饮用水水源保护区的取水口为饮用水源地保护区，未划分水水源保护区的取水口为上游 3 000 m，下游 300 m	《饮用水水源保护区划分技术规范》（HJ 338—2018）	5：一般河流水源地，一级保护区水域长度为取水口上游不小于 1 000 m，下游不小于 100 m 范围内的河道水域；一般河流水源地，二级保护区水域从一级保护区的上游边界向上游（包括汇入的上游支流）延伸不得小于 2 000 m，下游侧外边界一级保护区边界不得小于 200 m

5.7.3　可采区规划

5.7.3.1　可采区控制条件

1. 可采区研究范围

统筹考虑河势条件、泥沙落淤等因素，在 1∶10 000 地形图中确定可采区范围。在进行年度实施审批时，在规划的可采区范围内，根据具体情况划定年度采砂作业区。

2. 采砂控制高程

采砂控制高程不低于主河槽平均高程，开采深度原则上不超过 2.5 m。第二松花江采用 2013 年河道地形测量数据作为控制依据；拉林河采用 2016 年大断面测量数据作为控制依据；嫩江根据各可采区 2020 年实测断面与 2003 年河道地形测量数据对比，河段无明显下切现象，河道地形变化不大，因此嫩江采用 2020 年河道主河槽平均高程作为控制依据。

3. 可采区禁采期

从各河段防洪安全、水生态水环境保护的实际特点出发，确定松辽流域禁采期如下：

(1) 主汛期（每年 7 月 1 日至 8 月 31 日）及河道水位超警戒水位期。

(2) 松花江三岔河口至拉林河口段的可采区，采砂作业应避开鱼类产卵繁殖期（4—6月）和洄游期（4—6月、12月至翌年1月）。

(3) 地方特殊规定需禁采的时期。特殊情况下，县级以上人民政府可以根据辖区河流水情、工情、汛情和生态环境保护等实际需要，下达禁采时段。

4. 采砂作业方式

河道现状采砂包括水采、旱采、混合采等作业方式。采砂作业方式的选择要符合地方相关管理规定，兼顾效率与安全。嫩江除富裕县采区为旱采，其余采区以水采为主，第二松花江、拉林河以水采为主，部分河段可混合开采，松花江以水采为主。

5.7.3.2　可采区规划

根据可采区规划的原则和方法，规划可采区 60 个，可采区面积 3 341.04 万 m²，规划期可采区采砂控制总量 4 566.70 万 t，年度采砂控制总量 913.34 万 t。嫩江规划可采区 13 个，年度采砂控制总量 320.19 万 t；第二松花江规划可采区 30 个，年度采砂控制总量 399.48 万 t；松花江规划可采区 2 个，年度采砂控制总量 68.71 万 t；拉林河规划可采区 15 个，年度采砂控制总量 124.96 万 t。

1. 嫩江

嫩江规划可采区 13 个，可采区面积 697.21 万 m²，建筑砂料年度采砂控制总量为

320.19 万 t。其中黑龙江省布置可采区 8 个,可采区面积 552.83 万 m²,年度采砂控制量为 281.92 万 t;内蒙古自治区布置可采区 5 个,可采区面积 144.38 万 m²,年度采砂控制量为 38.27 万 t。砂石以中细砂、细砾及砂砾石为主,砾主要以原岩碎块为主,磨圆一般或较好,砂主要为长石、石英,结构稍密或密实,可作为建筑用砂。

2. 第二松花江

第二松花江的采区全部分布在吉林省,从吉林市丰满水库以下到三岔河口,共设可采区 30 个,可采区面积 1 868.43 万 m²,建筑砂料年度采砂控制总量为 399.48 万 t,上游砂石以砂砾石为主,砾主要以原岩碎块为主,磨圆较好,砂主要为长石、石英,向下游颗粒有逐渐变细的趋势,以细砂、中砂、粗砂为主,局部有细砾,可作为建筑用砂。

3. 松花江

松花江规划可采区 2 个,全部位于吉林省,可采区面积 323.55 万 m²,建筑砂料年度采砂控制总量为 68.71 万 t。砂石以细砂、中砂、粗砂为主,砂主要为长石、石英,可作为建筑用砂。

4. 拉林河

拉林河的采区分布在磨盘山水库至河口沿岸的黑龙江省和吉林省,共规划可采区 15 个,可采区面积 451.85 万 m²,建筑砂料年度采砂控制总量 124.96 万 t,其中黑龙江省共设可采区 2 个,可采区面积 63.28 万 m²,年度采砂控制量 40.50 万 t;吉林省共设可采区 13 个,可采区面积 388.57 万 m²,年度采砂控制量 84.46 万 t。砂石以中砂、粗砂和砂砾石为主,砾主要以原岩碎块为主,砂主要为长石、石英,可作为建筑用砂。

研究河段可采区规划成果统计见表 5-71。研究河段按县级行政区统计可采区建筑砂料年度采砂控制总量成果见表 5-72。

表 5-71　研究河段可采区规划成果统计

河流	可采区数量/个	可采区面积/万 m²	年度采砂控制总量/万 t	按行政区分布			
				省级行政区	可采区数量/个	可采区面积/万 m²	年度采砂控制总量/万 t
嫩江	13	697.21	320.19	内蒙古	5	144.38	38.27
				黑龙江	8	552.83	281.92
第二松花江	30	1 868.43	399.48	吉林	30	1 868.43	399.48
松花江	2	323.55	68.71	吉林	2	323.55	68.71

续表 5-71

河流	可采区数量/个	可采区面积/万 m²	年度采砂控制总量/万 t	按行政区分布			
				省级行政区	可采区数量/个	可采区面积/万 m²	年度采砂控制总量/万 t
拉林河	15	451.85	124.96	黑龙江	2	63.28	40.50
				吉林	13	388.57	84.46
合计	60	3 341.04	913.34	合计	60	3 341.04	913.34

表 5-72　研究河段按县级行政区统计可采区建筑砂料年度采砂控制总量成果

河流	省级行政区	县级行政区	可采区数量/个	可采区面积/万 m²	年度采砂控制总量/万 t
嫩江	内蒙古	莫旗	3	80.91	24.06
		扎旗	2	63.47	14.21
		小计	5	144.38	38.27
	黑龙江	讷河市	2	43.77	22.41
		富裕县	5	442.87	226.38
		齐齐哈尔市区	1	66.19	33.14
		小计	8	552.83	281.93
	嫩江合计		13	697.21	320.20

续表 5-72

河流	省级行政区	县级行政区	可采区数量/个	可采区面积/万 m²	年度采砂控制总量/万 t
第二松花江	吉林	九台区	4	164.73	40.05
		德惠市	7	548.14	91.38
		农安县	6	449.18	64.92
		前郭县	2	131.45	45.66
		松原市	1	51.29	7.19
		榆树市	4	272.96	64.02
		舒兰市	5	175.91	73.17
		松原市宁江区	1	74.77	13.09
	第二松花江合计		30	1 868.43	399.48
松花江	吉林	松原市宁江区	1	122.69	34.36
		扶余市	1	200.86	34.35
	松花江合计		2	323.55	68.71
拉林河	黑龙江	五常市	1	23.72	15.18
		双城区	1	39.56	25.32
		小计	2	63.28	40.50
	吉林	舒兰市	4	19.94	2.45
		榆树市	9	368.63	82.01
		小计	13	388.57	84.46
	拉林河合计		15	451.85	124.96
合计			60	3 341.04	913.34

5.7.4 保留区规划

根据保留区规划的原则,松辽流域研究范围内,除禁采区和可采区外的区域均设定为保留区。规划期内,根据河道变化情况和采砂管理的实际需要,保留区可以转化为禁采区或可采区。

5.8 环境影响评价

5.8.1 环境保护目标及环境敏感区

5.8.1.1 环境保护目标

1. 环境空气

维护当地空气环境质量,减少大气污染物排放,保证大气环境功能区类型不受规划实施的影响,确保规划评价范围内自然保护区能满足《环境空气质量标准》(GB 3095—2012)一级标准要求,其他区域满足二级标准要求。

2. 地表水环境

控制污水排放,确保河道采砂作业期间生产废水(洗砂废水)及生活污水不外排,维护规划评价河段地表水水域功能,不影响采砂河段特别是邻近的饮用水水源保护区、自然保护区、湿地等敏感保护目标水环境质量;确保规划评价范围地表水环境满足相应水功能区标准要求。

3. 声环境

维护当地声环境质量,减轻噪声污染,确保研究范围内的声环境功能区不受规划实施的影响,保证规划区采砂活动运行时期能够满足《声环境质量标准》(GB 3096—2008)中相应标准。

4. 生态环境

保护流域生态系统功能,维护生态系统平衡和生物多样性;防止流域的生态环境退化,保证其功能不因规划实施而丧失,规划实施后确保可采区对邻近的自然保护区、水产种质资源保护区等生态环境敏感区不产生明显不良影响。

5.8.1.2　环境敏感区

环境敏感区主要包括自然保护区、水产种质资源保护区、饮用水水源保护区、湿地公园及列入湿地名录的一般湿地。

黑龙江省、吉林省、辽宁省及内蒙古自治区分别出台了《黑龙江省湿地保护条例》《吉林省湿地保护条例》《辽宁省湿地保护条例》《内蒙古自治区湿地保护条例》。仅黑龙江省于 2017 年 12 月公布了相应的湿地名录，全省共计 556 万 hm^2，其他省（自治区）暂未公布湿地名录。

1. 嫩江

嫩江研究河段分布有 7 处自然保护区、6 处水产种质资源保护区、3 处重要鱼类"三场"、4 处饮用水水源保护区、3 处湿地公园，另有列入黑龙江省湿地名录中一般湿地分布在嫩江左岸及部分右岸。

2. 第二松花江

第二松花江研究河段分布有 1 处自然保护区、3 处水产种质资源保护区、3 处饮用水水源保护区。

3. 松花江

松花江研究河段分布有 2 处自然保护区、3 处水产种质资源保护区、3 处重要鱼类"三场"，另有列入黑龙江省湿地名录中一般湿地分布在松花江左岸。

4. 拉林河

拉林河研究河段分布有 2 处自然保护区、1 处水产种质资源保护区、1 处湿地公园，另有列入黑龙江省湿地名录中一般湿地分布在拉林河右岸及部分左岸。

5. 东辽河、老哈河及洮儿河

老哈河研究河段分布有平庄镇地下水水源地 1 处，东辽河和洮儿河研究河段范围无自然保护区等环境敏感区分布。

邻近环境敏感区可采区统计见表 5-73。

表 5-73　邻近环境敏感区可采区统计

河流	省级行政区	所属市（旗、县）	可采区名称	邻近环境敏感区	与保护区距离
嫩江	内蒙古	莫旗	莫旗嫩江可采区 2	黑龙江省讷谟尔河湿地省级自然保护区	100 m
			莫旗嫩江可采区 3		
			莫旗嫩江可采区 4		

续表 5-73

河流	省级 行政区	所属市 (旗、县)	可采区名称	邻近环境敏感区	与保护区 距离
松花江	吉林	松原市 宁江区	黑山可采区	黑龙江省肇源沿江湿地 省级自然保护区	100 m
		扶余市	达户可采区	黑龙江省肇源沿江湿地 省级自然保护区	100 m
				松花江肇源段花鳎国家级 水产种质资源保护区	上游,5 km
第二松花江	吉林	德惠市	边花岔可采区 1	吉林扶余洪泛湿地自然保护区	200 m
			边花岔可采区 2		200 m
		农安县	黄鱼圈乡八里营可采区		500 m
			黄鱼圈乡刘文举可采区		300 m
			小城子乡镇江口可采区 2		300 m

5.8.2　环境现状

5.8.2.1　水环境现状

　　嫩江、第二松花江、松花江、拉林河、老哈河及洮儿河研究河段水质较好,水功能区达标率较高,仅部分时段出现超标现象;东辽河水质较差,部分河段出现劣 V 类,水功能区达标率较低。

5.8.2.2　水生生态现状

　　嫩江、第二松花江、松花江、拉林河及洮儿河研究河段水生生境整体较好,鱼类资源丰富,尤其嫩江、松花江河段保护区、产卵场等分布较多。

东辽河及老哈河鱼类种类贫乏,主要由于水质恶化、河道适宜生境减少、人类活动影响等多方面影响,鱼类种类以鲤科中的小型杂鱼为主。

近年来,受人工捕捞、水环境污染、涉水工程建设、航道整治以及无序采砂等影响,评价范围河段水生生物资源种类及数量减少,生物多样性下降。

5.8.2.3　采砂及其管理的环境影响回顾

目前研究河段采砂管理较为粗放,流域尚未制定统一的河道采砂管理规划,河道采砂管理缺乏技术支撑,砂石可采区及开采控制总量也无统一规定。

随着经济社会不断发展,建筑市场砂石需求居高不下,一些地方河道无序开采、滥采乱挖等问题时有发生,造成河床高低不平、河流走向混乱、河岸崩塌、河堤破坏,严重影响河势稳定,对生态环境产生一定危害,且在环境敏感区非法采砂行为对自然保护区造成较大影响。

5.8.3　规划协调性分析

5.8.3.1　与相关法律、法规协调性分析

规划以《中华人民共和国水法》《中华人民共和国环境保护法》《中华人民共和国水污染防治法》等有关法律律法规为依据,主要规划方案符合以上法律法规要求。编制过程中编制规划环境影响评价,符合《中华人民共和国环境影响评价法》。

1.与《中华人民共和国自然保护区条例》符合性

《中华人民共和国自然保护区条例》第二十六条规定:禁止在自然保护区内进行砍伐、放牧、狩猎、捕捞、采药、开垦、烧荒、开矿、采石、挖砂等活动,但是,法律、行政法规另有规定的除外。

规划方案可采区均避开了自然保护区,并将自然保护区划为禁采区,规划符合《中华人民共和国自然保护区条例》。

2.与《水产种质资源保护区管理暂行办法》符合性

规划将水产种质资源保护区及其上游 1 km 范围划定为禁采区,可采区、保留区均不在水产种质资源保护区范围内。规划的部分可采区、保留区位于保护区上游,规划已将距离保护区上游较近的可采区设定禁采期,禁采期与保护区特别保护期时间一致。综上,规划基本符合《水产种质资源保护区管理暂行办法》。

3.与《饮用水水源保护区污染防治管理规定》符合性

《饮用水水源保护区污染防治管理规定》第十二条规定:一级保护区内禁止新建、扩建与供水设施和保护水源无关的建设项目。

规划可采区均避开了饮用水水源保护区,将饮用水水源保护区划为禁采区,并将饮用

水水源取水口上游 3 000 m、下游 300 m 范围内河段划为禁采区,规划符合《饮用水水源保护区污染防治管理规定》。

4. 与《黑龙江省湿地保护条例》《吉林省湿地保护条例》《内蒙古自治区湿地保护条例》《辽宁省湿地保护条例》符合性

《黑龙江省湿地保护条例》第三十五条规定:除法律法规另有规定外,在湿地内禁止从事下列活动:……(4)砍伐林木、采挖泥炭、勘探(国家公益性勘探除外)、采矿、挖砂、取土……第十六条规定:湿地保护实行名录管理。省林业行政主管部门应当根据湿地资源调查结果,拟定全省湿地名录,报省人民政府批准并公布。

《吉林省湿地保护条例》第二十条规定:禁止在湿地范围内从事下列活动:……(2)非法采砂、取土、采挖泥炭……

《内蒙古自治区湿地保护条例》第十七条规定:开发利用天然湿地应当按照湿地保护规划进行,不得破坏湿地生态系统的基本功能,不得破坏野生动植物栖息和生长环境。禁止在天然湿地内擅自进行采砂、采石、采矿、挖塘、砍伐林木和开垦活动。

《辽宁省湿地保护条例》第二十五条规定:禁止任何单位和个人实施下列行为:……(5)擅自在沼泽湿地挖塘、挖沟、筑坝、烧荒……

四省(自治区)中仅黑龙江省发布了一般湿地名录,规划将黑龙江省一般湿地名录中的湿地均划为禁采区或保留区,可采区未涉及一般湿地名录中的湿地,因此规划符合《黑龙江省湿地保护条例》《吉林省湿地保护条例》《内蒙古自治区湿地保护条例》《辽宁省湿地保护条例》。

5. 与《水功能区监督管理办法》符合性

《水功能区监督管理办法》第七条规定:经批准的水功能区划是水资源开发利用与保护、水污染防治和水环境综合治理的重要依据,应当在水资源管理、水污染防治、节能减排等工作中严格执行。第八条规定:保护区是对源头水保护、饮用水保护、自然保护区、风景名胜区及珍稀濒危物种的保护具有重要意义的水域。禁止在饮用水水源一级保护区、自然保护区核心区等范围内新建、改建、扩建与保护无关的建设项目和从事与保护无关的涉水活动。

《内蒙古自治区水功能区管理办法》第十一条规定:水功能区管理应当严格执行水功能区划确定的保护目标。保护区应当按照保护优先、严格限制的原则,维持及恢复保护区功能,严格控制影响水功能区管理目标的新增取用水,严格控制新建、改建、扩建与保护无关的工程项目,禁止新增、扩建入河排污口。经审批的保护区原则上不得进行范围缩减和功能调整。

根据国务院批复的《松辽流域重要江河湖泊水功能区划》及各省(自治区)水功能区划,经排查,规划可采区和保留区涉及的水功能区中的保护区为嫩江市源头水保护区、第二松花江吉林扶余洪泛湿地自然保护区及拉林河磨盘山水库调水水源保护区。位于水功能区保护区的可采区,需采取采砂废水处理措施,保证废水不外排,规划基本符合《水功能区监督管理办法》。

5.8.3.2　与全国生态功能区划的协调性

根据《全国生态功能区划（修编版）》，研究河段主要位于农产品供给区，仅嫩江部分研究河段涉及一个重要生态功能区，即松嫩平原生物多样性保护与洪水调蓄重要区，该区位于松嫩平原的嫩江中下游及其与松花江交汇处，行政区主要涉及黑龙江省齐齐哈尔市、大庆市，吉林省白城市、松原市，以及内蒙古自治区兴安盟，面积为 38 228 km²。

生态保护主要措施：开展湿地修复、保护工作，加强现有湿地资源和生物多样性的保护，禁止疏干、围垦湿地，严格限制耕地扩张和湿地人工化；改变粗放的生产经营方式，发展生态农业，控制农药化肥使用量。

规划方案可采区在区内分布很少，对该区生物多样性影响很小，与《全国生态功能区划（修编版）》相协调。

5.8.3.3　与流域水资源保护规划的协调性

《松花江区水资源保护规划（2016—2030）》中提出：鱼类天然生境保留是指为保护特有、濒危、土著及重要渔业资源，需特殊保护和保留未开发河段的情况。结合流域内国家级水产种质资源保护区分布情况，将研究范围内的松花江肇东段、松花江木兰段、嫩江大安段、根河段等国家级水产种质资源保护区和鱼类自然保护区河段作为鱼类天然生境保留河段，禁止河道采砂、设置排污口等行为，控制小水电的开发，设置常年禁渔区，进行土著鱼类栖息地生态修复。此外，为保护鱼类"三场"，建议实施黑龙江省讷谟尔河克山县鱼类生境保护工程、吉林省辉发河阻河塘坝拆除工程。

规划可采区不涉及松花江肇东段、松花江木兰段、嫩江大安段、根河段等鱼类天然生境保留河段，与《松花江区水资源保护规划（2016—2030）》相协调。

《辽河区水资源保护规划（2016—2030）》中提出：将研究范围内的双台子河口、西北岔河、哈泥河、二龙湖等国家级水产种质资源保护区和浑河、太子河上游山区支流冷水性鱼类分布区作为鱼类天然生境保留河段，禁止河道采砂、设置排污口等行为，控制小水电的开发，设置常年禁渔区，进行土著鱼类栖息地生态修复。

规划可采区不涉及双台子河口、西北岔河、哈泥河、二龙湖等国家级水产种质资源保护区和浑河、太子河上游山区支流冷水性鱼类分布区等以上鱼类天然生境保留河段，与《辽河区水资源保护规划（2016—2030）》相协调。

5.8.3.4　与"三线一单"的符合性

依据《黑龙江省人民政府关于实施"三线一单"生态环境分区管控的意见》《吉林省人民政府关于实施"三线一单"生态环境分区管控的意见》《内蒙古自治区人民政府关于实施"三线一单"生态环境分区管控的意见》《辽宁省人民政府关于实施"三线一单"生态环境分区管控的意见》，环境管控单元包括优先保护单元、重点管控单元和一般管控单元三类，研究范围内参照四省（自治区）文件要求实施分类管控。四省（自治区）从空间布局约束、污染物排放管控、环境风险防控、资源开发效率等四个方面,制定适合省域、板块及各地市层面的总体管控要求清单。

在规划实施中各级政府和部门应把"三线一单"成果与永久基本农田控制线、城镇开发边界进行充分衔接,按照"三线一单"管控要求,与生态保护红线、环境质量底线、资源利用上线等进行协调,按照"三线一单"生态环境分区管控要求实施规划。

5.8.3.5　与《中华人民共和国渔业法》的协调性

《中华人民共和国渔业法》第二十九条规定:国家保护水产种质资源及其生存环境。采砂规划在"可采区规划原则"中明确:可采区避让鱼类"三场"、洄游通道洄游期及重要产卵繁育期,采砂规划的要求与保护水产种质资源及其生存环境的要求是一致的。

《中华人民共和国渔业法》第三十五条规定:进行水下爆破、勘探、施工作业,对渔业资源有严重影响的,作业单位应当事先同有关县级以上人民政府渔业行政主管部门协商,采取措施,防止或者减少对渔业资源的损害。采砂规划在"对河道采砂控制条件要求"中明确了条款相应内容,与《中华人民共和国渔业法》的要求是一致的。

《中华人民共和国渔业法》第三十六条规定:各级人民政府应当采取措施,保护和改善渔业水域的生态环境,防治污染。采砂规划对生态环境的污染主要是采砂船只的燃油等,已经采取了必要的防治措施。采砂规划的要求与防治渔业水域的污染要求是一致的。

综上,规划与《中华人民共和国渔业法》相协调。

5.8.4　环境影响预测与评价

5.8.4.1　水环境影响

采砂作业对水质的影响有三种:一是引起采砂河段局部水体的悬浮物浓度增加,影响水体感官性状;二是采砂过程中由于泥沙中吸附的重金属等污染物质的解吸,也可能造成水体的二次污染;三是旱采时挖掘机及运输车辆石油的泄漏将会对采砂区水域造成污染,采砂船的含油污水、生活污水和船舶垃圾的排放,也将造成采砂区及其附近水域的水质污染,导致水功能区水质恶化。因此,规划中采砂对水环境的影响应重点注意挖掘机、运输车辆、采砂船油污泄漏及废油、废气的排放对采砂河段水体的污染,通过配备油水分离器和加强管理,可以基本减免采砂机械对采砂河段的石油类污染。

5.8.4.2　水生生态环境影响

1. 对水生生境的影响

采砂范围附近水流和河床底质的结构与物理特性发生变化,对水生生物的生境造成一定的不利影响,但不会对水生生态系统功能造成大的影响。

2.对鱼类资源的影响

规划对邻近鱼类重要"三场"的可采区划定禁采期,可有效保护以上河段河道生境。其他分散的小型鱼类产卵场、索饵场广布在缓流、浅滩处,规划部分可采区位于弯道凸岸浅滩,这些浅滩是产黏性卵鱼类产卵场的重要组成部分,规划实施对这些产卵场产生干扰,另外采砂河段水体悬浮物增加、河床波动等因素,对浮游动植物、河岸带水生植物产生不利影响。

3.对水生生态敏感区的影响

1)对水产种质资源保护区的影响

前郭 1 可采区、前郭 2 可采区、冉洪亮子可采区与松花江宁江段国家级水产种质资源保护区上游距离小于 5 km。达户可采区及部分保留区位于松花江肇源段花鱼骨国家级水产种质资源保护区上游,距离约 5 km。采砂活动可能对下游河段水环境产生干扰,但不会对保护区生态结构和功能产生影响。

2)对三岔河鱼类产卵场的影响

鲢鱼、鳙鱼等漂流型产卵鱼类对产卵场要求较高,除流速、水温等影响因素外,鱼卵还需要 10~20 km 的漂流距离。因漂流型产卵鱼类对生境的要求特殊,产卵场分布范围有限,松花江流域唯一保留的大型、天然漂流型鱼类产卵场仅三岔河口 1 处。三岔河口产卵场由产卵区域嫩江石人沟到三岔河、松花江三岔河至肇源及下游的漂流区域组成。规划的黑山可采区、达户可采区位于产卵场下游且距离 10 km 以上,对上游产卵场基本无影响。

3)对鱼类越冬的影响

鱼类越冬场广泛分布在河道深水处及湖库中,采砂后近期河道布局虽有一定的冲刷,但河段总体河势基本稳定,对河势稳定的影响不大,对鱼类越冬场影响不大。

4.对珍稀濒危鱼类的影响

珍稀濒危鱼类主要分布在嫩江上游及其支流、嫩江肇源县三岔河口江段、拉林河龙凤山水库上游。规划珍稀濒危鱼类分布区范围内未规划采区。

5.8.4.3　陆生生态环境影响

规划采区主要土地类型为河滩地,扰动影响范围主要为河道,扰动影响范围相对评价区域来说较小,规划采砂范围内植被稀疏,规划采砂河段未发现国家及地方珍稀濒危保护物种。在河道采砂后,由于形成大小不一的坑洼和河砂在河滩地上的临时堆积,人为破坏了河床和河滩的自然形态,扰动了河床和河滩地貌,破坏了河滩地植被,影响河流自然景观,根据规划要求,每年汛期为禁采期,临时堆砂场在汛前及时清除,禁止设置永久堆砂场,同时采砂结束后及时对河滩地进行平复,规划的实施对整体生态环境及生物多样性影响不大。

根据调查,除评价区保护区等环境敏感区外,规划区域内植被覆盖度较小,区内人类活动频繁,村庄、农田分布较多,无法为大型兽类、鸟类和珍稀野生动物提供栖息环境。经查阅历史记载资料和走访当地群众,规划区域活动的野生动物以小型野生动物为主,基本为当地常见的田鼠、麻雀、喜鹊等,均为当地常见的动物,因此规划的实施对保护区外野生动物的影响不大。

莫旗嫩江可采区2、莫旗嫩江可采区3、莫旗嫩江可采区4等3个可采区邻近黑龙江省讷谟尔河湿地省级自然保护区,黑山可采区、达户可采区邻近黑龙江省肇源湿地省级自然保护区,边花岔可采区1/2、黄鱼圈乡八里营可采区、黄鱼圈乡刘文举可采区及小城子乡镇江口可采区2等5处可采区邻近吉林扶余洪泛湿地自然保护区,以上10处可采区邻近自然保护区,有一定的扰动。可采区通过预留一定的防护距离,同时在鸟类繁殖和迁徙停留期禁采,保证鸟类繁殖,以降低对保护区生态环境的影响。

5.8.4.4　环境空气和声环境影响

采砂过程中将会产生一定量的粉尘,对局部区域环境空气质量产生不利影响,一般情况下,采砂场地处于空旷的岸边,大气扩散条件较好,加之采砂场之间相对比较分散,采砂过程中产生的粉尘、扬尘量不大。对采砂区域的大气环境质量不会产生大的不利影响。

尽量合理规划采砂布局、合理安排采砂时段,采取必要的防护措施,对声环境影响可以降至最低。

5.8.5　环境保护措施

5.8.5.1　水环境

规范采区开采管理,减少乱采滥挖,减少采砂区开采对采砂河段水环境的影响,采砂单位应严格按照有关规定进行采砂活动。在采区开采生产过程中应采取必要的措施,严禁生活污水、船舶含油废水、生活垃圾、废机油等污染物直接排入采砂水域。

(1)规划区内采砂船要求加装生活污水收集处理装置以及防泄漏装置,采砂船已安装污水处理装置的,需处理达到《船舶水污染物排放控制标准》(GB 3552—2018)后方可排放,没有安装污水处理装置或者处理装置不能达到标准的,必须上岸接入污水接收装置。

(2)水上作业的各类采砂船的船边沿应镶有一定高度的防护铁板沿边,防止船体甲板面的油污水溢流泄漏漫流入河水中;采砂作业拟采用采砂船均应自带油水分离器,可采区含油污水经油水分离器处理后的浮油渣暂存于船舶自备的容器中,没有安装油水分离器的小型船舶,其舱底油污水应暂存于船舶自备的容器中,一并送油污水接收船或岸上的油污水接收单位接收处理;水上各类作业机械维护维修时,应拖到陆地上的固定区域进行维修,做好油水、废水与其他固体废物的收集,并妥善处理,防止污染水体。

(3)规划在饮用水水源各级保护区及饮用水取水口上游 3 000 m、下游 300 m 范围内,严禁布设可采区,可采区不会对水源地产生较大不利影响。水源上游的可采区实施中应强化采砂过程中的保护措施以保障供水安全。采砂场若需要冲洗砂石料,需在砂石料冲洗处设置沉淀池,悬浮物含量达标后方可排放,在水质监测中若发现采砂引起的异常,及时停采并采取应急措施。

5.8.5.2　水生生态保护措施

1. 避开鱼类繁殖期

对邻近重要鱼类"三场"的可采区,采砂避开鱼类产卵繁殖期 4—6 月。可采区涉及规划未列入的其他重要鱼类"三场"时,需进一步论证对鱼类"三场"的影响,并采取有效措施,减缓不利影响。

2. 规范采砂活动

建立严格的监督监管制度,河道采砂行政主管部门和地方各级水行政主管部门应严格按照采砂规划开采,遵循禁采区、禁采期、采砂范围、采砂量、采砂控制高程、采砂作业船规模等要求,依法管理好河砂资源,保护好水生态环境和水生生物,对采区进行监测管理,督促、监督和落实各项水生态保护措施,减缓工程影响。严禁越界开采,避免采砂施工对禁采区水域的影响。施工采砂船、运砂船选用低噪船只,减轻噪声对水生生物的干扰。优化采砂方案,如采取错开开采时间、限船开采等管理措施,尽可能减少采砂悬浮物扩散的水生态影响。在河道弯道凸岸淤积处采砂,应防止河道深泓继续趋向凹岸;在顺直微弯河道主槽内采砂,严格控制采砂深度。

3. 河岸带修复与保护

充分考虑采砂场边坡的稳定性,在采砂时需按设计规范留足最终边坡角≤30°,严格限定砂场开采范围,禁止对开采范围外的河岸边坡进行开采挖掘,禁止越界扩大开采漫滩。对河岸的侵蚀及护岸出现的环境问题及时采取措施进行防治处理与防护。

5.8.5.3　陆生生态保护措施

规划已对生态敏感区设置禁采区,为切实保护禁采区内的陆生植物,开采时严格按照规划设定的采砂规模、范围、开采期进行开采,严禁乱采乱挖,严格规范工作人员活动范围,堆砂场严禁设置在禁采区内,严格遵守《中华人民共和国自然保护区条例》《湿地保护管理规定》等相关保护规定。

野生鸟类和兽类大多是晨昏(早晨、黄昏)或夜间外出觅食,正午是鸟类休息时间。

为了减少工程施工噪声对野生动物的惊扰,应改进施工技术,尽量选用低噪声的设备和工艺,降低噪声强度;合理安排施工时段和方式,避免在晨昏、正午及夜晚施工,避免施工噪声对野生动物的惊扰。

加强对工程施工人员的生态教育和野生动物保护教育,加强宣传力度。提高施工和管理人员的保护意识,根据《中华人民共和国野生动物保护法》,严格遵守野生动植物保护等有关规定,禁止施工人员和当地居民从事狩猎野生动物的活动,在工程施工区内设置告示牌和警告牌,要求施工人员和当地居民保护野生动物及其栖息地生态环境,特别是国家级及省级重点保护动物及其生态环境的保护,严格按照《中华人民共和国野生动物保护法》相关规定,一经发现,从重处罚。

5.8.5.4　环境敏感区保护措施

1. 邻近自然保护区环保措施

莫旗嫩江可采区 2~4、黑山可采区、达户可采区、边花岔可采区 1/2、黄鱼圈乡八里营可采区、黄鱼圈乡刘文举可采区及小城子乡镇江口可采区 2 等 10 处可采区邻近自然保护区,距离最近为 100 m。

(1)加强对自然保护区保护鸟类、湿地生态系统的保护。

采砂活动期间,在保护鸟类繁殖及迁徙停留期禁采,严格控制采砂船的运行噪声,采砂船设置减噪装置。

(2)避免采砂活动对自然保护区产生影响。

在采砂活动期间,加强采砂管理,避免对保护区产生不良环境影响。避免采砂活动对环境敏感区河岸形成冲刷,影响环境敏感区陆域面积;避免对环境敏感区内的鸟类等动物造成惊扰,影响鸟类栖息;严格控制采砂范围,设立电子围栏监控,防止采砂机械进入自然保护区边界;禁止占用保护区土地、禁止破坏自然保护区植被、禁止惊扰自然保护区动物、禁止捕猎。

2. 水生生态环境敏感区保护措施

邻近重要鱼类"三场"的可采区应避开鱼类繁殖期,位于鱼类洄游通道内的可采区应避开鱼类洄游期(4—6 月、12 月至翌年 1 月)。

3. 对饮用水水源保护区等敏感区的保护措施

规划将饮用水水源保护区及取水口上游 3 000 m、下游 300 m 河段划为禁采区,以保护饮用水水源保护区水质。

4. 位于湿地的保留区转化为可采区的管控要求

黑龙江省部分保留区涉及湿地名录中的一般湿地,涉及一般湿地的保留区,在该保留区调出湿地名录后,或经环境论证可行并征得相应管理部门同意,在不违反《黑龙江省湿地保护条例》规定后,可转化为可采区。

5. 邻近环境敏感区的保留区转化为可采区时进行详细论证

邻近自然保护区、水产种质资源保护区、鱼类"三场一通道"等环境敏感区的保留区在转化为可采区的过程中,需进行深入环境评价,并开展敏感区专题研究,详细论证环境确实可行且征得相应管理部门同意。

5.8.5.5　废气污染防治措施

(1)在干燥、大风等环境条件下装卸砂石料,可视现场具体情况采用除尘器或洒水抑尘方式。

(2)运输道路、砂场主要生产运输通道应采用洒水车进行路面预喷洒除尘方式,以抑制或降低通道扬尘的二次飞扬扩散。

(3)运输车辆与采砂机械应使用清洁燃油料、机械状况维持良好,以减少废气排放。

(4)针对净功率大于 37 kW 的船舶,需采用符合《船舶发动机排气污染物排放限值及测量方法(中国第一、二阶段)》(GB 15097—2016)污染物排放限值的船舶发动机。

(5)在管理方面,要求淘汰到期的老旧车辆和船舶,淘汰高排放、服务年限超龄的工程机械,可进一步减少废气排放量,降低车辆废气的影响。

5.8.5.6　噪声污染防治措施

部分可采区离居民区边界较近,为了防止采砂作业噪声对这些声敏感保护目标的影响,需要严格控制采砂船只的作业时间,可采期 22:00 至次日 6:00 禁止采砂作业。

严格控制作业范围,严禁进入禁采区采砂,严格控制采砂船数量和采砂船功率。建设单位在租赁采砂船时,应优先选用低噪声、维修保养及时的采砂船,不租赁长久失修、噪声大的采砂船。另外,还应强制制定如下防止噪声措施:

(1)采区开采单位应合理安排可采区开采时间,应尽可能避免大量高噪声设备同时施工。

(2)装载机等首选性能好、低噪声的设备。

(3)对各采砂船、各类水泵进行减振、降噪设计,对高噪声设备安装隔声罩。

(4)对采砂工人进行个人自身主动性防噪保护,如佩戴耳塞,轮流在控制室、高噪声工段值班等。

(5)机械设备应合理布置点位,适当增大与岸上村庄的距离,减少机械设备噪声对村庄的影响。

5.8.5.7　固体废物污染防治措施

各砂场设置垃圾收集设施,对生活垃圾进行分类收集,对玻璃瓶、废金属件等进行集中回收再利用,对其他废杂物等进行集中收集,并运送至附近乡镇垃圾收集点,由环卫部门统一运至生活垃圾填埋场处置;采区开采的作业机械设备维修后剩余的机械废油要交由有危险废弃物处理资质的单位处理;禁止将生产垃圾、枯枝杂物、废石以及含油的抹布等倾倒堆砌在河道最高水位线内及河道两岸的林地及农田中。

5.8.5.8　地质环境保护与恢复治理方案

1. 采坑治理工程

规划采砂区域位于河床及河漫滩,砂石开采完毕后,大部分砂石被送出外售,仅余少量砾石,因此采砂后一定程度上拓宽了河道断面,有利于河道疏通。为了防止河岸崩塌,要求在河岸直接用砾石回填堆压埋边坡,用挖土机把采砂筛选所剩下的砾石回填堆放在边坡角上,用人工或者机械压实,使边坡相对稳固,剩余的砾石全部进行回填。

可采区关闭前,在河道周边设置安全警示标志牌。

2. 临时建筑物的拆除治理工程

砂场临时建筑主要为办公生活区、筛选设施,采区停采后,对设备设施进行移除,将场地内遗留的垃圾和污染物清除干净,严禁将废物掩埋,最后用机械推平场地。

5.8.5.9　跟踪监测和评价

由于规划过程中诸多不确定因素,在采砂实施过程中应加强对水环境及水生生物资源的跟踪监测工作,规划期末开展相关评价工作。

5.8.6　规划方案分析

5.8.6.1　规划方案环境合理性

1. 采砂分区的环境合理性

沿河自然保护区、水产种质资源保护区、湿地生态系统、冷水鱼类保护区等环境敏感区较多,规划考虑了环境敏感区、河势稳定、防洪安全、通航安全等多种因素,进行了合理的分区规划。可采区主要分布于嫩江、第二松花江、松花江、拉林河4条河流的研究河段,东辽河研究河段不设置可采区,规划禁采区和保留区,老哈河和洮儿河研究河段全线禁采,共规划可采区60个,面积3 341.04万 m²,规划可采面积为规划区域的0.5%。

规划已将自然保护区等环境敏感区划为禁采区,仅部分可采区距离保护区较近,规划可采区范围占规划区域比例较小,因此在采取一定环保措施的基础上,从环境角度来看,规划基本合理。

2. 可采区采砂总量环境合理性

经估算,研究河段可采区砂石可开采量13 571万 t,规划期采砂控制总量为4 566.70万 t,占砂石可开采量的33.7%,年度采砂控制总量为913.34万 t,占砂石可开采量的6.7%,砂石开采量占比较小,开采深度一般不超过2.5 m,对河槽及河滩地水生态环境影响较小,从环境角度来看,采砂总量控制基本合理。

3. 禁采期管控的环境合理性

规划从各河段防洪安全、水生态环境保护的实际特点出发,确定禁采期为:①主汛期(每年 7 月 1 日至 8 月 31 日)及河道水位超警戒水位期;②邻近重要鱼类"三场"的可采区避开鱼类繁殖期,位于鱼类洄游通道内的可采区,避开鱼类洄游期 4—6 月、12 月至翌年 1 月;③特殊情况下,县级以上人民政府可以根据辖区河流水情、工情、汛情和生态环境保护等实际需要,下达禁采时段。

禁采期管控考虑了敏感河段鱼类繁殖期、洄游期,对环境影响较大的采砂行为进行约束,从生态环境角度来看较为合理。

5.8.6.2　规划不确定性分析

自然资源部及林业和草原局目前正在开展生态保护红线划定及保护地的调整工作,规划与生态红线及保护地调整的中间成果进行了对接,避开了生态红线及保护地范围,但由于其最终成果尚未发布,造成规划存在一定的不确定性,故规划实施时应根据自然保护地评估调整与生态保护红线划定的最新要求进行采砂分区管控要求的调整。

对研究河段统一规划禁采区、可采区和保留区,将自然保护区、饮用水水源保护区、水产种质资源保护区等环境敏感区划定为禁采区,合理规划可采区和保留区。

采砂作业生产及生活废水,经采取措施后不排入地表水体,对地表水环境影响较小,采砂对河段浮游生物、底栖生物、小型分散的黏性鱼类产卵场产生一定影响,对鱼类繁殖和栖息产生一定的不利影响,导致采区下游一定河段内鱼类数量可能产生一定程度的下降;邻近自然保护区的采区,对保护区保护鸟类产生一定影响;以上影响经采取相应减缓措施后,使规划环境影响降至可接受范围内。

第6章　西南寒区采砂规划管理实例

西南寒区主要涉及我国西南的西藏,西北的青海、甘肃和新疆等省(自治区)。西藏自治区位于青藏高原腹地,平均海拔高,天气寒冷,西南寒区河道采砂规划管理以西藏自治区西北部(简称研究区)重点河流为例进行介绍。

6.1　区域概况

6.1.1　河流概况

研究区位于西藏自治区西北部,青藏高原腹地,东邻昌都市、林芝市,西靠阿里地区,南接拉萨、日喀则等地(市),北壤新疆维吾尔自治区和青海省,平均海拔在 4 513 m以上。研究区内水系发达,河流交汇纵横,素有"江河源""中华水塔"的美称,境内汇入这 3 条江的支流各达 20 多条,汇入内陆湖泊的大小支流多达 30 多条,主要河流包括沱沱河、布曲、当曲、旦曲、下秋曲、次曲、桑曲、赤雄曲、母各曲、罗曲、索曲、益曲、热玛曲、麦地藏布、尼都藏布等。研究区内湖泊星罗棋布,主要分布在中西部,数量达 700 多个,较大的湖泊有纳木措、色林措、当惹雍措、格仁措、吴如措、措鄂、仁措、多尔索洞措、赤布张措、错那湖等,除错那湖与外流水系衔接外,其余较大湖泊均为内陆湖泊。

根据《西藏自治区水利厅关于加强河道采砂管理工作的指导意见》(藏水字〔2019〕114 号),河道采砂规划主要以该区域重点河流的敏感水域为主。

6.1.1.1　桑曲

桑曲位于研究区南部,发源于色尼区古露镇西北部,属于拉萨河上游热振藏布的一级支流,河源高程为 5 170 m。河道自源头流经萨错村、那卡角村、古露镇、格托村、郭尼村、开顶等村镇,在卓木岗附近与麦地藏布汇合后汇入热振藏布,河道长度约 95 km。

流域地貌属于藏南高山深谷区,地势北高南低,部分地区海拔在 5 000 m 以上,属高原丘陵;部分地区高山突兀,山势陡峻,高山与高山间形成狭长的深谷。水系较为发育,自上游至下游,汇入河流包括左岸胆布曲、唐旺曲、拉玛曲、云玛曲、波曲等,右岸克拉曲、玉龙曲、玉琼曲、巴布龙曲、果立曲等。桑曲河道总体流向由北向南,源头至果立曲汇合口段流向由北向南,该段位于开阔宽谷区,河流支汊多,河道散乱,主河道不明显;果立曲至波曲汇合口段流向由西向东,波曲至河口段流向由北向南,该段位于高山低谷区,两岸高山林立,河道主流明显。河宽 30~70 m,河道平均比降约为 5.9‰。

6.1.1.2　麦地藏布

　　麦地藏布为拉萨河上游段,发源于嘉黎县西北念青唐古拉山脉南麓,河源高程在5 000 m以上。麦地藏布流经研究区嘉黎县麦地卡乡、林堤乡、藏比乡、措多乡、绒多乡,桑曲在卓木岗附近汇入后称热振藏布。麦地藏布河道平均坡降约为3.7‰,总长度265 km,流域面积10 687 km²。麦地藏布在研究区境内河道长度225 km,流域面积为9 828 km²。麦地藏布水系发达,支流众多,主要支流有玛容河、布嘎河、麦地河、热念河、色马河、玛久河、雅砻河、嘎尔当河、麦曲等。

　　麦地藏布流域属藏南山原宽谷区,大部分为山地,平均海拔约5 000 m。流域北部的山地海拔高,山顶平缓,地形起伏小,为丘陵宽谷盆地;愈向南河谷切割愈深,地形起伏加大。流域山峰海拔多在5 000~5 500 m,河谷海拔多在4 000 m以上。流域地势北高南低,强烈的地质构造运动为其塑造了地形地貌的基本轮廓,地貌轮廓框架及主要山脉皆受东西向构造带所控制,呈东西向展布。河源至林堤乡之间为上游,河宽55~130 m;林堤乡至藏比乡为中游,河宽50~150 m;藏比乡以下为下游,河宽40~120 m。河道上游两岸地势平缓,分布有大面积草场、湿地等,是拉萨河上游的天然屏障,起着涵养水源、调节气候、保持生态平衡的重要作用;下游两岸为丘陵区,地面坡度变陡。

6.1.2　水文气象特性

6.1.2.1　流域基本特征

　　流域大部分区域属高原亚寒带季风半湿润气候区,是全球气候变化的敏感区,基本特点是:气温低,空气稀薄,大气干燥洁净,太阳辐射强。流域内多年平均风速2.3 m/s,最大风速26.3 m/s。空间分布差异较大,东南林区多年平均风速约为1.8 m/s;西北高山草原地区多年平均风速可达2.6 m/s,但时间上呈现出显著的下降趋势,每10年约下降0.14 m。流域多年平均日照时数约为2 489 h,上游地区日照充足,年均日照时长2 780 h,下游地区有所减少,年均日照时长2 427 h。流域山高谷深,气候寒冷干燥,昼夜温差大,气候呈明显的垂直型变化,多年平均气温0.6 ℃,最低月平均气温-15~-9.9 ℃,最高月平均气温7.7~12.0 ℃。区域地势高,冰雪期长,一般结冰期时间为10月中旬,解冻时间为3月底至4月底,无霜期短,6—8月为农作物生长期。

　　流域多年平均降水量为517.5 mm,最大值为674.8 mm(1980年),最小值为368.3 mm(1986年),年降水变差系数C_v为0.14,各年降水量之间差异较小,年内变化较大,降水主要集中于6—9月,占年降水量的80%以上,并以7月、8月最为集中,约占全年降水的50%以上。降水分布由西北向东南增加,西北部安多、色尼多年平均降水量约450 mm,东南部索县、比如等地多年平均降水量在590 mm左右。趋势分析结果表明过去几十年间流域降水呈增加趋势,增幅约为4.26 mm/年。

流域河源区以雪山与现代冰川融水补给为主,降雨补给量较小;随着河流向下游行进,降水补给比例逐渐加大。在时间分布上,冬季以地下径流为主,夏季以降雨和冰雪融水径流为主,5—10月径流占全年的87.5%。

流域大洪水由连续暴雨形成,产生暴雨的天气影响系统主要有西风带低压槽切变、涡切变、副热带高压边缘、赤道辐合带等。上游青藏高原区,气候干冷,降水强度相对中下游较小,所形成的洪水过程为单峰,一般洪水过程为15 d左右。中下游横断山脉纵谷区至下游地区,受该区域特殊的地形影响,常形成笼罩面积大、暴雨日数多的连续降雨过程,对洪水起造峰作用。年最大洪峰流量出现在6—8月,但多出现在7月中旬以后,7月、8月出现的概率大。由于流域地域广阔,各地区地形、气候及暴雨差异较大,洪水出现的时空分布并不完全相应,大小序位也不尽相同。据达萨站实测的资料分析,历年洪峰的最大值为最小值的7.2倍。

6.1.2.2　桑曲及麦地藏布

1. 气象特征

桑曲和麦地藏布均位于拉萨河上游流域,属高原温带季风半湿润气候区,具有高原干湿季节明显的大陆性气候特征,与我国同纬度地区相比,具有气温低、日温差大、年温差小及降水强度小、蒸发量大等高原气候特征。流域气温日变差大,平均日变差15 ℃,根据流域内水文、气象站资料统计,旁多站多年平均降水量为529.3 mm。降水年内分布极不均匀,约90%的降水集中在6—9月,暴雨多出现在6—9月。流域内蒸发强烈,旁多站多年平均蒸发量为1 338.5 mm,最大月蒸发量在5月。

2. 径流及洪水特征

径流以降雨补给为主,其次是融冰、融雪。径流的分布与降水量的分布一致,径流年际变化相对不大,年内分配不均匀,6—9月径流量占全年径流量的74.9%,4—5月径流量占全年径流量的6.3%,10—11月径流量占全年径流量的11.4%,12月至翌年3月径流量占全年径流量的7.4%。流域内春季多风,最大风速多发生在3—5月。无霜期短,仅90~110 d。平均日照时数为2 279.4~2 965.9 h。

受西南季风的影响,孟加拉湾暖湿气流沿干流河谷上溯,进入拉萨河流域,沿拉萨河干流和支流雪绒藏布、墨竹玛曲由东向西输送水汽,受地形和冷空气影响形成降水。雪绒藏布和墨竹玛曲为降水量高值区,澎波曲为低值区。拉萨河流域洪水按降雨特性分为大面积强降雨过程洪水和局部暴雨洪水。干流大洪水通常由大面积强降雨形成,支流中小洪水多由局部暴雨形成。洪水发生时间同暴雨一致,主要在6—9月,其中年最大洪水多发生在7月、8月。干流洪水历时一般5~10 d,较大洪水过程可达15 d以上。洪水过程平缓,多峰,涨退缓慢。

6.1.3　水生态、水环境现状

6.1.3.1　水环境现状

1. 干流

1) 水功能区划

根据《全国重要江河湖泊水功能区划(2011—2030 年)》《西藏自治区水功能区划》《西藏地区重要江河湖泊水功能区划报告》,干流(本章干流指那曲)有水功能区 2 个。从源头至镇大桥为源头水保护区,水质目标为Ⅱ类,河段长度 391 km;镇大桥至姐曲河口为保留区,水质目标为Ⅱ类,河段长度 148 km。干流水功能区基本情况及水质目标见表 6-1。

表 6-1　干流水功能区基本情况及水质目标

河流	水功能区名称	范围			目标水质
	一级	起始断面	终止断面	河长/km	
干流	源头水保护区	源头	镇大桥	391	Ⅱ类
	保留区	镇大桥	姐曲河口	148	Ⅱ类

2) 水环境质量现状

干流纳入水污染防治行动计划的水质监测断面有 2 个,根据生态环境部《"十三五"国家地表水环境质量监测网络设置方案》相关内容要求,监测断面水质每月监测 1 次,监测指标 23 项:pH、水温、溶解氧、电导率、化学需氧量、高锰酸盐指数、氟化物、总磷、总氮、氨氮、氰化物、挥发酚、石油类、阴离子表面活性剂、硫化物、汞、砷、硒、铬(六价)、锌、铜、铅、镉。

(1)色尼区下游断面:该断面 2017 年、2018 年、2019 年水质总体良好,水质向更好趋势发展。其中,氨氮、化学需氧量的浓度在雨季的 7—9 三个月比其他月份的浓度偏高,枯水季节氨氮浓度较低。总磷的浓度没有呈现枯水季节较低、雨季较高的现象;但从 2018 年以来,总磷的浓度与之前的两年相比有所降低,浓度数值总体保持稳定。

(2)比如县下游断面:2017 年、2018 年、2019 年水质总体良好,水质向更好趋势发展。其中,氨氮、总磷、化学需氧量的浓度在雨季的 7—9 三个月比其他月份的浓度偏高,枯水季节氨氮浓度较低。

2. 桑曲

1) 水功能区划

根据《全国重要江河湖泊水功能区划(2011—2030 年)》《西藏自治区水功能区划》

《西藏地区重要江河湖泊水功能区划报告》,桑曲未划定水功能区。

2)水环境质量现状

桑曲位于拉萨河上游,无工业污染源,农业污染源主要是耕地施用的农药、化肥以及畜牧业的畜牧粪便,农药、化肥施用量小,面源污染轻微,流域内无集中生活污水排放口,生活污水分散就地排放,由于排放量小,对水质影响较小。因此,桑曲水质为天然状态,水质相对较好。

3. 麦地藏布

1)水功能区划

根据《全国重要江河湖泊水功能区划(2011—2030 年)》《西藏自治区水功能区划》《西藏地区重要江河湖泊水功能区划报告》,麦地藏布共划分为 1 个水功能区,拉萨河源头至旁多站为源头水保护区,长度 265 km,水质目标为Ⅱ类。麦地藏布水功能区基本情况及水质目标见表 6-2。

表 6-2　麦地藏布水功能区基本情况及水质目标

河流	水功能区名称	范围			目标水质
	一级	起始断面	终止断面	河长/km	
麦地藏布	拉萨河林周旁多源头水保护区	源头	林周县旁多站	265	Ⅱ类

2)水环境质量现状

根据旁多水文站水质监测数据,监测指标为 pH、溶解氧、COD、NH_3-N、总磷、砷、镉、六价铬、铅等,评价结果符合《地表水环境质量标准》(GB 3838—2002)Ⅱ类水质标准,达到水功能区目标要求。

6.1.3.2　水生态现状

1. 干流

干流共分布鱼类 12 种,分别为裂腹鱼、裸腹叶须鱼、热裸裂尻鱼、东方高原鳅、斯氏高原鳅、短尾高原鳅、异尾高原鳅、细尾高原鳅、圆腹高原鳅、拟硬刺高原鳅、扎那纹胸鳅、贡山鳅。根据调查,采集到鱼类 270 余尾共 8 种,分别为热裸裂尻鱼、裸腹叶须鱼、裂腹鱼、斯氏高原鳅、短尾高原鳅、异尾高原鳅、细尾高原鳅、圆腹高原鳅。8 种均为鲤形目种类,分属 2 科 4 属,其中鳅科 1 属 5 种,占种数的 62.5%;鲤科 3 属 3 种,占种数的 37.5%。上述 8 种均为土著种类,无外来种。

浮游植物的群落结构较为简单,共检出浮游植物 5 门 34 属 61 种,其中硅藻门 36 种,占检出种类的 59.0%;绿藻门 12 种,占检出种类的 19.7%;蓝藻门 11 种,占检出种类的

18.1%；裸藻门1种，占检出种类的1.6%；隐藻门1种，占检出种类的1.6%。浮游植物组成以硅藻门为主，其次为绿藻门、蓝藻门，常见种类有等片藻、针杆藻、桥弯藻、卵形藻等。

浮游动物检出4大类33种，原生动物为14种，占检出种类的42.4%；轮虫10种，占检出种类的30.3%；枝角类5种，占检出种类的15.2%；桡足类4种，占检出种类的12.1%。浮游动物种类组成以原生动物和轮虫为主，枝角类、桡足类较少。浮游动物绝大多数是典型的浮游生活的种类，营底栖或附着生活的种类很少。底栖动物主要有钩虾、摇蚊幼虫、耳萝卜螺、泉膀胱螺、石蝇幼虫和大蚊幼虫6种。

2. 桑曲、麦地藏布

桑曲和麦地藏布属于拉萨河流域。根据相关调查结果，拉萨河流域检出鱼类3科5属18种，其中鲤形目鲤科的裂腹鱼亚科鱼类10种，几乎全为该水系所特有；鲤形目鳅科、条鳅亚科高原鳅属鱼类7种，多为广布种；鲇形目、鮡科、原鮡属鱼类1种，为该水域所特有。裂腹鱼类中原始类群的裂腹鱼属3种，中间类群的叶须鱼属1种，裸裂尻鱼属特化类群1种，共5种。其中，主要经济鱼类有异齿裂腹鱼、巨须裂腹鱼、双须叶须鱼等。

拉萨河浮游植物检出4门50属109种，主要包括硅藻门、绿藻门、蓝藻门、裸藻门，其中硅藻门占绝对优势。着生藻类以绿藻门的水绵、转板藻、双星藻和丝藻等丝状藻类为优势种群。

拉萨河原生动物检出24属52种，主要有肉足虫类和纤毛虫类，优势种类为肉足虫类的砂壳虫、匣壳虫和表壳虫，优势种类季节变化不明显；轮虫检出9科19属28种，以广布性种类为主，高原冷水性种类仅有叶轮属等少数种类；枝角类和桡足类数量很少。底栖动物共检出46种，主要包括环节动物的寡毛类、软体动物的螺类、甲壳动物的丰年虫和水生昆虫等，水生昆虫以摇蚊幼虫为主，其中寡毛类和摇蚊幼虫分布最为广泛。

水生维管束植物共采集到13种，多数为岸边、沼泽湿生种类，沉水植物种类不多。

6.1.3.3　环境敏感区

研究区涉及国家级环境敏感区2个，分别为西藏色林错黑颈鹤国家级自然保护区和西藏麦地卡湿地国家级自然保护区，其中麦地卡湿地国家级自然保护区为麦地卡国际重要湿地。

1. 西藏色林错黑颈鹤国家级自然保护区

色林错黑颈鹤国家级自然保护区位于西藏自治区北部的藏北高原，其基本范围南自东冈底斯山脉主脊线，北抵安狮公路南侧色林错汇水区北缘，西起孜桂错与其西部昂孜错水系的分水岭，东达错那湖东湖岸线（北）与母各曲（南）。保护区大致位于东经87°46′～91°48′，北纬30°10′～32°10′，总面积为18 936.3 km²，行政上隶属研究区的申扎县、尼玛县、班戈县、安多县、色尼区等5县（区）所辖。主要保护对象是国家一级重点保护野生动物和被列入《濒危野生动植物物种国际贸易公约》（CITES）附录Ⅰ所列物种名单的世界珍稀濒危鸟类黑颈鹤及其繁殖栖息的湿地生态系统。色林错黑颈鹤国家级自然保护区是世界上黑颈鹤最主要的繁殖地，黑颈鹤是世界上现存15种鹤类中最为珍稀的种类，全世界仅存不到 10 000 只,也是所有鹤类中唯一以高原为主要栖息地的种类。除黑颈鹤外,保护区范围内还生存着大量的棕头鸥、斑头雁、赤麻鸭等珍稀水禽。

2. 西藏麦地卡湿地国家级自然保护区(麦地卡国际重要湿地)

西藏麦地卡湿地国家级自然保护区位于研究区嘉黎县北部,面积 43 496 hm²,平均海拔 4 900 m,属于高原湖泊沼泽草甸湿地,2005 年被列入《国际重要湿地名录》,2018 年被国务院批准列为国家级自然保护区。该保护区主体部分是拉萨河支流麦地藏布的源头区域,是藏北地区最为典型的高原湖泊沼泽草甸湿地,是黑颈鹤、赤麻鸭等珍稀水禽的迁徙停歇地和繁殖地,对黑颈鹤、赤麻鸭、斑头雁等多种水禽的迁徙、繁殖都具有重要的意义,是其重要的迁徙走廊或繁殖地,每年定期栖息有 20 000 只以上水禽;是高原鱼类洄游、产卵育幼场所,还分布有藏原羚、岩羊、盘羊、狼、猞猁、棕熊等珍稀野生动物。自然保护区保护对象为彭措及分布于湖周围宽广沼泽湿地、河流湿地以及相关陆地内的生态敏感区域,并对部分沼泽湿地进行封育,恢复部分植被,逐步恢复湿地生态系统特征和基本功能,维护生态平衡。

麦地卡国际重要湿地的地位极为重要,对当地水土保持、防止季节性泛滥的洪水、阻截上游沉积物并形成生产力很高的草甸、沼泽湿地有重要作用,有丰富的高原鱼类。麦地卡国际重要湿地是拉萨河的源头,充分发挥了对拉萨河的供水、调节径流、净化水质功能,对保护拉萨河以及拉萨河流域的生态环境、稳定拉萨河优良的水质具有积极意义。

6.1.4　工程现状

6.1.4.1　电站水库工程

研究区内现有电站水库 3 座,自上游向下游分别为查龙水库、吉前水电站和比如水电站。

1. 查龙水库

流域内仅有查龙水库 1 座大型水库,总库容 1.38 亿 m³,主要任务为发电,为西藏第十大水库,正常蓄水位 4 383 m。枢纽建筑物有混凝土面板砂砾石坝、砂砾石副坝、开敞式溢洪道、泄洪放空隧洞、电站引水系统、发电厂房及开关站等。查龙水库于 1993 年开工兴建,1996 年竣工。查龙水库被誉为“青藏高原北部的第一颗明珠”。

2. 吉前水电站

吉前水电站位于西藏自治区比如县,处于上游干流,为低水头径流河床式电站。水电站装机容量 2 MW,总库容 153.44 万 m³,多年平均发电量为 1 306.55 万 kW·h。该水电站于 2004 年 6 月 18 日正式开工建设,2010 年 10 月 1 日正式发电。

3. 比如水电站

比如水电站坝址位于西藏自治区比如县,该水电站于 1987 年由西藏山南水电工程队设计、施工,1989 年 12 月竣工发电,为径流引水式水电站,利用落差约 6 m,装机容量 1.6 MW,多年平均发电量 800 万 kW·h。

6.1.4.2　堤防工程

城市防洪工程主要有新城区防洪工程、南部新城区防洪工程、安多县县城防洪堤工程、安多县新城区防洪堤工程、比如县南岸防洪堤工程、比如县城区防洪堤工程、聂荣县新城区防洪堤工程、索县新城区防洪堤工程、巴青县新城区防洪堤工程等城镇防洪堤建设。此外,还包含多处乡村防洪工程。目前,城市段已修防洪堤长度达到 47.39 km,城区及各县城现状防洪标准为 30~50 年一遇,乡镇重点河段现状防洪标准为 10~20 年一遇。

研究范围内色尼区以南段、比如县城区段等部分河段有已建堤防工程。色尼区以南有堤防 9.520 km;比如县城区有堤防 6.818 km,具体见表 6-3。

表 6-3　研究范围现有堤防统计

序号	位置	左岸堤防长度/km	右岸堤防长度/km	合计长度/km
1	色尼区	6.510	3.010	9.520
2	比如县城区	4.883	1.935	6.818

根据城市防洪工程建设,应按照 50 年一遇防洪标准加固建设防洪堤,河道防洪堤按设计水位加 2.0 m 超高,设计堤顶迎水面边坡 1∶1,背水面边坡 1∶3。流域内比如、索县等县城区防洪标准均为 30 年一遇,将针对堤顶高程不满足防洪要求的局部河段,加高加固堤防。同时结合水生态文明建设、景观设计及城市整体提升等方面要求,在局部河段新建防洪堤,优化堤防断面设计。对于乡村河段,按照防洪标准 10~20 年一遇建设,规划对已建堤防工程进行加固。

6.1.4.3　涉河建筑物

研究范围内涉河建筑物共计 90 处,其中桥梁 88 座、水文站 2 处。干流研究河段内有桥梁 58 处、水文站 2 处;桑曲研究河段内有桥梁 24 处;麦地藏布研究河段内有桥梁 6 处。研究范围内主要涉河建筑物统计(部分)见表 6-4。

表 6-4　研究范围内主要涉河建筑物统计(部分)

序号	名称	位置		类型
		经度	纬度	
1	色尼区 S301 省道贡恰大桥	91°44′25.7″	31°37′22.9″	桥梁
2	色尼区贡恰铁路大桥	91°44′14.0″	31°36′56.8″	桥梁

续表 6-4

序号	名称	位置		类型
		经度	纬度	
3	色尼区京藏高速大桥	91°57′05.1″	31°25′32.6″	桥梁
4	色尼区铁路大桥	91°58′14.4″	31°25′11.2″	桥梁
5	色尼区 G109 公路大桥	91°58′53.2″	31°25′20.5″	桥梁
6	色尼区大桥	91°59′07.8″	31°25′20.4″	桥梁
7	色尼区昂木钦桑巴桥	92°15′59.3″	31°18′23.6″	桥梁
8	色尼区尼玛乡卓玛桥	92°42′45.2″	31°31′04.5″	桥梁
9	比如县达塘乡 S303 公路 1 号桥	93°08′38.7″	31°31′45.7″	桥梁
10	比如县达塘乡 S303 公路 2 号桥	93°10′06.7″	31°31′52.3″	桥梁
11	比如县城西大桥	93°40′05.6″	31°28′54.9″	桥梁
12	比如县城大桥	93°41′09.7″	31°28′29.8″	桥梁
13	比如县城南岸大桥	93°41′53.2″	31°28′44.4″	桥梁

6.2　河道采砂管理现状及存在问题

6.2.1　经济社会概况及发展趋势

6.2.1.1　经济社会概况

研究区境内青藏铁路、青藏公路、格拉输油管线、兰西拉光缆、青藏直流联网等西藏的

"生命线"贯穿区域 500 多 km,战略地位极为重要,区位优势十分明显,是西藏与内地大通道连接的重要枢纽,距离拉萨市区仅 310 km,是藏中经济区北部的重要门户和窗口。共有 31 个民族,藏族占总人口的 99%。

区域下辖 1 个区、11 个县(区)、114 个乡(镇)、1 190 个村(居)委会。2020 年全市总人口 55.10 万人,人口自然增长率为 1.51‰,其中农牧业户数 47.60 万户,非农牧业户数 7.50 万户。户籍登记总人口为 49.00 万人,其中农牧业人口为 43.01 万人,非农牧业人口为 5.99 万人。地区生产总值为 171.41 亿元,人均地区生产总值 33 741 元,城镇、农村居民人均收入分别达 41 635 元、13 651 元,社会消费品零售总额 29.08 亿元,税收收入突破 10 亿元。目前,区域经济以牧业为主,第二、三产业相对较少,在国民经济中的所占比例很少。

6.2.1.2　经济社会发展趋势

经济布局按区域划分为三部分,分别为东、中、西三部分:东部经济区包括比如县、索县、巴青县,是虫草主产区,经济社会发展较快;中部经济区包括色尼、安多、聂荣、嘉黎四个县,这个区域相对发达,交通较便利,能源供应较充足;西部经济区包括班戈、申扎、尼玛、双湖四个县,人口相对稀少,土地面积较大,气候条件差,交通线长,能源匮乏,草场沙化严重。

近年来,研究区经济社会加快发展的要求日益强烈。党中央、国务院和西藏自治区高度重视该区域经济社会发展问题,习近平总书记亲自部署召开的中央第七次西藏工作座谈会,绘就了团结、富裕、文明、和谐、美丽的社会主义现代化新西藏建设的宏伟蓝图。国家不断加大援藏力度,自治区政府不断出台产业发展政策。青藏铁路、青藏公路从南向北横穿研究区,为研究区加强与外部市场的联系和合作提供了便利,且该地区生物资源、矿产资源和牧业资源丰富,使其成为西藏自治区的一个经济热点区域。"十三五"期间,区域社会大局持续稳定向好、经济健康快速发展、民生大幅改善、生态保持良好。

根据西藏自治区和区域国民经济与社会发展的总体部署,要以提高人民生活水平为出发点,实施项目带动、产业建设、脱贫攻坚等重大战略,促进本地区经济结构的战略性调整和优化升级。"十四五"时期,以"两屏障、两基地、一通道、一前沿阵地、一重点地区"为战略定位,构建"一核两带三区"发展格局,深入践行"两山"理念,打造生态文明高地。

随着经济社会的发展和人民生活水平的提高,人们对物质、文化方面需求增加,特别是近年来生态旅游业、藏药业、牧林产品加工业的蓬勃兴起,流域内第三产业发展势头迅猛,增速加快,对区域经济的带动作用明显。坚持把发展经济着力点放在实体经济上,坚持生态产业化、产业生态化,努力实现"一产提质量、二产抓重点、三产大发展",以"特色引领、创新发展,生态优先、绿色发展,统筹兼顾、有序发展,点轴开发、集聚发展,开放合作、联动发展"为原则,未来区域经济以"提升农牧业现代化水平、加快发展文化旅游业、培育壮大四大新兴产业、推动产业集聚发展、增强科技创新支撑能力"为主要发展方向。

第一产业主要立足区域资源条件和农牧业实际,有重点地发展特色农牧业,构建现代农牧业产业体系、生产体系、经营体系,走绿色和特色产业之路,提高农牧业质量效益和竞争力。第二产业中,立足特色资源禀赋和交通区位优势,加快发展清洁能源、现代物流、藏药业、绿色工业,推动资源优势向产业优势转变。第三产业要加强全域旅游顶层设计,保护性开发利用自然人文资源,打好特色牌、走好高端路、扶好精品点、唱好全域戏,推进"旅游+"融合发展,优化科技工作布局,把科技人才作为创新发展的重要抓手,持续开展重点领域技术攻关,加快发展符合高原发展需求的特色科技创新体系。

拟进行采砂规划的河流主要位于研究区东部和中部,是经济社会发展的重要区域,在国家多项政策的支持下,经济社会将呈较快发展。砂石作为主要建筑材料,随着经济社会的不断发展,将呈现出旺盛的、刚性的需求,在兼顾河道安全的前提下,适量开采砂石对促进沿河经济快速发展具有重要意义。

6.2.2　河道采砂现状、规划编制及实施情况

6.2.2.1　河道采砂现状

研究河段长 389 km,涉及色尼区和比如县,现状砂场主要分布在色尼区和比如县距离城区较近河段,开采方式主要为旱采。桑曲研究河段长 41 km,涉及色尼区古露镇,河段现状无河道采砂活动。麦地藏布研究河段长 90 km,涉及嘉黎县绒多乡和藏比乡,由于研究范围内为西藏麦地卡湿地国家级自然保护区,现状无采砂活动。

由于此前缺乏统一的采砂规划,研究区重点河流敏感水域河道采砂现状主要存在以下几方面的问题:

(1)河道采砂现状监管能力亟待加强。

河道采砂点多、面广、量大,采砂管理任务艰巨,但现有执法设施设备等能力建设滞后,许可后缺少后续的监管措施,监控手段落后,信息化及先进技术应用程度不高,导致超范围、超深度开采或滥采乱挖,给河道工程和防洪安全带来极大的危害。

(2)河道内大量堆放,影响行洪安全。

由于地区河流的特殊性,砂场一般在退水期进行开采,作业地点为河流退水后裸露的滩地,清洗后砂石就地堆放在河滩地中。工程、建筑用砂时期与开采时期存在交错,当年开采砂石无法及时运出,大量砂石在河道内无序堆放,违反《中华人民共和国河道管理条例》的规定,对河道行洪造成安全隐患。

(3)采砂行为不规范,影响河势稳定。

随着经济社会发展,研究区范围内对建筑砂石需求量增大,现状部分砂场为满足需求,在河道内无序开采,存在乱挖乱采、超深度、超范围开采等问题,对河道形势造成一定破坏,使得河床、滩面高程降低,破坏了河床的动态冲淤平衡,影响了河势稳定和砂石的自然筛选沉积,不利于砂石的可持续利用。

6.2.2.2　规划编制及实施情况

河道采砂规划是河道管理科学化、规范化的基础,是实施河道采砂管理的依据。从近年采砂管理的实践来看,研究区采砂管理工作仍滞后于经济社会发展需求和采砂管理需要,尚未编制统一的采砂规划;已批复的采砂实施方案多以县级行政管辖范围而不是以河流为单元进行编制,干支流、上下游、左右岸管理标准不统一,采区划分和限制条件不一致。部分采砂实施方案的研究基础还很薄弱,规划实施与监管措施不具体,缺乏指导性和可操作性。目前,系统、全面、科学的流域性采砂规划尚未编制,河道采砂管理缺少规划指导,无法满足新形势下采砂管理的需要。

为保障河道防洪安全、供水安全、生态安全和重要基础设施安全,加强研究区河道采砂管理,满足河道采砂的需要,根据水利部和自治区水利厅相关文件的要求,针对河道采砂现状存在的问题,组织开展重点河流河道采砂规划的编制工作,为规范河道采砂活动、依法采砂管理提供重要依据。

6.2.3　编制采砂规划的必要性

习近平总书记在推动长江经济带发展座谈会上强调:推动长江经济带发展必须从中华民族长远利益考虑,走生态优先,绿色发展之路,使绿水青山产生巨大生态效益、经济效益、社会效益。要在生态环境容量方面过紧日子的前提下统筹岸上水上,正确处理防洪、发电的矛盾,自觉推动绿色循环低碳发展。研究区作为长江源头地区,注重生态环境保护的理念对于流域的保护和治理具有重要意义。

中央第七次西藏工作座谈会提出了建设团结富裕文明和谐美丽的社会主义现代化新西藏的新目标。研究区城市化进程逐步加快,公路、铁路、水利、电力等基础设施陆续开工建设,城市改造和新农村建设稳步推进,建筑砂石的市场需求量大幅度增加。由于没有制定统一的河道采砂规划,砂石开采处于无序状态,有些地区出现了乱挖乱采情况,破坏了河床的自然形态,影响河道生态环境。因此,通过编制重点河流河道采砂规划,贯彻生态优先、保护优先的总体要求,规范河道采砂活动是非常必要的。

随着地区经济提升和研究区"十四五"水安全保障规划的实施,梅帕塘水库、江达水电站、强雄水库等一批水库工程即将开工建设,京藏高速—格尔木段已开工,城市防洪工程体系不断完善,区域对砂石的需求量将不断增大,而据现状调查结果,大量砂场因位于自然保护区或生态红线内被取缔,目前砂石需求无法得到满足。因此,亟须编制河道采砂规划,科学合理地划定采砂范围,供给足量砂石,为地区经济社会发展和"十四五"水安全保障规划的顺利实施提供保障。

6.3　河道演变及泥沙补给分析

6.3.1　河道演变概况

6.3.1.1　干流

流域平均海拔 4 000 m 以上,地形呈西北向东南缓坡状,西北部绝对海拔高,地势平坦,东南海拔低,地势险峻,山峰林立。流域地貌可划分为高山风化蚀剥地貌、构造侵蚀高山峡谷地貌、构造剥蚀丘陵地貌、高原湖泊草原地貌以及沿河流地段分布的冲洪积地貌。流域大体可分为藏北高原区(比如县以上)和藏东高山峡谷区以及藏南高山深谷区。干流自上游至下游总落差约 980 m,河道平均比降 1.82‰,其中河源至查龙电站河段长约 221 km,天然落差约 280 m,平均比降约 1.27‰;查龙电站至色尼区与比如县交界的尼玛乡河段长约 65 km,天然落差约 150 m,平均比降约 2.3‰;尼玛乡至比如县城河段长约 128 km,天然落差约 300 m,平均比降 2.3‰;比如县城至流域出口河段长约 125 km,天然落差约 250 m,平均比降 2‰。

1. 查龙电站以上河段

查龙电站以上河段为高原丘陵区,主要为宽谷盆地,地势平坦开阔,河道平缓,两侧山地相对高度较低。该河段主要表现为弯曲型河流特征,河道迂回曲折,部分河道主流分汊,河道坡度较小,水流较为平缓。河床由砂卵石组成,河道抗冲能力较强,河道外形轮廓变化较小,平枯水时河势相对稳定,大水年河道有明显冲淤变化。主流枯期河道水面宽 40~100 m,汛期水位上涨,水面宽 60~300 m。该河段两岸零星分布有一些居民点,大部分河道以自然演变为主,人类活动对河道演变影响较小。

2. 查龙电站至比如镇河段

查龙电站以下至比如镇河段河道两侧多为低山宽谷区,河流切割微弱,河谷大多宽阔,两岸漫滩、I 级阶地台地较发育。河流流向近东西向。河道坡度较小,水流相对平缓。河床由砂卵石组成,河道抗冲能力较强,河道稳定性相对较好。主流枯期河道水面宽 70~140 m,汛期水位上涨,水面宽 100~400 m。该河段两岸零星分布有一些居民点,大部分河道以自然演变为主,人类活动对河道演变影响较小。部分河段主槽由淤泥和砂卵石组成,左右两岸砂卵石出露,河床冲淤变化不大。

套绘 2010 年和 2021 年河道形势图,各段河势演变图见图 6-1~图 6-5。

图 6-1　那曲河势演变图(色尼区段)

图 6-2　那曲河势演变图(多硕卡段)

6.3.1.2　桑曲

　　桑曲流域地貌属于藏南高山深谷区,地势北高南低,部分地区海拔在 5 000 m 以上,属高原丘陵;部分地区高山突兀,山势陡峻,高山与高山间形成狭长的深谷。桑曲源头至果立曲汇合口段位于开阔河谷区,河流支汊多,河道散乱,心滩密布,主河道不明显;果立曲至波曲汇合口段位于高山低谷区,两岸高山林立,河道主流明显。

图 6-3　那曲河势演变图(比如县段)

图 6-4　桑曲河势演变图(古露镇段)

　　桑曲主要流经山谷丘陵地区,河床组成以砾卵石夹粗砂为主,流域多数地区无人聚集生活,水土流失较轻,大部分河道以自然演变为主,人类活动对河道演变影响较小。研究河段上游河道存在局部冲淤变化,河道平面形态有一定变化的可能,下游河道砂石补给较少、冲淤变化不明显,河势相对稳定。套绘桑曲 2010 年和 2021 年河势演变图,桑曲河势演变图见图 6-4。

6.3.1.3　麦地藏布

　　麦地藏布流域属藏南山原宽谷区,大部分为山地,平均海拔约 5 000 m。流域北部的山地海拔高,山顶平缓,地形起伏小,为丘陵宽谷盆地;愈向南河谷切割愈深,地形起伏加大。麦地藏布流经高原,河谷宽阔,两岸多草场,部分沟谷有森林分布,加之人烟稀少,水土流失较轻。河床组成物以粒径较粗的砂卵石为主,上游来沙量很小,滩、槽的冲淤主要是河床质以推移的形式向下游输移堆积,河势相对较稳定呈缓慢的演进变化,主要表现为滩面的冲蚀合并。

　　经过水流、河床、河岸长期相互作用,形成了目前水流散乱、心滩密布的河道平面形态。河床组成物以粒径较粗的砂卵石为主,抗冲性较好,上游来沙量很小,滩、槽的冲淤主要是河床质以推移的形式向下游输移堆积,河势总体相对较稳定,部分河段呈缓慢的演进变化,主要表现为滩面的冲蚀合并。套绘麦地藏布 2010 年和 2021 年河道形势图,麦地藏布河势演变图见图 6-5。

图 6-5　麦地藏布河势演变图

6.3.2　河道演变趋势

6.3.2.1　干流

干流查龙电站以上河段为高原丘陵区,局部河段呈微冲微淤变化,凹岸在没有防护情况下有向外扩张趋势,平枯水时河势相对稳定,大水年河道有明显冲淤变化。查龙电站—比如镇河段为低山宽谷区,河段岸坡坚固,河床主要为砾卵石,冲刷作用不明显,河势较稳定。总体来看,规划期内研究河段河势基本稳定。

6.3.2.2　桑曲

桑曲自上游汇水后,流经地区主要以山地丘陵区为主,河床组成以砾卵石夹粗砂为主,岸坡坚固,由于地处上游的汇水区域,河流对于河床与岸坡的冲刷作用较小,且天然来沙量较少,研究河段上游河道存在局部冲淤变化,大洪水时河道平面形态有一定变化的可能,下游河道砂石补给较少、冲淤变化不明显,规划期内河势整体基本稳定。

6.3.2.3　麦地藏布

麦地藏布河道上游两岸为麦地卡国际重要湿地,地势平缓;下游两岸为丘陵区,地面坡度变陡,河床以粒径较粗的砂卵石为主,河床抗冲击能力较强。总体来看,规划河道由于近年无较大洪水和人类活动影响,规划期内麦地藏布河势基本稳定。

6.3.3　砂石补给及可利用砂石总量分析

6.3.3.1　河床地层分布及砂石特征组成分析

1. 干流

1)地层岩性

流域内地层组成复杂,从三叠系、石炭系到二叠系、侏罗系及第三系、第四系均有不同程度的出露,且主要以板岩、页岩、砂岩、灰岩、花岗岩及其他岩浆岩、少量变质岩和第四系黏土、砂卵石、碎石等形式出露。

2)地质构造

流域受印度板块与欧亚板块作用影响,研究范围内流域地质活动显著,构造稳定的断裂带有:班公错—怒江断裂带、色雄断裂带、当雄—错那断裂带、洞沧江断裂带等。研究河段位于当雄—错那断裂带上,构造单元位于班公错—缝合带地质构造单元南部,班公错—缝合带与北东向活动构造相互作用,产生相向分布的断块山地和断陷盆地,断陷盆地为两构造活动带作用所致,区域内地质褶皱、断裂发育,岩体破碎。受印度板块与欧亚板块作用影响,研究范围内流域地质活动显著,断裂带仍具有一定的活性。距离研究区仅70 km的当雄镇在1951—1952年间曾发生2次地震,地震级别分别为7.5级和8级,1975年在研究区发生6.0级地震,地处地震活动较频繁的地震带上。据《建筑抗震设计标准》(GB 50011—2010)附录A规定,研究区基本地震动峰值加速度为0.20g,相应的地震基本烈度为Ⅷ度区。

3)水文地质条件

流域地下水类型主要为第四系孔隙性潜水和基岩裂隙水。孔隙性潜水赋存于第四系覆盖层内,受大气降水、地表水补给,向低谷排泄。因覆盖层成因不同,其水文地质性质也不同,一般冲洪积物地层地下水多为潜水,埋藏相对较深;残坡积物及泥石流堆积物地层地下水埋藏较浅。基岩裂隙水赋存于基岩裂隙、断层破碎带中,沿裂隙渗流,向低谷排泄。地下水位受地形、构造、地下水补给条件和排泄条件等影响,埋藏深度不一,并随季节变化而变化。

4)河床砂石特征组成分析

结合规划需要,分别在班戈大桥段、弟塔段、色尼区段、多硕卡段和比如县段进行河床地层勘察,根据勘察结果,各河段河床砂石特征组成分述如下:

(1)班戈大桥段,位于班戈大桥下游,左岸为漫滩及一级阶地,右岸为河漫滩及一级阶地,地势平缓,地形起伏较小。上覆黑褐色耕植土0.2~0.5 m,疏松,含大量植物根系及少量碎石。向下为灰黄色级配不良砾,呈松散~稍密状态,饱和,主要矿物成分为长石及石英等;根据颗粒分析结果,粒径2~20 mm颗粒含量占64%,粒径0.075~2 mm颗粒含量占33%,黏粉粒含量小于4%,该层在两岸连续分布,勘探钻孔揭露层厚一般为6.4~7.8 m。灰黄色含砾低液限黏土分布于级配不良砾下部,呈可塑状态,砾石含量一般为8%,勘探钻孔揭露厚度2.8~3.6 m,在勘探深度范围内未揭穿。此外,棕红色砂岩出露于河道左岸班戈桥及下游700 m处山体,呈强风化状态。班戈大桥段河床砂石中值粒径在7.191~8.367 mm,班戈大桥段河床砂石颗粒级配曲线见图6-6。

(2)弟塔段,位于中上游,距普索村1.9 km,该河段两岸地貌均为漫滩,地势平缓,地形起伏较小。上覆棕黄色耕植土0.2~0.5 m,疏松,含大量植物根系及少量碎石。向下为灰黄色级配不良砾,呈松散~稍密状态,饱和,主要矿物成分为长石及石英等;根据颗粒分析结果,粒径 2~20 mm 颗粒含量占 66%,粒径 0.075~2 mm 颗粒含量占 28%,黏粉粒含量小于 6%。两岸分布连续,勘探钻孔揭露层厚一般为 6.5~6.9 m。灰黄色含砾低液限黏土分布于级配不良砾下部,呈可塑状态,砾石含量一般为 8%,勘探钻孔揭露厚度 3.1~3.5 m,在勘探深度范围内未揭穿。勘探范围内弟塔段河床砂石中值粒径差异较大,部分区域在 1.089 mm 左右,部分区域在 10.107 mm 左右,弟塔段河床砂石颗粒级配曲线见图 6-7。

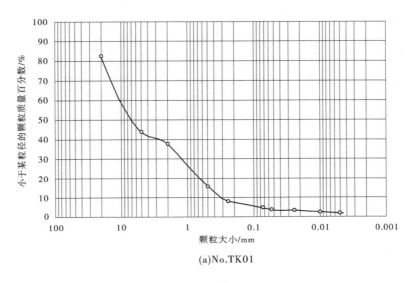

(a)No.TK01

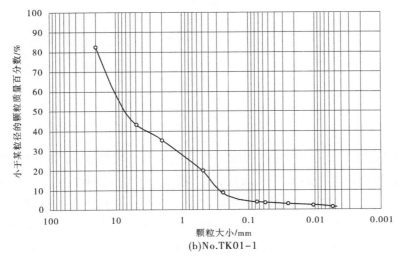

(b)No.TK01-1

图 6-6　班戈大桥段河床砂石颗粒级配曲线

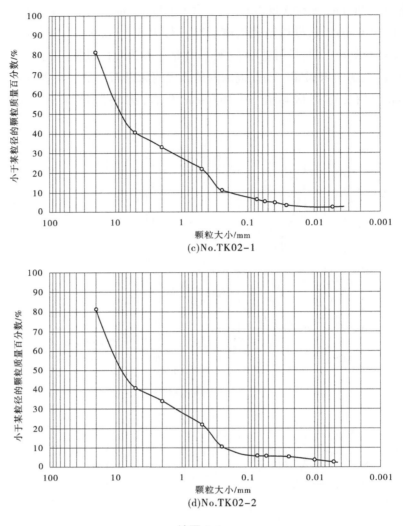

(c)No.TK02-1

(d)No.TK02-2

续图 6-6

（3）色尼区段,位于中游,河道两岸地貌为漫滩及一级阶地,地势平缓,地形起伏较小。上覆棕黄色耕植土 0.2~0.5 m,疏松,含大量植物根系及少量碎石。向下为灰黄色级配不良砾,呈松散~稍密状态,饱和,主要矿物成分为长石及石英等;根据颗粒分析结果,粒径 2~20 mm 颗粒含量占 74%,粒径 0.075~2 mm 颗粒含量占 18%,黏粉粒含量小于 8%,河两岸分布连续,勘探钻孔揭露层厚一般为 6.4~6.9 m。灰黄色含砾低液限黏土分布于级配不良砾下部,呈可塑状态,砾石含量一般为 12%,勘探钻孔揭露厚度为 3.1~4.8 m,在勘探深度范围内未揭穿。色尼区段河床砂石中值粒径在 8.876~14.140 mm,色尼区段河床砂石颗粒级配曲线见图 6-8。

（4）多硕卡段,位于研究区茶曲乡境内,测量河段两岸分布小规模漫滩,地势较平缓,地形起伏较小。该段无耕植土覆盖,灰黄色级配不良砾直接出露,呈松散~稍密状态,饱和,主要矿物成分为长石及石英等;根据颗粒分析结果,粒径 2~20 mm 颗粒含量占 72%,粒径 0.075~2 mm 颗粒含量占 18%,黏粉粒含量小于 10%,河道内连续分布,两岸分布不连续,勘探钻孔揭露最大层厚为 10 m。棕红色砂岩出露于河道两岸山体,呈强~弱风化状态。多硕卡段河床砂石中值粒径在 7.010~9.895 mm,多硕卡段河床砂石颗粒级配曲线见图 6-9。

（5）比如县段,位于研究区比如镇境内,左侧临近 S303 公路,测量河段两岸分布小规模漫滩,地势较平缓,地形起伏较小。该段无耕植土覆盖,灰黄色级配不良砾直接出露,

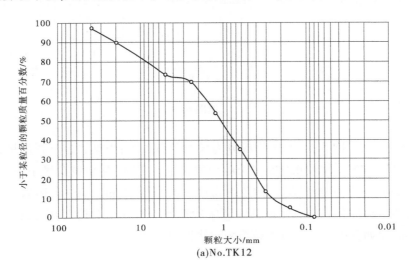

(a)No.TK12

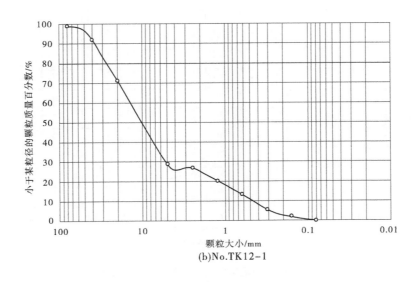

(b)No.TK12-1

图 6-7　弟塔段河床砂石颗粒级配曲线

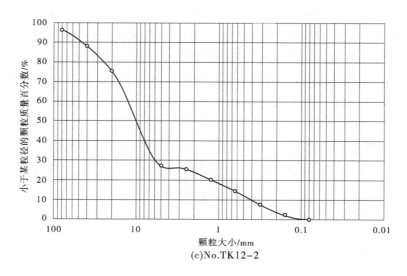

(c)No.TK12-2

续图 6-7

呈松散~稍密状态,饱和,主要矿物成分为长石及石英等;根据颗粒分析结果,粒径 2~20 mm 颗粒含量占 70%,粒径 0.075~2 mm 颗粒含量占 27%,黏粉粒含量小于 13%,河道内连续分布,两岸分布不连续,勘探钻孔揭露最大层厚为 10 m。棕红色砂岩出露于河道两岸山体,呈强~弱风化状态。比如县段河床砂石粒径差异相对较大,中值粒径在 6.800~15.204 mm,比如县段河床砂石颗粒级配曲线见图 6-10。

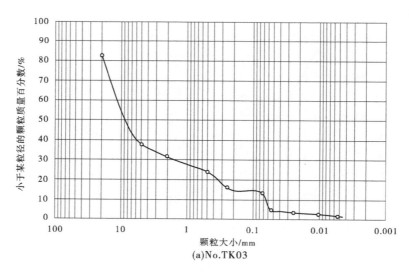

(a)No.TK03

图 6-8　色尼区段河床砂石颗粒级配曲线

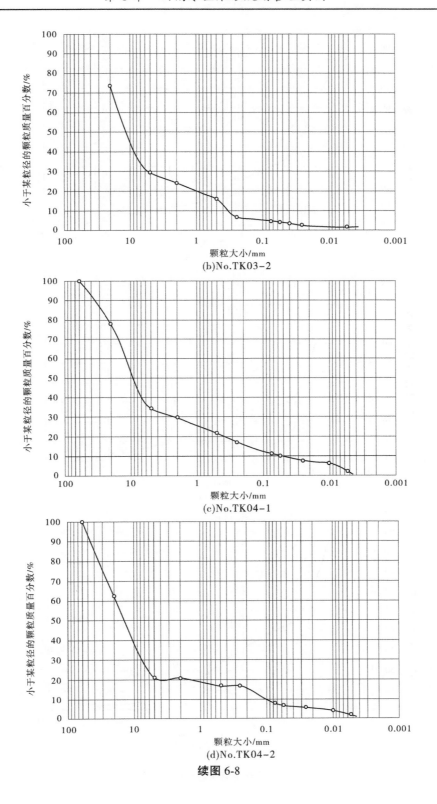

(b)No.TK03-2

(c)No.TK04-1

(d)No.TK04-2

续图 6-8

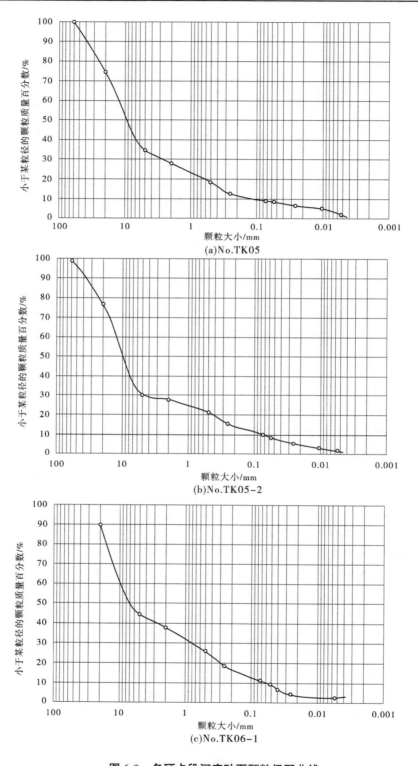

(a)No.TK05

(b)No.TK05-2

(c)No.TK06-1

图 6-9　多硕卡段河床砂石颗粒级配曲线

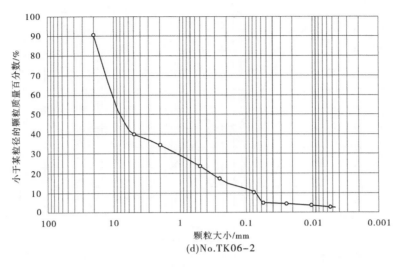

(d)No.TK06-2

续图 6-9

2. 桑曲

1)地质及水文地质条件

桑曲流域由老至新分布有古生界至第三系地层,其中侵入岩以拉萨—林芝中酸性岩带为主,流域地质构造分属雅鲁藏布北东西向构造带和藏中弧形构造带两个次级构造体系。流域地质构造发育,大小断裂纵横交错,具有较好的地下水赋存条件。地下水主要分布在基岩裂隙中和第四纪冰积、洪积、冲积及湖积等松散沉积物的孔隙中。大气降水、融冰雪水是地下水主要补给源。

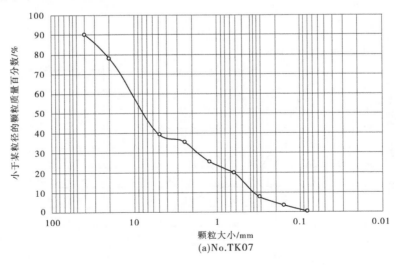

(a)No.TK07

图 6-10　比如县段河床砂石颗粒级配曲线

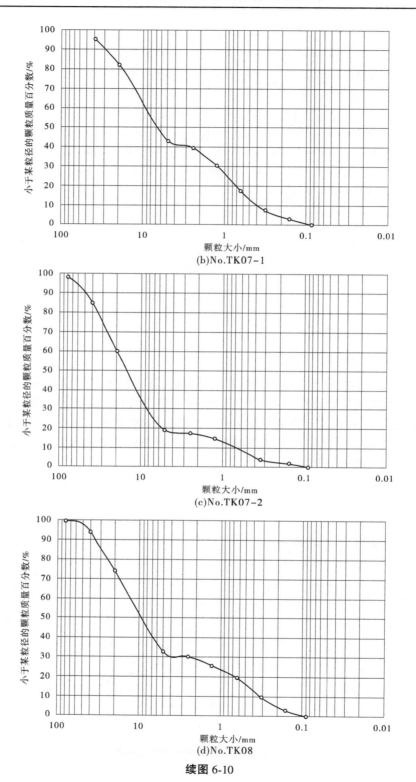

(b)No.TK07-1

(c)No.TK07-2

(d)No.TK08

续图 6-10

2) 河床砂石特征组成分析

桑曲流经山谷地区,河床组成物以粒径较粗的砂卵石为主,抗冲性较好。结合规划需要,在古露镇进行河床地层勘察,该段位于拉萨河源头桑曲中上游古露镇境内,勘察范围属桑曲两岸漫滩及一级阶地,地势平缓,地形起伏较小。上覆棕黄色耕植土 0.2~0.5 m,疏松,含大量植物根系及少量碎石。向下为灰黄色级配不良砾,呈松散~稍密状态,饱和,主要矿物成分为长石及石英等;根据颗粒分析结果,粒径 2~20 mm 颗粒含量占 74%,粒径 0.075~2 mm 颗粒含量占 23%,其余为细粒土,该层于桑曲古露镇段分布连续稳定,勘探钻孔揭露层厚一般大于 10.0 m。古露镇段河床砂石中值粒径在 6.583~10.488 mm,桑曲古露镇段河床砂石颗粒级配曲线见图 6-11。

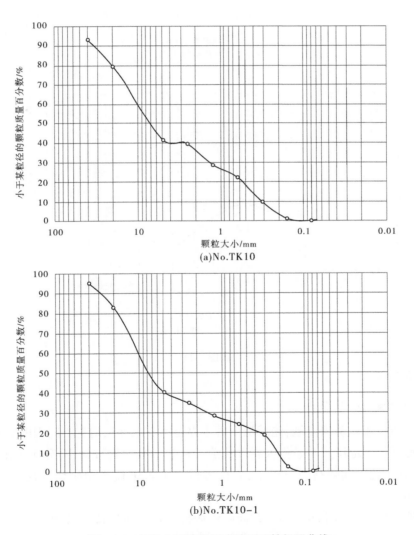

图 6-11　桑曲古露镇段河床砂石颗粒级配曲线

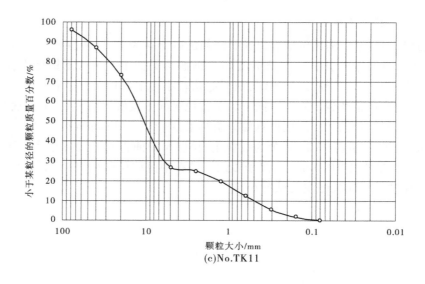

(c)No.TK11

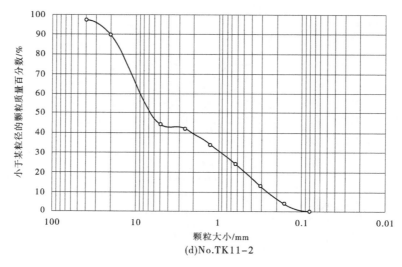

(d)No.TK11-2

续图 6-11

3.麦地藏布

1)地质及水文地质条件

麦地藏布位于拉萨河流域,流域从下古生界至第三系地层均有不同程度出露,其中以墨竹工卡地区出露地层较全。侵入岩以拉萨—林芝中酸性岩带为主,分布于干流断裂以北,申措—九子拉—朗呷马断裂以南,岩体多侵入上古生代至中生代地层中,属燕山晚期—喜山期。

流域地质构造分属雅鲁藏布北东西向构造带和藏中弧形构造带两个次级构造体系。流域位于阿隆冈日地震带,地震主要集中分布在黑河—申扎—当雄之间,据 1/400 万《中国地震动参数区划图》(GB 18306—2015),本区地震动峰值加速度为 $0.15g \sim 0.40g$,相当于地震基本烈度Ⅶ~Ⅸ度。流域地表径流以降雨补给为主,其次是融冰、融雪,地下水主要补给源为大气降水入渗补给及河流侧向入渗补给。

2) 河床砂石特征组成分析

麦地藏布河床组成物以粒径较粗的砂卵石为主,抗冲性较好,上游来沙量很小。结合规划需要,在麦地藏布进行河床地层勘察,该河段位于嘉黎县境内,河道两岸地貌为河漫滩及一级阶地。地势平缓,地形起伏较小。上覆棕黄色耕植土 0.2~0.5 m,疏松,含大量植物根系及少量碎石。向下为灰黄色级配不良砾,呈松散~稍密状态,饱和,主要矿物成分为长石及石英等;根据颗粒分析结果,粒径 2~20 mm 颗粒含量占 72%,粒径 0.075~2 mm 颗粒含量占 24%,其余为细粒土,该层于麦地藏布河道两岸分布连续稳定,勘探钻孔揭露层厚一般大于 10.0 m。该河段河床砂石粒径与桑曲古露镇段较为接近。

6.3.3.2　泥沙来源及砂石补给量分析

河道泥沙组成主要为每年河道淤积的悬移质、推移质泥沙(泥沙补给量)及历年河道淤积在河床、滩地上的泥沙(历史储量)。年度采砂控制总量一般以河道砂石年度补给量为控制目标,当河道砂石年度补给量较少无法满足需求时,可以考虑砂石历史储量作为河道采砂砂源。

河道输沙量分为多年平均悬移质输沙量和推移质输沙量。其中,悬移质输沙量一般采用水文测站实测泥沙资料计算多年平均悬移质输沙量;推移质输沙量在具有多年推移质资料时,其算术平均值即为多年平均推移质年输沙量,当缺少实测资料时,可按悬移质的一定比例估算。

1. 干流

研究区域河流多属于少沙河流,主要由于其地理位置海拔较高,气候寒冷,地面长时间封冻,流域产沙能力很小,河道来沙主要为上游来沙和区间产沙。从流域自然地理及径流特性上看,沙量由上游向下游逐渐增加。河源及上游为雪域高原区,人类活动主要为游牧,农业比例低,人烟稀少,基本保持着天然状态,流域产沙量不大;河道向下流经平原区,由于水流速度下降,上游来沙落淤,来沙量有所增加;再向下游进入山区,河道流速加快,泥沙落淤量减少,两岸山体基岩出露,区间产沙量也有一定下降。此外,干流已建查龙、吉前和比如 3 个梯级水电站,河道泥沙多数被拦截在库区内,待如鲁、拉热、江达、东宗 4 个梯级水电站建成后,河道泥沙含量将会进一步减少。

1) 悬移质输沙量

流域属于无资料地区,泥沙的分析采用比拟法及现场调查的方法进行分析。流域上游植被多为高山草甸及灌木林,中下游沿河两岸植被多为灌木林,表土侵蚀条件较为充分。洪水季节河水浑浊,悬移质和推移质泥沙含量较大,枯水期泥沙含量较小。

根据收集资料,干流研究范围内仅有达萨站有泥沙观测资料。达萨水文站位于研究区色尼区,海拔约 4 400 m,控制流域面积 12 528 km²。达萨站 1987 年开始测沙,仅有 1988—1992 年共计 5 年实测泥沙资料。

根据达萨站 5 年实测泥沙资料分析,多年平均悬移质输沙量仅 7.33 万 t,输沙模数为 5.85 t/km²。同期多年平均流量 34.8 m³/s,多年平均含沙量 0.067 kg/m³。达萨站输沙量很少,而查龙水库集水面积(12 070 km²)占达萨站控制流域面积(12 528 km²)的 96.3%,查龙水库正常蓄水位以下库容 1.38 亿 m³,经查龙水库拦沙后,河道悬移质来沙量主要来自区间产沙,但区间产沙量也很少。

2)推移质输沙量

流域无推移质测验资料,采用推悬比法估算推移质输沙量。长江勘测规划设计研究院在下游岩桑树水电站进行预可行性研究设计时,取推悬比为 6%。北京院委托中水北方泥沙研究所进行梯级电站推移质泥沙输移试验,试验成果表明:流域推悬比为 5% 左右。六库水电站可行性研究设计时,根据流域地质地貌、产沙概况踏勘情况,参考邻近流域澜沧江、金沙江的推悬比采用 3%~5%,考虑到流域河床和两岸比降较陡,推悬比按 5% 计算。

根据达萨站泥沙观测资料,多年平均悬移质输沙量为 7.33 万 t,按照推悬比估算推移质输沙量为 0.37 万 t。综上所述,达萨站总输沙量约为 7.70 万 t。

2. 桑曲

桑曲流经藏南高山深谷区,除古露镇区域外,人烟稀少,水土流失较轻,河流含沙量较小。桑曲现状无水文测站,河床组成物以粒径较粗的砂卵石为主,上游来沙量较少,河道两岸多为陡峻高山,基岩出露地表,区间产沙量也较少。

3. 麦地藏布

麦地藏布为拉萨河上游段,地貌上属于藏南山原宽谷区,大部分为山地,河谷宽阔,两岸多草场,部分沟谷有森林分布,加之人烟稀少,水土流失较轻,河流含沙量较少。麦地藏布缺乏水文站实测泥沙资料,其下游旁多水文站多年平均含沙量为 0.135 kg/m³。

6.3.3.3　可利用砂石总量

可利用砂石总量采用河道地质资料和河道断面资料,根据河道面积和砂石厚度,采用体积法估算。按照以下方法估算:①分别在研究河段进行地质勘察,砂石厚度根据河道地质勘察结果,以河道主槽平均高程为控制,各河段根据上下游分段确定主槽平均高程以上砂层厚度;②根据砂层厚度和研究河段面积,考虑折算系数 0.8,估算可利用砂石总量;③根据河段颗分曲线选取利用系数。

仅在干流规划可采区,因此只估算干流可利用砂石总量。根据河道地质资料,河道主槽深泓以上砂层厚度一般在 2~4.5 m,结合河道断面资料,估算研究河段可利用砂石总量约为 8 073 万 m³。河道典型地形及地质钻孔图见图 6-12~图 6-14。

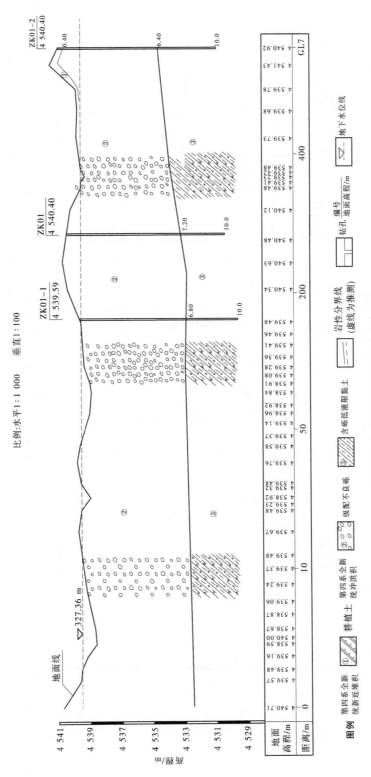

图 6-12　班戈大桥段地形及地质钻孔图

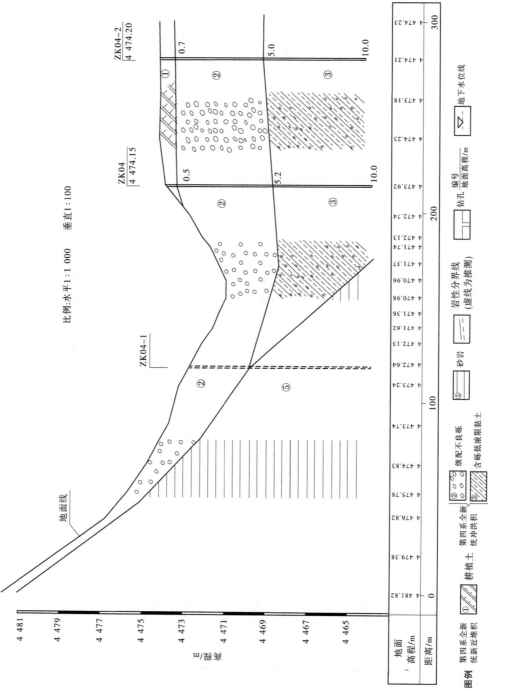

图 6-13 色尼区段地形及地质钻孔图

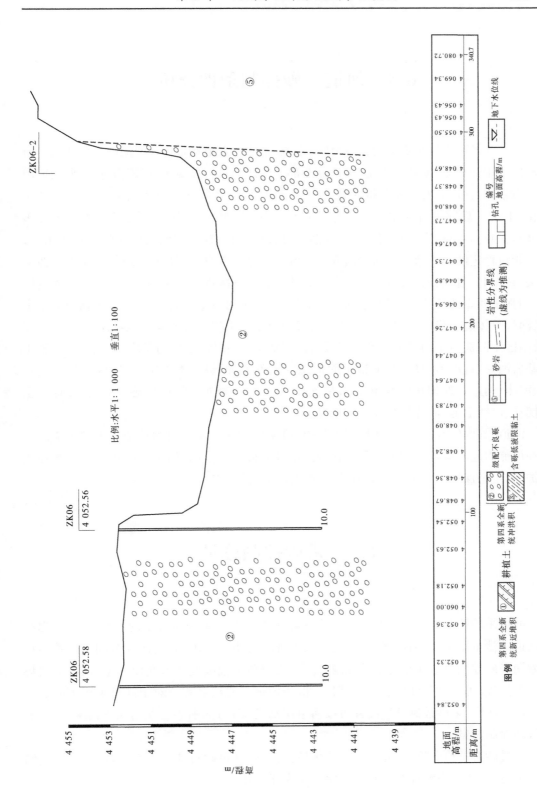

图 6-14　多顿卡段地形及地质钻孔图

6.4　河道采砂控制条件分析

　　规划涉及研究区重点河流,主要包括干流、桑曲和麦地藏布 3 条河流的重要河段。研究河段中干流中游、桑曲中上游、麦地藏布部分河段为宽谷盆地区,河道为宽浅型,河床由砂卵石组成,河岸具有一定的抗冲能力,平枯水时河势相对稳定,大水年河道有明显冲淤变化;干流下游、桑曲下游和麦地藏布部分河段为山区型河流,河道呈狭窄型,河岸两侧多为基岩,河势相对稳定。在河道的长期演变过程中,通过挟沙水流与河床的相互作用,形成了相对稳定的河床形态。河道演变与上游来水来沙条件、河床边界条件以及人类活动等关系密切。目前,研究范围仅城区段和部分乡村段修建了防洪堤防,在堤防工程范围内,增强了两岸的抗冲性,限制了河岸的崩退,稳定了河道主流的走向,增加了河道的稳定性,河势总体趋于稳定。但由于目前堤防及河道整治工程覆盖范围小,多数河段为无工程段,山区型河流由于两岸为山区、丘陵区,河谷狭窄,岸坡陡立,河道基底多为岩石,属岩土或基岩河岸,抗冲能力较强,河道平面形态变化不大,河势基本稳定;平原区河流经过水流、河床、河岸长期相互作用,河道多呈支汊散乱、心滩密布的平面形态,部分河段存在主流摆动、岸线崩退、河势变化较大的情况。

　　河道采砂必须以维持河势稳定为前提,可采区的布置不得对河势造成不利影响。禁止在可能引起河势发生较大不利变化的河段开采砂石。同时,河道采砂还应满足水环境保护、水生态保护和涉水工程对河道采砂的控制条件要求。

6.5　采砂控制总量

　　河道采砂控制总量为建筑砂料采砂总量,按照采砂控制总量确定的原则,综合考虑河段河道输沙量情况、河道冲淤变化、河道采砂现状及用砂需求,确定研究范围内建筑砂料规划期采砂控制总量和年度采砂控制总量。为避免大幅改变河道断面形态,以维护河势稳定为前提,可采区采砂控制开采高程不低于河道深泓线高程。对于河道主槽不明显需要整治的河段,采砂控制开采高程可按河道深泓线以下 1 m 控制。结合采砂需求,综合确定采砂控制总量。

　　经过砂石补给分析,研究河段输沙量较少,不能满足砂石开采需求,考虑砂石历史储量较丰富,因此以泥沙补给量和历史储量作为开采砂源。

　　按照采砂年度控制总量的确定原则和方法,根据河道河势变化、河道采砂现状和输沙量情况,确定研究河段采砂控制总量为 116.43 万 m³,年度采砂控制总量为 29.11 万 m³,其中桑曲、麦地藏布不规划可采区,因此桑曲和麦地藏布不设年度采砂控制量。研究河段采砂控制总量全部位于干流,其中色尼区规划期采砂控制总量为 89.40 万 m³,年度采砂控制总量为 22.35 万 m³;比如县规划期采砂控制总量为 27.03 万 m³,年度采砂控制总量为 6.76 万 m³。研究河段采砂控制总量统计见表 6-5。

表 6-5　研究河段采砂控制总量统计

河流	县级行政区	规划期采砂控制总量/万 m³	年度采砂控制总量/万 m³
干流	色尼区	89.40	22.35
	比如县	27.03	6.76
	合计	116.43	29.11

6.6　采砂分区规划

　　采砂分区规划综合河势稳定、防洪安全、供水安全、沿河涉水工程和设施正常运行、生态环境保护等方面的要求,并充分考虑河道特性和泥沙补给情况,结合不同河流的特点和不同地区经济发展程度的差别,综合考虑与流域综合规划等规划相协调,从增强规划的指导性和可操作性出发,提出各河段禁采区、可采区和保留区规划方案。首先根据禁采区规划原则和方法,按照环境敏感区、已建工程保护要求以及河道管理需求划定禁采河段和禁采区域;然后根据可采区规划原则和方法,规划可采区;将河道范围内禁采河段、禁采区域和可采区以外的区域划定为保留区。

6.6.1　禁采区划定

6.6.1.1　禁采河段

　　禁采河段为河道两断面之间的整个区域。根据各河道特点,共划定禁采河段 39 个,长约 106.5 km,研究范围内河道的禁采河段统计见表 6-6。

表6-6　研究范围内河道的禁采河段统计

序号	河流	禁采河段数量/个	禁采河段长度/km
1	干流	25	80.1
2	桑曲	8	17.4
3	麦地藏布	6	9.0
研究范围		39	106.5

1. 干流

根据禁采区划定原则,将研究区色尼区查龙水库、吉前水库,达萨水文站、公路桥、铁路桥等所在河段划定为禁采河段,划定禁采河段16个,长约49.7 km;将比如县比如镇水库、公路桥、铁路桥、拦河坝等所在河段划定为禁采河段,划定禁采河段9个,长约30.4 km。共划定禁采河段25个,长约80.1 km。

2. 桑曲

根据禁采区划定原则,将桑曲研究范围内公路桥、铁路桥所在河段划定为禁采河段,共划定禁采河段8个,长约17.4 km。

3. 麦地藏布

根据禁采区划定原则,将麦地藏布研究范围内涉及的桥梁保护范围划定为禁采河段,共划定禁采河段6个,长约9.0 km。

6.6.1.2　禁采区域

根据研究河段范围内涉水工程分布特点,规划将各类涉水工程保护范围划定为禁采区域。

涉水工程保护范围禁采区域是以法律、法规、规章、规范所规定的涉水工程保护范围为依据,在此基础上规划有限区域禁采的一种禁采方式。对同一地区、同一河流、相同等级的同类涉水工程,按照下位法服从上位法的原则规划。法律、法规中已明确规定涉水工程保护范围的,如《堤防工程管理设计规范》(SL/T 171—2020)中对堤防工程保护范围做了具体规定,在划分禁采区域时直接加以引用。另有部分涉水工程和设施,法律、法规规定在其保护范围内不得从事取土、挖砂、采石等活动,但没有具体的保护范围,如相关法规对个别涉河工程保护范围只做了原则性规定,对于这类涉水工程的禁采区域,参照相类似工程并结合采砂管理的实际经验确定一个较合适的禁采范围。

根据实际调查结果,规划对研究河段涉水工程禁采范围进行了划定。在编制年度采砂计划或实施方案、进行采砂行政许可时,应根据河段涉水工程的实际分布情况,进一步复核确定因涉水工程保护范围而划定的禁采区。

6.6.2 可采区规划

6.6.2.1 可采区控制条件

1.可采区研究范围

统筹考虑研究区河势条件、泥沙落淤等因素,在 1∶2 000 地形图中确定可采区范围。在进行年度实施审批时,在规划的可采区范围内,根据具体情况划定年度采砂作业区。

2.采砂控制高程

结合研究区各河流实际情况,采砂规划可采区采砂控制开采高程不低于河道深泓线高程。对于河道主槽不明显需要整治的河段,采砂控制开采高程可按河道深泓线以下 1 m 控制。各河段采砂控制开采高程以 2021 年河道实测断面(比例尺 1∶1 000)资料为控制依据。

3.可采区禁采期

规划从各河段防洪安全、水生态环境保护的实际特点出发,确定松辽流域禁采期如下:

(1)主汛期(每年 7 月 1 日至 8 月 31 日)及河道水位超警戒水位期。

(2)鱼类产卵繁殖期和洄游期。

(3)地方特殊规定需禁采的时期。特殊情况下,县级及以上人民政府可以根据辖区河流水情、工情、汛情和生态环境保护等实际需要,下达禁采时段。

4.采砂作业方式

实地调查显示,研究河段采砂作业方式主要为旱采,采砂机具主要包括挖掘机、铲车等。规划可采区基本位于滩槽附近,采砂方式仍以旱采为主。

6.6.2.2 可采区规划方案

规划可采区全部位于干流,桑曲和麦地藏布河道狭窄,水功能区上属于源头水保护区,为保护河势稳定和水质,桑曲和麦地藏布不规划可采区。

规划可采区 11 个,可采面积 75.27 万 m²,规划期可采区采砂控制总量为 116.43 万 m³,年度采砂控制总量 29.11 万 m³。其中,色尼区规划可采区 5 个,规划期采砂控制总量 89.40 万 m³,年度采砂控制总量 22.35 万 m³;比如县规划可采区 6 个,规划期采砂控制总量 27.03 万 m³,年度采砂控制总量 6.76 万 m³。根据地质勘察结果,可采区砂石以中粗砂、中细砂、细砾及砂砾石为主,砾主要以原岩碎块为主,磨圆一般或较好,砂主要为长石、石英,结构稍密或密实,可作为建筑用砂。

研究河段可采区规划成果统计见表 6-7。

表 6-7 研究河段可采区规划成果统计

河流	县级行政区	可采区名称	长度/km	面积/万 m²	规划期控制采砂总量/万 m³	年度控制采砂量/万 m³	采砂控制高程/m
干流	色尼区	班戈大桥可采区	2.00	20.86	28.16	7.04	4 534.0~4 537.5
		色尼区可采区1	0.97	10.55	19.32	4.83	4 483.5~4 480.5
		色尼区可采区2	0.95	12.61	15.10	3.78	4 474.5~4 473.0
		色尼区可采区3	0.83	4.50	10.04	2.51	4 472.5~4 471.5
		色尼区可采区4	1.36	7.52	16.78	4.20	4 470.5~4 469.5
		小计	6.11	56.04	89.40	22.36	—
	比如县	多硕卡可采区1	0.36	1.97	4.43	1.11	4 054.0~4 053.5
		多硕卡可采区2	0.27	1.76	2.65	0.66	4 052~4 050.5
		多硕卡可采区3	0.58	5.13	5.82	1.46	4 044.5
		比如可采区1	0.26	1.44	2.91	0.73	3 910.0
		比如可采区2	0.87	3.83	5.46	1.37	3 909.0~3 907.0
		届尔苦可采区	0.57	5.10	5.76	1.44	控采深度 2 m
		小计	2.91	19.23	27.03	6.77	—
合计			9.02	75.27	116.43	29.13	—

注:采砂控制高程为可采区上游起点至下游终点的高程区间值,可采区年度实施时应根据采砂具体位置进行内插,确定对应可采范围的采砂控制高程。

6.6.3　保留区规划

保留区是在河道管理范围内采砂具有不确定性,需要对采砂可行性进行进一步论证的区域,其目的是为在规划期内进行必要的调控和更好地实现采砂管理留有余地。保留区的使用应经过慎重研究并进行充分论证,避免对河势、防洪等造成较大不利影响。

研究河段河势基本稳定,除禁采区和可采区外的区域均划定为保留区。在规划期内,对于规划可采区开采条件发生重大变化不宜采砂,确需开采建筑砂料的,可根据可采区划定原则,充分说明调整的理由及必要性,依据保留区转化可采区审批管理要求,按照生态优先、绿色发展原则,选择满足要求的保留区转化为可采区,用以替代不宜实施采砂的规划可采区。由于河势条件发生恶化,或兴建涉水工程设施等,可将原规划保留区转化为禁采区。因沿河城市国民经济发展对砂石料的需求,确需将研究河段内保留区转化为可采区的,应对采砂的必要性和可行性进行专题论证。

6.7　采砂影响分析

6.7.1　采砂对河势稳定的影响分析

规划主要开采砂石历史储量,经估算,研究河段可利用砂石总量为 8 073 万 m^3,规划期采砂控制总量为 116.43 万 m^3,占可利用砂石总量的 1.44%,年度采砂控制总量为 29.11 万 m^3,占可利用砂石总量的 0.36%,砂石开采量占比较小。同时在规划中,按照相关法律法规要求,对堤防、护岸等河道整治工程划定了禁采区,可采区基本布置在河势较稳定的弯道凸岸淤积处、分汊河道或顺直微弯河道主槽内浅滩处。在规定范围内,对河道弯道凸岸淤积处适当采砂,能在一定程度上防止河道深泓继续向凹岸移动、避免弯道继续向下游发展;在分汊型河道适量采砂基本不会引起汊道分流形势发生变化,能够控制和减缓分汊型河道继续向下游发展,有利于理顺河势;在非主汊河道进行适量采砂,对调整河道的分流比、延缓非主汊河汊萎缩和断流有一定的作用;在顺直微弯河道主槽内适量采砂,严格控制采砂深度,可以增加河道行洪断面,扩大河道行洪能力,采砂后近期河道虽有一定的冲刷,但河段总体河势基本稳定。

规划科学合理地开采砂石资源,对各可采区采砂总量、采砂高程、采砂范围等严格控制,严禁超深超量开采河砂,对采砂活动进行统一有效的管理,可以减少河床淤积、理顺河势、控导主流,在一定程度上对河道起到疏浚作用,对河势影响较小。

　　由于引起河势变化的因素复杂不定,对进行采砂作业的河段必须进行动态监测,随时跟踪观测和分析,若发现因开采河砂导致影响河势稳定等情况,应及时采取相关措施,防患于未然。

6.7.2　采砂对防洪安全的影响分析

　　规划的可采区与两岸的堤防及其他防洪工程保持了一定的安全距离,对采砂高程进行了严格控制,采砂后对研究河段的水深和流速影响较小,不会对防洪工程产生不利影响。

　　规范有序的河道采砂,可以适当加大行洪断面,疏浚河道,提高河道的行洪能力。在开采时应加大监管力度,严禁弃料乱堆乱放影响河道泄洪。

6.7.3　采砂对供水安全的影响分析

　　规划的可采区以不改变河道总体形势、不破坏取水口周围河道形态为原则进行布置,在采砂管理方面严格控制开采范围,保证不超范围开采,严控采砂控制高程,必要时进行河道地形复测,避免局部开采超深度、超范围,造成取水口无法取水的情况。

　　同时取水设施保护范围内规划禁采区,采砂机具和作业人员生活产生的废水污水需经过处理后排放,基本对取水口水质无影响,因此采砂后不会对供水安全造成较大不利影响。

6.7.4　采砂对生态环境保护的影响分析

6.7.4.1　水环境影响

　　采砂作业对水质的影响有三种情况:一是采砂引起局部河段水体的悬浮物浓度增加,影响水体感官性状;二是采砂过程中由于泥沙中吸附的重金属等污染物质的解吸,也可能造成水体的二次污染;三是旱采时挖掘机及运输车辆石油的泄漏将会对采砂区水域造成污染,作业人员生活污水的排放,也将造成采砂区及其附近水域的水质污染,导致水功能区水质恶化。

　　规范采砂区开采管理,减少乱采滥挖,减少采砂区开采对采砂河段水环境的影响,采砂单位应严格按照有关规定进行采砂活动。在采砂区开采生产过程中应采取必要的措施,严禁生活污水、含油废水、生活垃圾、废机油等污染物直接排入采砂水域。水上各类作业机械维护维修时,应拖到陆地上的固定区域进行维修,做好油水、废水与其他固体废物的收集,并妥善处理,防止污染水体。采砂场需要冲洗砂石料时,需在砂石料冲洗处设置沉淀池,悬浮物含量达标后方可排放,在水质监测中若发现采砂引起的异常,及时停采并采取应急措施。

通过采取以上措施,基本可以避免挖掘机、运输车辆油污泄漏及废油、废气的排放对采砂河段水体的污染,通过配备油水分离器和加强管理,可以基本减免采砂机械对采砂河段的石油类污染。

6.7.4.2　水生生态环境影响

1. 对水生生境的影响

采砂范围附近水流和河床底质的结构与物理特性发生变化,对水生生物的生境造成一定的不利影响,但不会对水生生态系统功能造成大的影响。

充分考虑采砂场边坡的稳定性,在采砂时需按设计规范留足边坡角,严格限定砂场开采范围,禁止对开采范围外的河岸边坡进行开采挖掘,禁止越界扩大开采漫滩。对河岸的侵蚀及护岸出现的环境问题及时采取措施进行防治处理与防护。

2. 对鱼类资源的影响

采砂作业应避开鱼类产卵繁殖期和洄游期,可有效保护以上河段河道生境。

其他分散的小型鱼类产卵场、索饵场广布在缓流、浅滩处,规划的部分可采区位于弯道凸岸浅滩,这些浅滩是产黏性卵鱼类产卵场的重要组成部分,规划实施对这些产卵场产生干扰。另外,采砂河段水体悬浮物增加、河床波动等因素对浮游动植物、河岸带水生植物产生不利影响。

需在可采区年度采砂计划或实施方案中进一步论证对水源地和鱼类"三场"的影响,经环境论证可行并征得相应管理部门同意后方可实施。采砂时建立严格的监督监管制度,河道采砂行政主管部门和地方各级水行政主管部门应严格按照采砂规划开采,对禁采区、禁采期、采砂范围、采砂量、采砂控制高程等进行严格监管,依法管理好河砂资源,采取相应水生生态环境保护措施,对可采区进行监测管理,督促、监督和落实各项水生态保护措施,降低工程对水生生态的不利影响。

6.7.4.3　陆生生态环境影响

规划可采区主要土地类型为河滩地,扰动影响范围主要为河道,扰动影响范围相对于评价区域来说较小,规划采砂范围内植被稀疏。在河道采砂后,由于形成大小不一的坑洼以及河砂在河滩地上的临时堆积,人为破坏了河床和河滩的自然形态,扰动了河床和河滩地貌,破坏了河滩地植被,影响河流自然景观,根据规划要求,每年汛期为禁采期,临时堆砂场在汛前及时清除,禁止设置永久堆砂场,同时采砂结束后对河滩地及时平复。规划的实施对整体生态环境及生物多样性影响不大。

根据调查,规划区域内植被覆盖度较小,无法为大型兽类、鸟类和珍稀野生动物提供栖息环境。经查阅历史记载资料和走访当地群众,规划区域活动的野生动物均为当地常见的动物,因此规划的实施对野生动物的影响不大。

6.7.4.4　环境空气和声环境影响

采砂过程中将产生一定量的粉尘,会对局部区域环境空气质量产生不利影响,一般情况下,采砂场地处于空旷的岸边,大气扩散条件较好,加之采砂场之间相对比较分散,采砂过程中产生的粉尘、扬尘量不大。对采砂区域的大气环境质量不会产生大的不利影响。

应采取必要的措施减小空气环境和声环境的影响,主要措施为尽量合理规划采砂布局、合理安排采砂时段、采取必要的防护措施,对声环境影响可以降至最低。

6.7.4.5　采砂对基础设施正常运用的影响分析

规划对河道管理范围内的拦河建筑物、公路桥、铁路桥、水文站、涵洞等涉河工程按照相应法律法规划定了禁采区域,禁止在涉河工程禁采区域内开采砂石。因此,规划不会对涉河建筑物的安全及运行产生不利影响。

第 7 章　采砂规划保留区调整方法及应用实例

根据《河道采砂规划编制与实施监督管理技术规范》(SL/T 423—2021),当可采区开采条件发生重大变化不宜采砂,确需开采建筑砂料的,可根据可采区划定原则,充分说明调整的理由及必要性,依据保留区转化可采区审批管理要求,按照生态优先、绿色发展原则,选择满足要求的保留区转化为可采区,用以替代不宜实施采砂的规划可采区。本章以黑龙江省富裕县嫩江干流段保留区调整为例进行详述。

7.1　基本情况

7.1.1　河道概况

7.1.1.1　自然地理

嫩江流域西北部属山区,植被良好,森林覆盖率高,是我国著名的大兴安岭林区;嫩江从嫩江镇到尼尔基镇,地形逐渐由山区过渡到丘陵地带;从齐齐哈尔市以下逐步进入平原区,向南直至松花江干流形成广阔的松嫩平原。

富裕县地处松嫩平原由漫岗向平原的过渡地段。地形北高南低、东高西低,海拔在146.2~224.3 m。

7.1.1.2　河流水系

富裕县嫩江干流段江道平缓宽阔,最大宽度达 14.4 km。滩地上沙洲、汊河较多,汊河有塔哈河、乌双河、昆顿河、老北江、马肠河等。

7.1.1.3　气象水文

富裕县地处松嫩平原西北部,属中温带大陆性季风气候,冬寒夏暖,四季变化明显。春季多风少雨,夏季高温多雨,秋季气温变化剧烈,冬季严寒干燥;年均气温 3.0 ℃,极端最低气温-38.5 ℃,极端最高气温 40.7 ℃;年平均降水量 440.5 mm;年蒸发量 1 516.3 mm;全年日照时数 2 787.1 h,无霜期 140 d。

7.1.1.4　泥沙

嫩江为少沙河流,泥沙测验资料不多,而且不连续,尼尔基水库以下具有长系列泥沙监测资料的水文站主要为江桥站和大赉站。现有泥沙资料多为中华人民共和国成立后实测。根据水文站资料统计,受流域内地形地貌、气象、水文等自然条件影响,年输沙模数分布呈现东南部大、西北部小,丘陵区大、山区和平原区小的特点。

富裕县嫩江段泥沙年际和年内变化较大,根据长系列监测资料,江桥站年最大输沙量为1 240万t,年最小输沙量为23.6万t,最大输沙量为最小输沙量的52.5倍,年最大输沙量为多年平均输沙量的6.6倍。泥沙的年内分配与径流分配基本一致,主要集中在汛期,且沙量比水量更集中,6—9月沙量占年沙量的63%～99.7%。

7.1.2　河道采砂基本情况

7.1.2.1　河道采砂规划情况

2019年6月,水利部批复《松花江、辽河重要河段河道采砂管理规划(2021—2025年)项目任务书》。2021年6月,松辽水利委员会组织编制完成了《松花江、辽河重要河段河道采砂管理规划(2021—2025年)》(简称《采砂规划》)。2021年7月,水利部批复了《采砂规划》。

禁采区基本情况:富裕县嫩江干流段禁采区域包括齐齐哈尔市浏园水源地保护区、黑龙江省齐齐哈尔沿江湿地自然保护区等敏感区,河道管理范围内堤防、道路、交通桥、涵闸、取水泵站、排污口等涉河工程的安全保护范围。富裕县嫩江干流段共划定禁采区面积10 983.63万m²。

可采区基本情况:富裕县嫩江干流段规划可采区共5处,面积442.87万m²。其中,富裕可采区1、富裕可采区2位于嫩江干流富裕县东明村附近,可采区面积分别为28.95万m²、125.45万m²,规划期采砂控制总量分别为72.45万t、274.58万t;富裕可采区4、富裕可采区5、富裕可采区6位于塔哈镇大高粱村附近,可采区面积分别为180.25万m²、56.53万m²、51.69万m²,规划期采砂控制总量分别为550.93万t、121.27万t、112.65万t。规划富裕县可采区成果见表7-1。

保留区基本情况:保留区是为因河势、防洪要求、涉河工程变化的不确定性和砂石需求的不确定性而设置的区域,保留区可为规划期内进行必要的调控和更好地实现采砂管理留有余地。《采砂规划》所划保留区的研究范围是根据研究河段的具体情况、采砂需求和管理要求综合确定的,是将禁采区、可采区之外的河道管理范围划定为保留区。富裕县嫩江干流段规划保留区共3处,面积29 414.84万m²。其中,县界至富甘公路以北段,面积2 780.4万m²;富甘公路以南至中部引嫩渠首段,面积8 119.94万m²;中部引嫩渠首至齐齐哈尔市地表水水源地保护区边界段,面积18 514.50万m²。在《采砂规划》编制阶段,富裕县嫩江干流段存在《黑龙江省湿地名录》中的一般湿地,原则上规划为保留区。

表 7-1　规划富裕县可采区成果

可采区名称	可采区位置描述		规划期采砂控制总量/万 t	年度采砂控制总量/万 t	可采区范围(长×宽)/(m×m)	采砂控制高程/m	可采区面积/万 m²
	河道类型	位置					
富裕可采区 1	分汊型	行洪滩地	72.45	14.49	959×302	158.63	28.95
富裕可采区 2	分汊型	行洪滩地	274.58	54.92	1 808×694	158.61	125.45
富裕可采区 4	分汊型	行洪滩地	550.93	110.19	1 728×1 043	150.76	180.25
富裕可采区 5	分汊型	行洪滩地	121.27	24.25	850×665	150.7	56.53
富裕可采区 6	分汊型	行洪滩地	112.65	22.53	977×529	150.66	51.69
合计			1 131.88	226.38			442.87

富裕县规划采砂分区布置示意图见图 7-1。

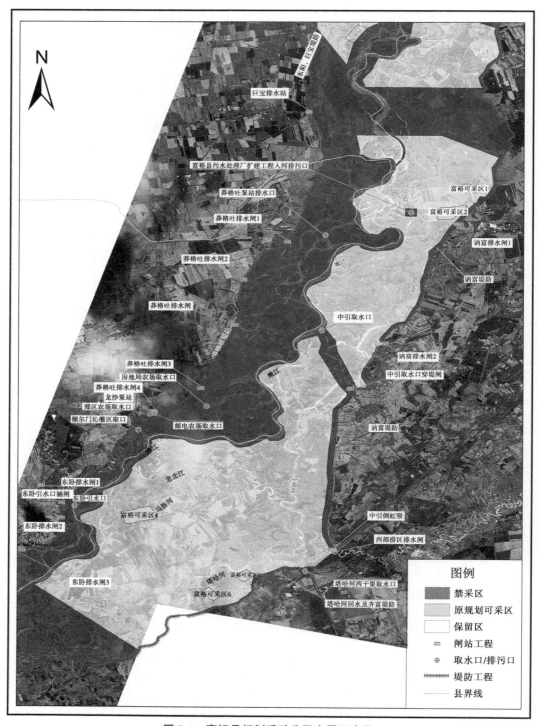

图 7-1　富裕县规划采砂分区布置示意图

7.1.2.2　保留区转化有关要求

保留区是为因河势变化的不确定性和砂石需求的不确定性而设置的区域,其目的是为在规划期内进行必要的调控和更好地实现采砂管理留有余地。

1. 保留区管理要求

(1)保留区原则上按照禁采区管理要求实施管理;保留区转化为可采区后,按照可采区管理。保留区转化为可采区或禁采区后,应及时予以公告,必要时应在转化的禁采区设置警示牌。

(2)保留区禁止采砂,对确需开采保留区砂石资源的,必须在阐明采砂的可行性和必要性的基础上,做好水下地形测量和砂质、砂量勘测等重要基础性工作,按照一事一议的方式进行河道采砂可行性论证。

2. 保留区转化为可采区条件要求

在规划期内,对于规划可采区开采条件发生重大变化不宜采砂,确需开采建筑砂料的,可根据可采区划定原则,充分说明调整的理由及必要性,按照生态优先、绿色发展原则,在生态环境影响可接受范围内,选择满足要求的保留区转化为可采区,用以替代不宜实施采砂的规划可采区。研究河段内保留区转化为可采区专题论证时应征求省级交通主管部门意见。

《黑龙江省湿地名录》中一般湿地划定的保留区,在不违反地方性法规及湿地管理规定的前提下,确因经济社会发展需转化为可采区的,可选择开采条件较好、满足建筑砂料开采要求的区域,经充分论证,征求其他相关管理部门意见后转化为可采区。

7.1.3　采砂现状及存在的问题

7.1.3.1　采砂现状情况

2021—2025 年,富裕县共规划可采区 5 处,分别为富裕可采区 1、富裕可采区 2、富裕可采区 4、富裕可采区 5、富裕可采区 6,规划期内采砂控制总量 1 131.88 万 t。

根据采砂管理要求,2021 年、2022 年富裕县水务局按照《采砂规划》确定的采区、年度控制采量,组织编制了年度实施方案,并在县政府网站上发布公告,公告期结束后采取公开拍卖的方式对公告砂量进行拍卖。

县水务局对采砂现场实行旁站式管理,建立了河道采砂计量、监控、登记等制度,加强河道采砂现场的监督管理。建立河道砂石采运管理单制度,强化采、运、销全过程监管。对采砂现场建立管理监控系统,利用影像监控等设备对采砂作业区、出入口等重点部位实行实时监控。采砂作业完成后,县水务局监督作业单位对采砂区进行了生态修复。

截至 2022 年底,已对富裕可采区 1、富裕可采区 2、富裕可采区 5、富裕可采区 6 进行了全部或部分开采,富裕可采区 4 尚未开采,开采总量为 465.97 万 t,其中富裕可采区 1、富裕可采区 5 采砂控制总量已开采完毕,富裕可采区 2 剩余 63.83 万 t,富裕可采区 4 剩余 550.93 万 t,富裕可采区 6 剩余 51.15 万 t。2023—2025 年剩余采砂控制总量为 665.91 万 t。

富裕县各可采区现状开采情况见表 7-2。

表 7-2 富裕县各可采区现状开采情况　　　　单位:万 t

可采区名称	规划期采砂控制总量	已开采砂量	剩余砂量
富裕可采区 1	72.45	72.45	0
富裕可采区 2	274.58	210.75	63.83
富裕可采区 4	550.93	0	550.93
富裕可采区 5	121.27	121.27	0
富裕可采区 6	112.65	61.5	51.15
合计	1 131.88	465.97	665.91

7.1.3.2　存在的问题

1. 富裕县剩余可采区不具备开采条件

富裕可采区 4 位于嫩江干流滩地大高粱村附近,为富裕县第一砂石厂的工矿用地,《采砂规划》编制阶段划定为可采区。根据黑龙江省第三次国土调查成果(2022 年),该可采区地类被划为基本农田,地类的划分调整使富裕可采区 4 不再具备开采条件。

富裕可采区 2、富裕可采区 6 周边河段已被列为修复治理河段,处于修复治理期内,富裕县水利局提出在原采砂规划期暂不宜继续开采。

2. 砂石供应不足,影响区域经济建设

根据《采砂规划》,富裕县年度采砂控制量占黑龙江省嫩江干流采砂年度控制量的 80.3%。由于富裕可采区 2、富裕可采区 4、富裕可采区 6 剩余砂石不能在规划期内正常开采,将会造成富裕县现状砂石量大幅缩减。同时,富裕县砂石资源作为齐齐哈尔市、大庆市砂石主要来源之一,在规划期内无法满足经济建设对砂石的需求量,也将对区域经济建设造成一定冲击和影响。

管理能力薄弱,管理阻力大。河道采砂管理是一项艰巨、复杂和高风险的工作。从富裕县采砂管理的实践来看,采砂管理能力建设存在一些问题,主要表现为:现有执法管理人员业务水平参差不齐,人才资源结构不尽合理,专业人才匮乏,不能适应河道采砂管理需要。执法队伍装备不足,监管执法手段缺乏。现有管理执法装备不能满足实际工作的需要,在执法过程中难以发挥作用。在利益的驱使下,仍有偷采、盗采等现象,屡禁不止,给管理带来很大阻力。

7.1.4　论证任务

7.1.4.1　指导思想

以习近平新时代中国特色社会主义思想为指导,全面贯彻党的二十大精神,牢固树立新发展理念,坚持"节水优先、空间均衡、系统治理、两手发力"治水思路,以维护河势稳定和保障防洪安全、生态安全、供水安全、通航安全、重要基础设施安全为前提,协调相关规划,在尊重河道演变及河势发展规律的基础上,科学论证保留区调整的必要性和可行性,以实现河湖生态系统的科学保护和砂石资源的合理利用。

7.1.4.2　主要任务

根据采砂现状及存在问题,按照《采砂规划》确定的采砂控制总量,依据相关法律法规和标准规范,科学论证保留区调整的必要性和可行性,编制采砂规划保留区转化为可采区论证报告书,实现河道科学保护和砂石有序利用。

7.1.4.3　论证范围及规划期

保留区调整论证范围为黑龙江省富裕县嫩江干流段,重点是《采砂规划》确定的保留区,总面积 29 414.84 万 m^2。

规划期:2023—2025 年。

7.1.4.4　工作内容

(1)现场查勘调研。对富裕县嫩江干流段全面开展现场查勘及调研,调查地形地貌及植被情况、环境敏感区情况、涉河工程布置情况以及现状采砂情况等。

(2)基本资料收集整理及分析。分析区域、河道基本情况,现有水利工程及其他设施情况,水生态与水环境现状、基本农田及环境敏感区域情况,采砂规划和实际开采情况等。

(3)地形测量。收集以往富裕县嫩江干流段河道地形资料。开展富裕县嫩江干流段河道地形测量,比例尺为 1:5 000,包括大断面、水下地形、河道地形等。

(4)水文地质勘察。收集以往水文地质勘察资料。查明岸坡、河床的地质结构,特殊土层的分布、厚度及性状。确定岸坡、河床各土层的物理性质和渗透性参数。完成地质勘查报告,查明其地层岩性、颗粒组成、空间分布规律。

(5)调整必要性分析。结合现状存在的问题、砂石需求分析、富裕县砂石资源禀赋、河湖管理要求等方面,分析保留区调整的必要性。

(6)河道演变分析。分析富裕县嫩江干流段河道特性,套绘河道实测横断面及平面图,分析河道冲淤及河势演变特征,预测分析河段河势变化趋势,分析泥沙补给总量及补给规律。

(7)保留区调整为可采区方案论证。根据规划期剩余采砂控制总量,基于《采砂规划》中保留区调整的原则和条件,提出保留区调整为可采区的方案。根据实测地形及控制条件分析,进行保留区调整为可采区方案论证,确定年度采砂控制总量,提出保留区转化后的采砂实施与管理要求。

(8)采砂影响分析。采用最新实测河道地形资料,构建富裕县嫩江干流段二维水动力模型,分析采砂对河势稳定的影响,以及采砂对防洪安全、生态环境、基础设施运行等的影响。

报告中高程系统均采用 1985 国家高程,坐标系统采用 CGCS2000 坐标系统。

7.1.5　论证范围基本情况

7.1.5.1　区域概况

富裕县位于黑龙江省西部,嫩江中游左岸,地处东经 123°58′36″~125°2′42″,北纬 47°18′26″~48°1′29″,南与齐齐哈尔市龙沙区、大庆市林甸县毗邻,东与依安县接壤,西与梅里斯区、甘南县隔江相望,北与讷河市相连。流经县境的河流主要有嫩江和乌裕尔河,嫩江沿西部县界自北向南流出。

富裕县域总面积 4 026 km²,有 10 个乡(镇)、90 个行政村。2022 年,富裕县人口 27.44 万人,富裕县生产总值 88.94 亿元,同比增长 6.8%。其中,第一产业增加值 38.8 亿元,同比增长 2.8%;第二产业增加值 22.6 亿元,同比增长 13.8%;第三产业增加值 27.5 亿元,同比增长 7.3%。人均地区生产总值 32 549 元,同比上升 11.7%。

富裕县距齐齐哈尔市 65 km,距大庆市 201 km,距哈尔滨市 350 km。齐北、富嫩两条铁路在县城交会,G111、S302 两条公路从境内穿过,交通便利。富裕县第一砂石厂、富裕县第二砂石厂建设有专用铁路线,用于运输砂石。富裕县地理位置示意图见图 7-2。

富裕县嫩江干流段砂石资源丰富,是齐齐哈尔市、大庆市等周边地区砂石的主要来源。近几年随着周边地区经济社会的发展,砂石需求量不断增加,供需矛盾日益突出。

7.1.5.2　区域地质

富裕县地貌成因类型主要包括冲洪积高平原、冲积低平原、嫩江冲积一级阶地、高河漫滩、低河漫滩等。区内微地貌发育,主要为风积砂丘、沼泽湿地等,有大面积的闭流洼地、沼泽湿地及湖沼洼地,有众多的湖泡和砂岗、砂丘、砂垄。

嫩江段地层主要分布有新生界第四系及下伏第三系、中生界白垩系。其中,第四系包括全新统、上更新统大兴屯组及哈尔滨组、中更新统林甸组及下荒山组。

本区Ⅰ级构造单元属兴安岭—内蒙古地槽褶皱区,亚Ⅰ级构造单元属大兴安岭地槽褶皱区和小兴安岭—松嫩地块。区内主要发育有嫩江断裂。松嫩中断(坳)陷带在地貌上构成广阔的松嫩平原,是大型中、新生代内陆断(坳)陷盆地,它的形成和发展主要经历了早白垩世早期零散分布的断陷、早白垩世晚期的早期断(坳)陷、晚白垩世早期的大型凹陷和晚白垩世晚期至古近纪的萎缩褶皱 4 个阶段。晚侏罗世—早白垩世早期,盆地以断裂下陷为主,形成地堑式和箕状断陷,沿断裂普遍有侏罗系上统—白垩系下统火山岩喷出,夹多层陆相碎屑岩。

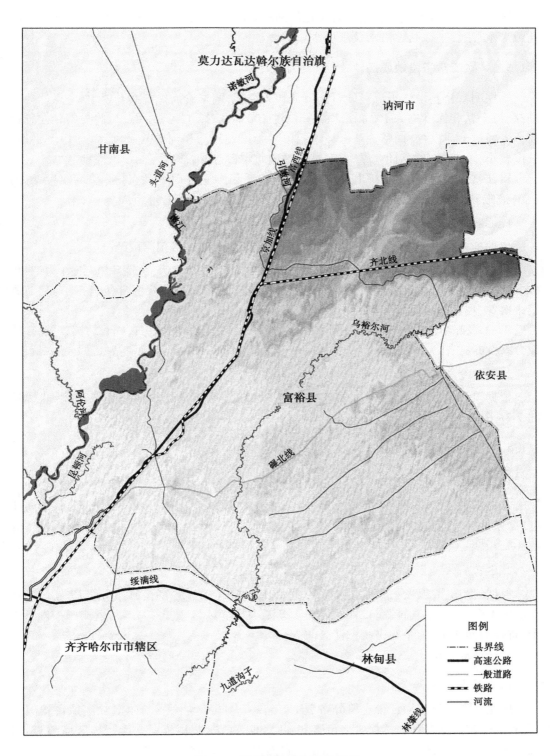

图 7-2　富裕县地理位置示意图

区内地下水类型主要包括基岩风化带网状裂隙水、山前台地孔隙裂隙潜水、河谷平原孔隙潜水、倾斜平原孔隙潜水及承压水。

7.1.5.3　嫩江富裕段地质条件

为探明富裕县嫩江干流段砂石储量及颗粒级配,调整论证报告共开展 10 个点的地质勘探,每个钻孔深度均为 10 m,累积钻探深度 100 m,取样 42 个。通过试验提出颗粒分析指标。通过地质勘探,调整论证区域地貌单元为第四系冲积河漫滩及河床,地势较平坦,坡度较小,不存在岩体滑坡、塌岸、泥石流等地质灾害,无植被良好的稳固滩地。

嫩江富裕段主要分布新生界第四系、古近系和中生界白垩系、侏罗系,第四系由高(低)液限黏土、含砂低液限黏土、粉土质细砂、级配不良砂、砾石等组成。

1. 地层岩性

根据地质勘察报告,富裕县嫩江干流段为第四系全新统冲积层(Q_4^{al})。

①级配良好细砾:黄色、灰黄色,饱和,稍密~中密状,亚圆状、次棱状,以细砾为主,粗砂、中砾次之,余为中细砂和粉粒,砾石成分以石英、长石为主。该层直接出露于河床,该层未揭穿,揭露最大厚度为 10.00 m。

①-1 级配不良中砂:黄色,稍密,饱和,以中砂为主,含粗砂和砾石,砾石磨圆较好,砂质成分以石英、长石为主。该层呈透镜体分布于①层级配良好细砾中,厚度为 0.7~1.50 m。

2. 颗粒分析指标

根据工程地质勘察报告,可采砂层的物理力学性质指标见表 7-3。颗粒级配曲线见图 7-3~图 7-6。

7.1.5.4　水生态与水环境现状

1. 水生态现状

富裕县嫩江干流段水生生境整体较好,鱼类资源丰富,因地处我国最北部,属于高纬度、高寒地区,也是冷水性鱼类的主要分布区。鱼类共计 14 科 69 种,占嫩江鱼类种类的93.1%。其中,鲤科有 45 种,鳅科 7 种,鲑科和鳕科各 3 种,七鳃鳗科 2 种,其他 9 科各 1 种。

2. 水功能区

根据《全国重要江河湖泊水功能区划(2011—2030 年)》,富裕县嫩江河段有一级水功能区 1 个,二级水功能区 4 个。富裕县嫩江水功能区区划见表 7-4。嫩江国控断面 7个,省控断面 2 个,均不在富裕嫩江区间内。

3. 环境敏感区

1)自然保护区

黑龙江省富裕县嫩江干流段分布有 1 处自然保护区,为齐齐哈尔沿江湿地自然保护区,齐齐哈尔沿江湿地自然保护区位于齐齐哈尔市建华区、梅里斯达斡尔族区境内,是河流湿地类型,保护区面积为 3.17 万 hm²。自然保护区基本情况见表 7-5。

表 7-3　物理力学性质指标

孔位分布	岩性序号	岩性名称	试验组数	取样深度/m	比重 G_s	不同深度内各种粒径平均占比/%						休止角/(°)	
---	---	---	---	---	---	中砾 5~20 mm	细砾 2~5 mm	粗砂 0.5~2 mm	中砂 0.25~0.5 mm	细砂 0.075~0.25 mm	粉粒 0.005~0.075 mm	水上 α_m	水下 α_c
乌双河可采区(1)	①	级配良好细砾	8	1.00~5.00, 5.30~9.30	2.65	13.0	52.4	16.0	12.9	4.5	1.2	36.1	33.1
乌双河可采区(1)	①-1	级配不良中砂	1	5.00~5.30	2.65		5.2	11.2	39.6	40.8	3.2	31.0	28.0
乌双河可采区(2)	①	级配良好细砾	20	2.00~8.30	2.64	12.0	45.5	22.9	13.2	5.2	1.2	37.1	33.6
乌双河可采区(2)	①	级配良好细砾	12	2.00~8.30	2.64	6.8	49.1	24.9	13.2	4.8	1.2	37.4	33.5
十五里屯可采区	①-1	级配不良中砂	1	9.50~9.80	2.65		2.5	25.6	35.6	33.5	2.8	31.5	28.0

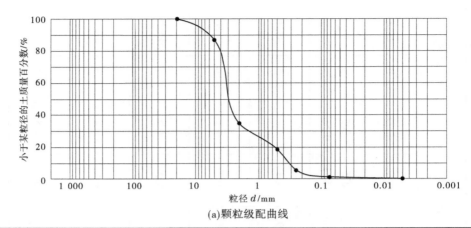

(a)颗粒级配曲线

漂粒	卵粒		砾粒		砂粒			粉粒	黏粒	$d_{60}=3.216$　$C_u=\dfrac{d_{60}}{d_{10}}=9.865$
>200 mm	200~ 60 mm	60~ 20 mm	20~5 mm	5~2 mm	2~ 0.5 mm	0.5~ 0.25 mm	0.25~ 0.075 mm	0.075~ 0.005 mm	≤0.005 mm	$d_{30}=1.426$
										$d_{10}=0.326$　$C_c=\dfrac{d_{30}^2}{d_{10}\times d_{60}}=1.940$
			13.0	52.4	16.0	12.9	4.5	1.2		土试样分类:①级配良好细砾

(b)颗粒组成(%)颗粒组成指标

图 7-3　乌双江可采区颗粒级配曲线(一)

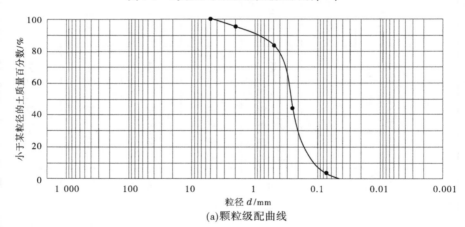

(a)颗粒级配曲线

漂粒	卵粒		砾粒		砂粒			粉粒	黏粒	$d_{60}=0.285$　$C_u=\dfrac{d_{60}}{d_{10}}=2.436$
>200 mm	200~ 60 mm	60~ 20 mm	20~5 mm	5~2 mm	2~ 0.5 mm	0.5~ 0.25 mm	0.25~ 0.075 mm	0.075~ 0.005 mm	≤0.005 mm	$d_{30}=0.207$
										$d_{10}=0.117$　$C_c=\dfrac{d_{30}^2}{d_{10}\times d_{60}}=1.285$
				5.2	11.2	39.6	40.8	3.2		土试样分类:①-1级配不良中砂

(b)颗粒组成(%)及颗粒组成指标

图 7-4　乌双河可采区颗粒级配曲线(二)

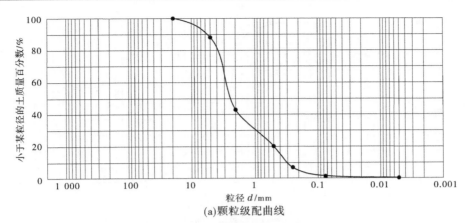

(a)颗粒级配曲线

漂粒	卵粒		砾粒			砂粒			粉粒	黏粒	$d_{60}=2.846$　$C_u=\dfrac{d_{60}}{d_{10}}=9.006$
>200 mm	200~ 60 mm	60~20 mm	20~5 mm	5~2 mm	2~0.5 mm	0.5~ 0.25 mm	0.25~ 0.075 mm	0.075~ 0.005 mm	≤0.005 mm		$d_{30}=0.978$
			12.0	45.5	22.9	13.2	5.2	1.2			$d_{10}=0.316$　$C_c=\dfrac{d_{30}^2}{d_{10}\times d_{60}}=1.064$

土试样分类：①级配良好细砾

（b）颗粒组成(%)及颗粒组成指标

图 7-5　乌双河可采区颗粒级配曲线(三)

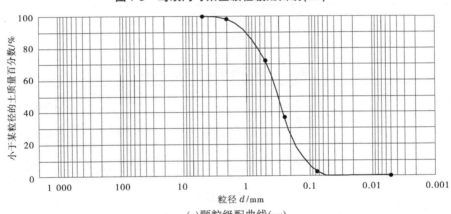

(a)颗粒级配曲线(一)

漂粒	卵粒		砾粒			砂粒			粉粒	黏粒	$d_{60}=0.380$　$C_u=\dfrac{d_{60}}{d_{10}}=3.220$
>200 mm	200~ 60 mm	60~20 mm	20~5 mm	5~2 mm	2~0.5 mm	0.5~ 0.25 mm	0.25~ 0.075 mm	0.075~ 0.005 mm	≤0.005 mm		$d_{30}=0.220$
				2.5	25.6	35.6	33.5	2.8			$d_{10}=0.118$　$C_c=\dfrac{d_{30}^2}{d_{10}\times d_{60}}=1.079$

土试样分类：①-1 级配不良中砾

（b）颗粒组成(%)及颗粒组成指标(一)

图 7-6　十五里屯可采区颗粒级配曲线

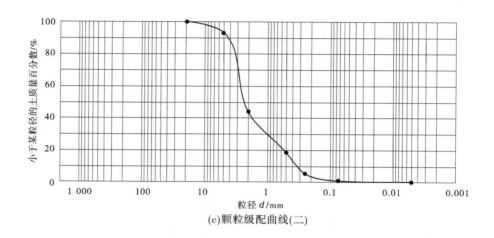

(c)颗粒级配曲线(二)

漂粒	卵粒		砾粒		砂粒			粉粒	黏粒	$d_{60}=2.629$　　$C_u=\dfrac{d_{60}}{d_{10}}=8.089$
>200 mm	200~ 60 mm	60~ 20 mm	20~5 mm	5~2 mm	2~ 0.5 mm	0.5~ 0.25 mm	0.25~ 0.075 mm	0.075~ 0.005 mm	0.05 ~ 0 mm	$d_{30}=0.969$
			6.8	49.1	24.9	13.2	4.8	1.2		$d_{10}=0.325$　　$C_c=\dfrac{d_{30}^2}{d_{10}\times d_{60}}=1.099$ 土试样分类:①级配良好细砾

(d)颗粒组成(%)及颗粒组成指标(二)

续图 7-6

表 7-4　富裕县嫩江水功能区区划

一级水功能区 名称	二级水功能区 名称	范围		长度/ km	2021 年 水质	水质 目标
		起始断面	终止断面			
嫩江齐齐哈尔市 开发利用区	嫩江富裕县农业用水区	同盟 水文站	东南屯	27.5	Ⅲ类	Ⅲ类
	嫩江富裕县排污控制区	东南屯	莽格吐乡	6.3	Ⅲ类	Ⅲ类
	嫩江富裕县过渡区	莽格吐乡	登科村	15.7	Ⅲ类	Ⅳ类
	嫩江中部引嫩工业、 农业用水区	登科村	雅尔赛乡	52.8	Ⅲ类	Ⅲ类

2)饮用水水源保护区

　　齐齐哈尔浏园饮用水水源地位于建华区西北,属于河道型水源地,年供水量 1 600 万 m³,供水人口 30.42 万人。水源地二级保护区上溯至富裕县马岗村附近。富裕县嫩江干流段涉及的县级以上饮用水水源保护区见表 7-6。

表 7-5　自然保护区基本情况

序号	环境敏感区名称	主要保护对象	级别	与富裕县的相对位置关系	所在水功能区
1	齐齐哈尔沿江湿地自然保护区	嫩江干流湿地生态系统及栖息于此的珍稀野生动植物	省级	嫩江穿越齐齐哈尔沿江湿地自然保护区核心区的长度约 53 km	嫩江齐齐哈尔市开发利用区

表 7-6　富裕县嫩江干流段涉及的县级以上饮用水水源地保护区

水源地名称	类型	与富裕县嫩江干流的相对位置关系
齐齐哈尔浏园饮用水水源地	地表水	齐齐哈尔浏园饮用水水源地为河流型饮用水水源地,嫩江干流贯穿该水源保护区一级保护区和二级保护区,调整后的二级保护区边界在富裕县小马岗村与梅里斯区卧牛吐村连线附近

7.1.5.5　现有水利工程及其他设施情况

1.航道基本情况

富裕县嫩江干流段现状航道等级为Ⅶ级,规划航道等级为Ⅳ级,位于嫩江干流主流,富裕县航道长度 91 km。

2.现状水工程

1)防洪工程

富裕县嫩江干流堤防已经按照《黑龙江省嫩江干流治理工程初步设计》完成建设,现状堤防工程共 4 段,分别为富裕牧场堤防、讷富堤防、塔哈河回水堤、齐富堤防,总长度为98.098 km,已全部达标。富裕县嫩江干流堤防基本情况见表 7-7。

表 7-7　富裕县嫩江干流堤防基本情况

堤防名称	岸别	防洪能力（重现期/年）	起始桩号		堤防长度/km
富裕牧场堤防	左	50	0+000	3+422	3.442
讷富堤防	左	50	3+442	50+772	47.33
塔哈河回水堤	左	50	0+000	13+500	13.5
齐富堤防	左	50	0+000	33+826	33.826
合计					98.098

2)涉河工程

富裕县嫩江干流现状共涉及取水工程 2 处,分别为黑龙江中部引嫩工程、富裕县塔哈综合产业园区取水工程;渠道 1 处,为黑龙江中部引嫩工程干渠;排水口 5 处,分别为团结排水闸 3、富裕县污水处理厂扩建工程入河排污口、讷富堤防排水闸 1、讷富堤防排水闸 2、西部涝区排水闸；倒虹吸 1 处，为中引倒虹吸；跨河桥梁 1 座，为富甘公路桥。

富裕县嫩江干流段基础设施及建筑物位置见图 7-7。

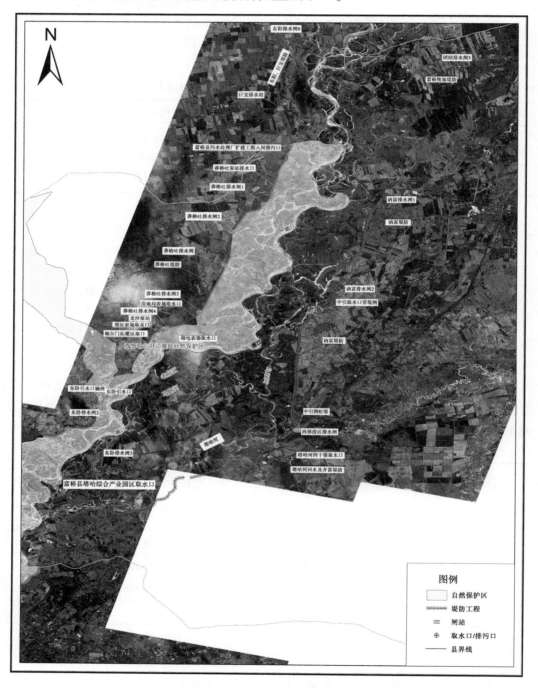

图 7-7 富裕县嫩江干流段基础设施及建筑物位置

7.2　调整基本原则和必要性

7.2.1　调整原则

（1）生态优先、长效保护。落实人与自然和谐共生、绿水青山就是金山银山的理念，正确处理河湖保护和经济发展的关系。

（2）依法依规，合理有序。严格按照《中华人民共和国水法》《中华人民共和国防洪法》《中华人民共和国土地管理法》《中华人民共和国草原法》《中华人民共和国森林法》《黑龙江省河道采砂管理办法》等法律法规要求，科学论证保留区调整方案，实现河道科学保护和砂石有序利用。

（3）因地制宜、总量控制。在考虑不同河段冲淤特性的基础上，保留区调整论证方案要严格按照《采砂规划》中的采砂控制总量进行控制。

（4）统筹兼顾、科学论证。统筹兼顾当前与长远，正确处理保护与利用、规划与实施、开发与监管的关系。坚持维护河势稳定，充分考虑防洪安全、供水安全、通航安全以及沿河涉水工程和设施正常运用的要求，与流域、区域综合规划以及防洪、供水、河道整治、航道整治、生态保护等专业规划相协调。

7.2.2　调整必要性

（1）受客观因素制约，原规划可采区不具备开采条件。

根据黑龙江省第三次国土调查成果，富裕可采区 4 地类被划分为基本农田。地类的划分调整使富裕可采区 4 不再具备开采条件。富裕可采区 2、富裕可采区 6 周边河段目前已被列为修复治理河段，正处于修复治理期内，在原采砂规划期暂不宜继续开采。

（2）富裕县砂石资源丰富，具有不可替代性。

砂石作为工程建设过程中用量最大的基础性材料，常常作为混凝土原料被广泛应用于房建与基建领域，也是公路、铁路基床的重要组成部分。富裕县砂石在建筑领域应用主要为预制混凝土构件、混凝土柱，粉墙，制作免烧砖，填筑路基、房基等。

黑龙江省富裕县嫩江干流河道砂石储量丰富，初步估算河道内砂石历史储量为13.24 亿 t。《采砂规划》中嫩江干流规划可采区 13 个，其中黑龙江省布置可采区 8 个，规划期采砂控制总量为 1 409.60 万 t，富裕县布置可采区 5 个，规划期采砂控制总量为1 131.88 万 t，占黑龙江省嫩江干流可采砂石量的 80.3%。

　　规划期嫩江干流齐齐哈尔市区和讷河市区段虽有砂场,但仅能提供不到20%的砂石量,而富裕县可采区却能提供80%的砂石量,与其他县区相比,富裕县的砂石具有明显优势,禀赋较好。除嫩江干流外,附近北安市乌裕尔河规划有部分可采区,但是砂石量较小,且距离齐齐哈尔市较远。由于齐齐哈尔市及大庆市市区位于松嫩平原腹地,地形平坦,附近河道外采砂和机制砂数量较少,不能满足经济建设要求。

　　富裕县是黑龙江省砂质最好、储量最大的砂石供应地,富裕县一砂、二砂等国有企业建有铁路专用线,装卸方便,多来年已经形成较为稳定的供销渠道。富裕县嫩江干流砂石级配好、砂层厚,历史储量丰富,砂石具有不可替代性。黑龙江省嫩江干流规划可采区规划期采砂控制总量对比见图7-8。

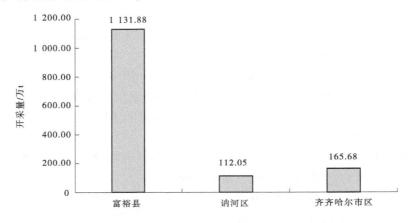

图7-8　黑龙江省嫩江干流规划可采区规划期采砂控制总量对比

　　(3)“哈大齐工业走廊”快速发展,砂石资源需求量大。

　　黑龙江省齐齐哈尔市、大庆市是“哈大齐工业走廊”核心地区,其优势产业装备制造业、石化工业、农副产品深加工业、医药工业、高新技术产业、物流业等是黑龙江省重要经济发展带,也是国家“哈长”城市群有机组成部分。随着经济社会的不断发展,砂石资源作为主要建筑材料,呈现出刚性、旺盛的需求,在兼顾河道安全的前提下,适量开采砂石对促进沿江经济快速发展具有重要意义。

　　根据估算,富裕县周边齐齐哈尔市、大庆市2023—2025年均砂石需求量为872万 t/年,按照《采砂规划》,富裕县每年可以提供的砂石量为226.38万 t。而且富裕县嫩江干流砂石级配好、砂层厚,历史储量丰富,多年来已经形成较为稳定的供销渠道。如果未来三年富裕县不开展河道采砂,超过四分之一的砂石需求将得不到供应和保障,将会对当地及周边城市,乃至“哈大齐工业走廊”的经济建设产生一定影响。

　　(4)保留区调整为可采区,符合采砂规划要求。

　　保留区是为因河势变化的不确定性和砂石需求的不确定性而设置的区域,其目的是为在规划期内进行必要的调控和更好地实现采砂管理留有余地。根据《采砂规划》,在规划期内,对于规划可采区开采条件发生重大变化不宜采砂,确需开采建筑砂料的,可根据可采区划定原则,充分说明调整的理由及必要性,按照生态优先、绿色发展原则,在生态环境影响可接受范围内,选择满足要求的保留区调整为可采区,用以替代不宜实施采砂的规划可采区。通过保留区调整为可采区,合法合理有序地开展河道采砂活动,可以缓解建筑市场砂石供需矛盾,有利于维护河流健康。

黑龙江省富裕县嫩江干流采砂保留区调整为可采区,符合砂石资源可持续开发利用的总体要求,以及水行政主管部门河道采砂的管理要求,同时可为当地社会经济发展提供强有力的天然建筑材料支持,保留区调整为可采区非常必要。

7.3　河道演变和砂石补给分析

7.3.1　河道近期演变分析

7.3.1.1　河势变化

富裕县嫩江干流段自友谊乡东二十里台至塔哈镇塔哈屯南,干流段长 91 km。根据嫩江干流河道地形测量成果,富裕县嫩江共涉及桩号 CS037 至桩号 CS071 共 35 个大断面。通过套绘 1984 年、2000 年、2010 年、2018 年、2022 年河道主槽边界,绘制富裕县嫩江干流段河势演变图(见图 7-9)。

从图 7-9 中可以看出,从 CS037 断面处河道主槽汇合至 CS044 断面,主槽轻微摆动,形成相对较稳定河道主槽。

CS044 断面以下河道主槽分为两汊,向两侧横向摆动,走势弯曲复杂,河道断面宽浅,河滩上生成江心洲分割的复式断面;至 CS046 断面处主槽汇合后再次分汊,至 CS050 断面两汊汇合,形成较稳定主槽,至 CS054 断面,主槽左右轻微摆动,相对较稳定。

CS054 断面以下发育三段分汊河道,主槽分汊较多,左右剧烈摆动,甚至形成横向流动河道,在 CS058 断面汇合后,至 CS071 断面形成较稳定的河道。

根据《松花江流域重点河道岸线利用管理规划》,尼尔基以下至大五福玛(昂昂溪区)江段河相关系数为 4.66,为分汊型河道;纵向稳定系数为 75,纵向稳定;横向稳定系数为 0.15,横向欠稳定。富裕县嫩江干流江段为纵向稳定、横向欠稳定的分汊型河道。

受两侧堤防的约束及上游尼尔基水库调蓄的影响,富裕县嫩江干流段主河槽在堤防内摆动,河势相对较为稳定。

7.3.1.2　河道冲淤变化

收集整理近年来嫩江干流河道大断面测量成果,1999 年与 2021 年资料情况较好,且有较好的断面对比基础。因此,河道冲淤变化情况选取 1999 年测量的嫩 16 至嫩 30 河道大断面,对应 2021 年测量的 CS038 断面至 CS070 断面等 15 个断面,从纵向变化与横向变化两个方面说明河道冲淤变化情况。

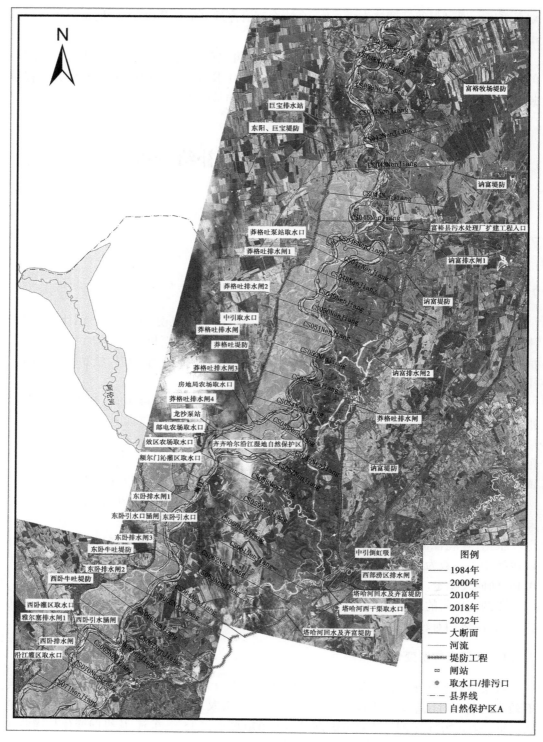

图 7-9　富裕县嫩江干流段河势演变图

对比分析 2021 年与 1999 年河道大断面主槽深泓线,除 CS038(嫩 16)、CS045(嫩 19)、CS055(嫩 24)、CS065(嫩 28)4 个断面略有淤积,淤积高度为 0.3~0.6 m,其余 12 个大断面深泓线均为冲刷状态,其中 CS041 断面冲刷下切深度最大,冲刷深度为 5.5 m。河道主槽深泓线对比分析见图 7-10。

从实测断面对比图上来看,CS038 断面至 CS044 断面,主河槽局部有冲刷,CS041 断面下切 5.5 m,下切深度最大;河道滩地以淤积为主,局部地区有下切,初步分析为历史河道采砂遗留砂坑,深度 3~4 m。实测断面对比见图 7-11~图 7-13。

CS044 断面至 CS050 断面主槽左侧滩地较稳定,以淤积为主,右侧主槽分汊,河道冲淤变化剧烈,实测断面对比见图 7-14~图 7-16。

CS050 断面至 CS070 断面主河槽 1999—2021 年较为稳定,呈现凸岸淤积,凹岸冲刷的状态,左右摆动幅度不大,CS055 断面河道向右摆动约 300 m,摆动幅度最大;主河槽两侧滩地以淤积为主,CS053 断面左侧滩地乌双河江汊淤积严重,局部淤高 2~3 m;左侧滩地塔哈河局部下切严重,CS063 断面至 CS067 断面来看,河道下切 6~9 m(初步分析为历史河道采砂遗留砂坑)。实测断面对比见图 7-17~图 7-25。

7.3.1.3　河道演变趋势

富裕县嫩江干流江段为纵向稳定、横向欠稳定的分汊型河道,受两侧堤防的约束及上游尼尔基水库调蓄影响,主河槽在堤防内摆动,河势相对较为稳定。

1999—2021 年经历了一个枯水—丰水时段,通过对比分析河道大断面测量成果,1999—2021 年富裕县嫩江干流段河道冲淤变化以主河槽局部冲淤演变为主,江汊、滩地以淤积为主。

在尼尔基水库调蓄情况下,河道可以保持相对稳定的流量,未来富裕县嫩江干流段河势将保持稳定状态,主河槽局部有冲淤变化,相对稳定,滩地在大水年份有淤积趋势。

7.3.2　采区砂石补给分析

河道泥沙组成主要为每年河道淤积的悬移质、推移质泥沙(泥沙补给量)及历年河道淤积在河床、滩地上的泥沙(历史储量)。年度采砂控制总量一般以河道砂石年度补给量为控制目标,当河道砂石年度补给量较少无法满足需求时,可以考虑砂石历史储量作为河道采砂砂源。

多年平均年度泥沙补给总量 = 上游控制站断面河道输沙量 + 主要支流汇入沙量 +
两个控制站区间产沙量 - 下游控制站河道输沙量

当河道砂石年度补给量较少无法满足需求时,可以考虑砂石累积淤积量作为河道采砂补给砂源。

7.3.2.1　上游、下游控制站断面河道输沙量

采用河道控制站断面多年平均悬移质、推移质输沙总量计算上游、下游控制断面河道输沙量。

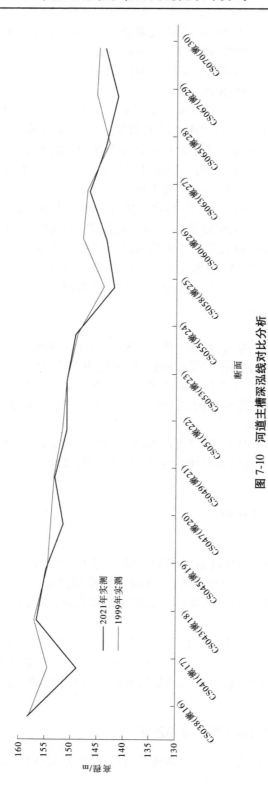

图 7-10　河道主槽深泓线对比分析

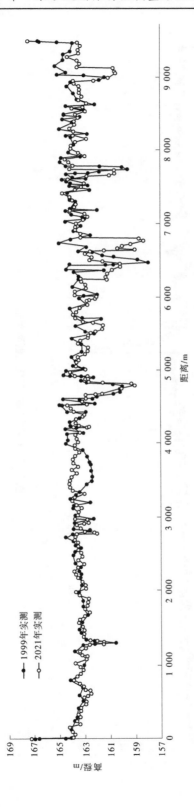

图 7-11　CS038（鹅 16）实测断面对比

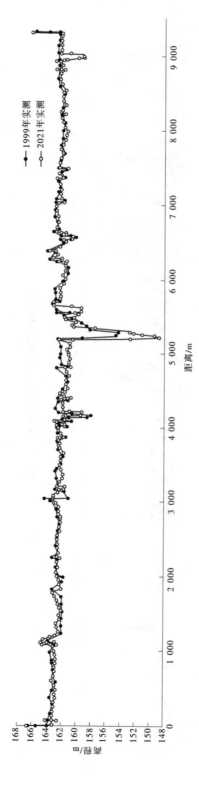

图 7-12 CS041（嫩 17）实测断面对比

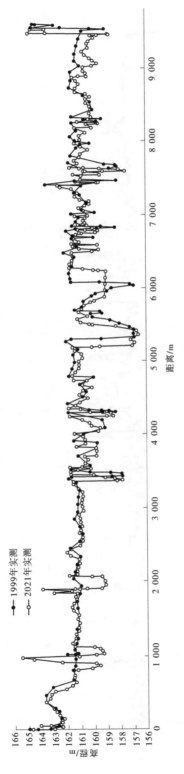

图 7-13 CS043(嫩 18)实测断面对比

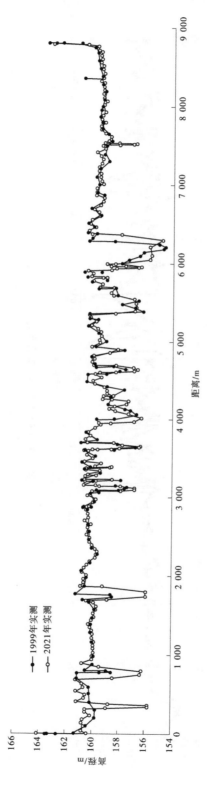

图 7-14　CS045（嫩 19）实测断面对比

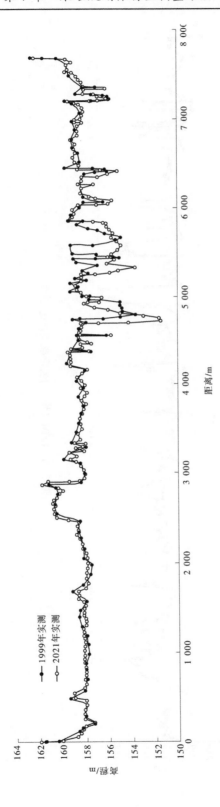

图 7-15　CS047(嫩 20)实测断面对比

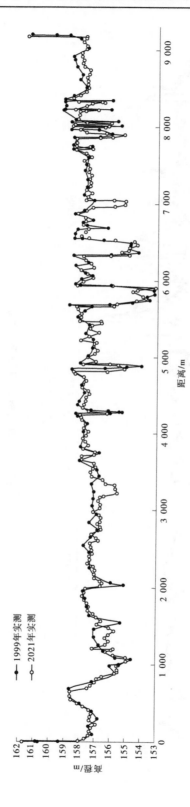

图 7-16　CS049(嫩 21)实测断面对比

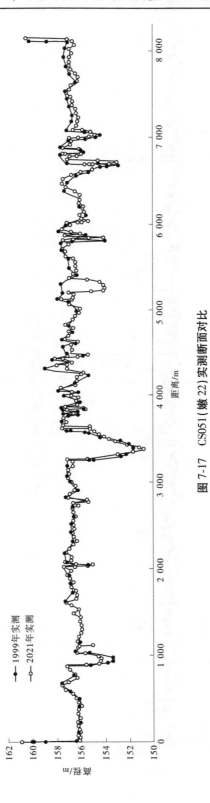

图 7-17　CS051（嫩 22）实测断面对比

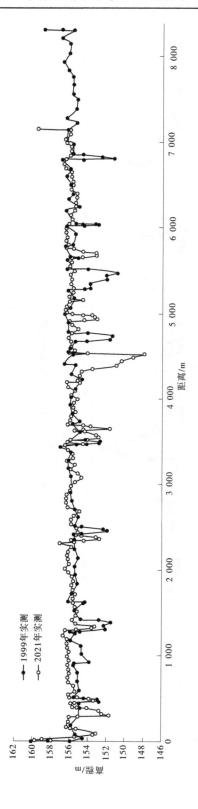

图 7-18　CS053（嫩 23）实测断面对比

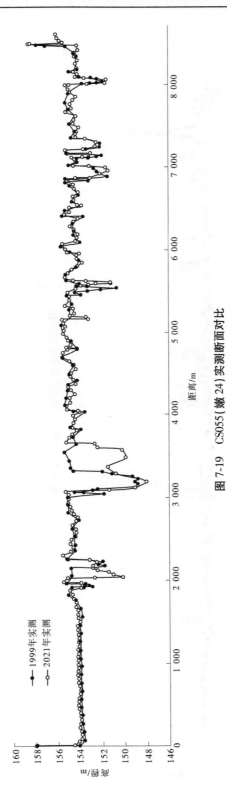

图 7-19　CS055（嫩 24）实测断面对比

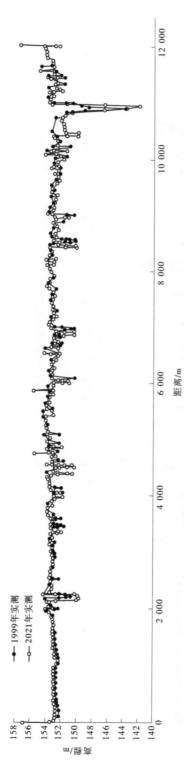

图 7-20　CS058（嫩 25）实测断面对比

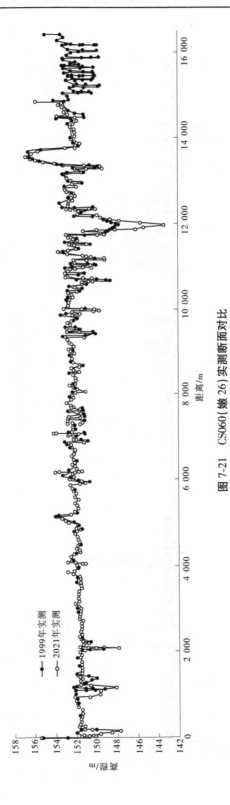

图 7-21 CS060(嫩 26)实测断面对比

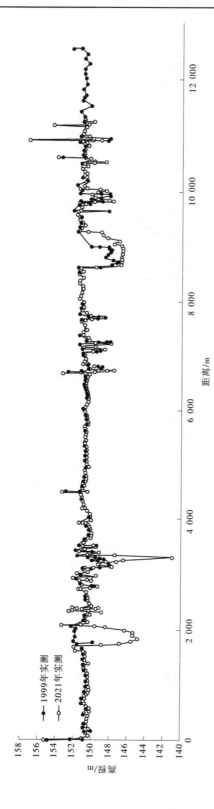

图 7-22 CS063（嫩 27）实测断面对比

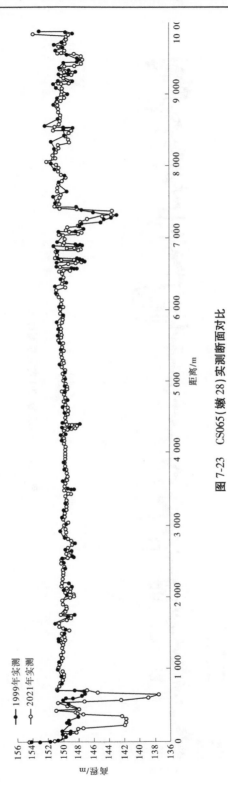

图 7-23　CS065（嫩 28）实测断面对比

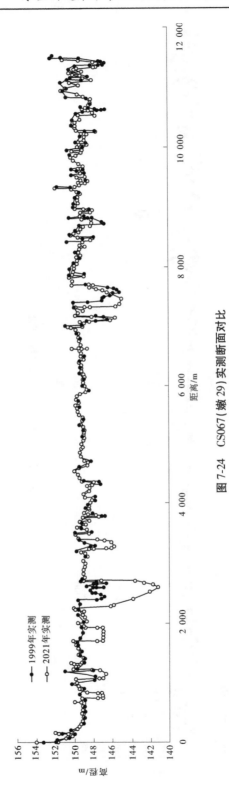

图 7-24　CS067（嫩 29）实测断面对比

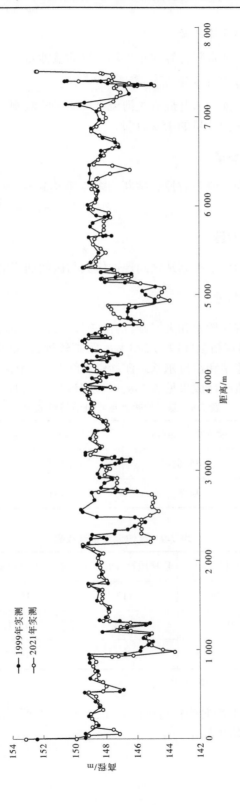

图 7-25　CS070(嫩 30)实测断面对比

1. 河段多年平均悬移质输沙量

采用水文测站实测泥沙资料计算多年平均悬移质输沙量。

2. 河段多年平均推移质输沙量

考虑松辽流域江河目前尚未开展有关河流推移质泥沙观测,参照以往工程经验参数,推移质输沙量按照悬移质输沙量的15%计量。

7.3.2.2　主要支流汇入沙量

主要支流汇入沙量为支流下游控制站断面多年平均悬移质、推移质输沙总量。计算方法同上。

7.3.2.3　控制站区间产沙量

控制站区间产沙量为两个控制站之间侵蚀模数与区间面积的乘积。

7.3.2.4　河段泥沙补给总量

嫩江长系列泥沙站有江桥站和大赉站,均位于规划采区下游,江桥站距离富裕县江段约137.5 km,大赉站距离富裕县江段约288 km,距离较远,回推富裕采区泥沙量精度差,采用富裕采区上下游同盟站和富拉尔基站泥沙资料结合水文图集计算采区年输沙量。

悬移质输沙量特征值统计成果见表7-8,区域泥沙特性成果见表7-9。

表 7-8　悬移质输沙量特征值统计成果

站名	输沙率/(kg/s)	年输沙总量/万 t	年输沙模数/(t/km²)
同盟	35.6	112	10.4
富拉尔基站	44.8	141	11.4

表 7-9　区域泥沙特性成果

控制断面	集水面积/km²	悬移质输沙量/万 t	推移质输沙量/万 t	年输沙总量/万 t
同盟站以上	108 029	112	16.8	128.8
区间	398	0.44	0.07	0.51
富裕县		112.44	16.87	129.31

注:推移质输沙量按悬移质输沙量的15%估算。

根据分析,区间多年平均泥沙补给量仅为0.51万 t,泥沙补给量远远不能满足采砂需求,因此本段采砂主要以历史储量为主。

7.4　保留区转化为可采区方案

7.4.1　可采区可利用砂石总量分析

7.4.1.1　可采区砂石历史储量

嫩江的泥沙补给量较小,河道累积淤积量较为丰富,河道采砂主要为累积淤积砂石。河段砂石历史储量采用河道地质资料和河道断面资料,根据河道面积和砂石厚度确定。砂石厚度根据河道地质资料,采用河道深泓以上厚度,根据嫩江干流地形测量成果,富裕县嫩江干流段河道主流深泓深度为 3~7 m,为避免不合理和过度开采对河势、防洪等各方面带来的不利影响,保证砂石资源的可持续开发利用,本河段砂石厚度按 3 m 考虑。

河段砂石累积淤积量在 1:5 000 比例尺地形图上量测可开采河道面积;根据工程地质勘察资料,充分考虑防洪、河道稳定、供水、生态环保等要求,设计可采砂石厚度约为 3 m。富裕县嫩江干流河段长 91 km,河道内保留区总面积为 29 414.84 万 m²,由此估算历史储量为 13.24 亿 t。

7.4.1.2　可采区可采砂石量

按照平均可采砂石厚度 3 m 估算,可采区两侧有不低于 1:4 放坡,按照放坡后断面估算,保留区可调整区域砂石历史储量为 4 219.28 万 t。其中,乌双河可调整面积 274.26 万 m²,砂石储量 1 142.37 万 t;塔哈河可调整面积 168.39 万 m²,砂石储量 703.74 万 t;马肠河可调整面积 47.82 万 m²,砂石储量 150.39 万 t;老北江可调整面积 32.97 万 m²,砂石储量 110.57 万 t;其余嫩江江汊可调整面积 500.10 万 m²,砂石储量 2 112.21 万 t。富裕县嫩江干流保留区可调整区域砂石分布情况见表 7-10。

表 7-10　富裕县嫩江干流保留区可调整区域砂石分布情况

河道名称	砂层厚度/m	面积/万 m²	历史储量/万 t
乌双河	3	274.26	1 142.37
塔哈河	3	168.39	703.74
马肠河	3	47.82	150.39
老北江	3	32.97	110.57
嫩江江汊	3	500.10	2 112.21
合计		1 023.54	4 219.28

7.4.2　采砂实施许可方式

河道采砂许可应当遵循公开、公平、公正的原则。采取招标、拍卖方式许可的,富裕县水务局应当按照规定向中标人、买受人发放河道采砂许可证,并书面告知从事河道采砂应当遵守的相关规定。

根据富裕县 2021 年、2022 年已有成熟的采砂实施许可方式,建议在年度采砂实施方案中进一步明确许可方式。鼓励和支持河砂统一开采管理,推进集约化、规模化、规范化开采。

7.4.3　开采控制条件

河道采砂应以不影响河势稳定为前提,严格服从防洪要求,不得影响防洪安全,应满足以下控制条件:

(1)河道采砂必须以维持河势稳定为前提,可采区的布置不得对河势造成不利影响。禁止在可能引起河势发生较大不利变化的河段开采砂石;尽量考虑河道、航道整治工程的疏浚要求,做到采砂与河道、航道整治工程疏浚相结合;为避免大幅改变河道断面形态,可采区采砂控制高程应在河槽深泓点以上。

(2)可采区设置要充分考虑河道防护工程保护范围的要求,留有一定的安全距离。

①《黑龙江省河道管理条例》第九条规定,禁止在下述区域内采掘砂石土料物:堤防迎水面 50 m 以内,河库凹岸和堤防险工地段、河道整治工程 100 m 以内;大、中、小铁路桥梁及防护工程上下游 500 m、300 m、200 m 以内,公路桥梁及引道、防护工程上下游 200 m 以内;拦河闸坝、泵站上下游 300 m 以内;水文测流断面上下游 500 m 至 1 000 m 以内;可能因采砂而导致流势变化影响其他部门正常生产活动的区域。

②《堤防工程设计规范》(GB 50286—2013)第 13.2.2 条规定:1 级堤防工程护堤地宽度为 20~30 m,2、3 级堤防工程护堤地宽度为 10~20 m,4、5 级堤防工程护堤地宽度为 5~10 m;第 13.2.3 条规定:1 级堤防工程保护范围宽度为 200~300 m,2、3 级堤防工程保护范围宽度为 100~200 m,4、5 级堤防工程保护范围宽度为 50~100 m。

(3)采砂不得影响规划拟建防洪、河道整治工程的实施,并满足相关工程保护范围的要求。

7.4.3.1　采砂控制总量

根据《采砂规划》,富裕县规划可采区 1、可采区 2、可采区 4、可采区 5、可采区 6 共 5 处,规划期 2021—2025 年采砂控制总量 1 131.88 万 t。截至 2022 年底,开采总量为 465.97 万 t,2023—2025 年剩余采砂控制总量为 665.91 万 t。

剩余总量 665.91 万 t 作为保留区调整的控制总量。

7.4.3.2　保留区基本情况及可调整面积分析

富裕县嫩江干流段滩地广阔,砂石分布较多,河滩地上富甘公路两侧禁采,中部引嫩引水渠道两侧禁采,塔哈镇大高粱村以南至富裕县界为浏园水厂水源地保护区禁采区,以县界和禁采区为边界,富裕县嫩江干流规划保留区共 3 处,面积共 29 414.84 万 m²。

自讷河市市界至富甘公路禁采区以北形成第一段保留区,面积 2 780.4 万 m²;自富甘公路禁采区以南至中部引嫩引水渠道禁采区以北为第二段保留区,面积 8 119.94 万 m²;自中部引嫩引水渠道禁采区以南至浏园水厂水源地保护区禁采区为第三段保留区,面积 18 514.5 万 m²。

根据《中华人民共和国土地管理法》《黑龙江省湿地保护条例》《中华人民共和国森林法》《中华人民共和国草原法》《黑龙江省草原条例》等法律法规,结合黑龙江省第三次国土调查成果,经调查分析,保留区内陆域面积已全部被划定为永久基本农田、滩涂湿地或林地草原,仅河流水面部分可调整为可采区,总面积为 1 023.54 万 m²。其中,讷河市市界至富甘公路以北段保留区可调整面积 122.51 万 m²;富甘公路以南至中部引嫩引水渠首段保留区可调整面积 250.56 万 m²;中部引嫩引水渠首至齐齐哈尔市地表水水源地保护区边界段保留区可调整面积 650.47 万 m²。

富裕县嫩江干流保留区面积及可调整面积情况见表 7-11。

表 7-11　富裕县嫩江干流保留区面积及可调整面积情况　　　　　　单位:万 m²

序号	保留区	保留区面积	可调整面积
1	讷河市市界至富甘公路以北段	2 780.4	122.51
2	富甘公路以南至中部引嫩引水渠首段	8 119.94	250.56
3	中部引嫩引水渠首至浏园水厂水源地保护区禁采区	18 514.5	650.47
	合计	29 414.84	1 023.54

7.4.3.3　符合性分析

1. 与相关法律、法规符合性分析

本书以转化的可采区为重点,对河道内涉及的自然保护区、一般耕地、草原、沼泽湿地等,从与相关法律法规符合性角度来分析保留区转化的可行性。

1) 与《中华人民共和国自然保护区条例》符合性

《中华人民共和国自然保护区条例》第二十六条规定:禁止在自然保护区内进行砍伐、放牧、狩猎、捕捞、采药、开垦、烧荒、开矿、采石、挖砂等活动,但是,法律、行政法规另有规定的除外。

转化可采区均已避让自然保护区,方案符合《中华人民共和国自然保护区条例》。

2) 与《中华人民共和国湿地保护法》《黑龙江省湿地保护条例》符合性

《中华人民共和国湿地保护法》第二十八条规定:禁止下列破坏湿地及其生态功能的行为:……(2)擅自填埋自然湿地,擅自采砂、采矿、取土……

《黑龙江省湿地保护条例》第三十五条规定:除法律、法规另有规定外,在湿地内禁止从事下列活动:……(4)砍伐林木、采挖泥炭、勘探(国家公益性勘探除外)、采矿、挖砂、取土……第十六条规定:湿地保护实行名录管理。省林业行政主管部门应当根据湿地资源调查结果,拟定全省湿地名录,报省人民政府批准并公布。

根据《黑龙江省湿地名录》,转化的可采区在第三次全国国土调查数据中为河流水面,避开了湿地范围,符合《中华人民共和国湿地保护法》《黑龙江省湿地保护条例》。

3)与其他法律、条例符合性

《中华人民共和国森林法》第三十九条规定:禁止毁林开垦、采石、采砂、采土以及其他毁坏林木和林地的行为。

《中华人民共和国草原法》第五十条规定:在草原上从事采土、采砂、采石等作业活动,应当报县级人民政府草原行政主管部门批准;开采矿产资源的,并应当依法办理有关手续。

《黑龙江省草原条例》第七条规定:禁止在草原上实施下列行为:……(10)在基本草原上以推挖土、采砂、采挖野生植物等方式破坏草原植被。

转化的可采区在第三次全国国土调查数据中为河流水面,避开了林地、一般牧草地等范围,符合《中华人民共和国森林法》《中华人民共和国草原法》《黑龙江省草原条例》。

4)与《饮用水水源保护区污染防治管理规定》符合性

《饮用水水源保护区污染防治管理规定》第十二条规定:一级保护区内禁止新建、扩建与供水设施和保护水源无关的建设项目。

转化的可采区避开了饮用水水源保护一级区、二级区,方案符合《饮用水水源保护区污染防治管理规定》。

5)与《水功能区监督管理办法》符合性

《水功能区监督管理办法》第七条规定:经批准的水功能区划是水资源开发利用与保护、水污染防治和水环境综合治理的重要依据,应当在水资源管理、水污染防治、节能减排等工作中严格执行。第八条规定:保护区是对源头水保护、饮用水保护、自然保护、风景名胜区及珍稀濒危物种的保护具有重要意义的水域。禁止在饮用水水源一级保护区、自然保护区核心区等范围内新建、改建、扩建与保护无关的建设项目和从事与保护无关的涉水活动。

位于水功能区保护区的可采区,均布设有采砂废水处理措施,保证废水处理达标后排放,保留区调整为可采区论证方案基本符合《水功能区监督管理办法》。

因此,保留区调整为可采区符合相关法律法规的规定及要求。

2. 与相关规划的协调性分析

黑龙江富裕县嫩江干流河道采砂保留区调整为可采区经过充分论证,可以满足河势稳定与防洪安全对采砂的要求,同时符合通航安全、环境保护、水生态保护等各规划中对采砂的要求。本书以《采砂规划》确定的保留区为转换范围,已排除在《采砂规划》中明确的禁止采砂的范围,满足涉水工程正常运用对河道采砂控制条件。保留区调整为可采区后,2023—2025年采砂控制总量为《采砂规划》确定的采砂控制总量扣除现状已开采砂石量,与《采砂规划》成果一致。

因此,论证可采区论证方案与相关规划是协调的。

3. 与实施条件适应性分析

依据《中华人民共和国水法》《中华人民共和国防洪法》《中华人民共和国河道管理条例》等法律法规和河长制、湖长制有关规定,2020年10月20日,水利部发布了《水利部流域管理机构直管河段采砂管理办法》。2021 年 5 月 9 日,黑龙江省颁布了《黑龙江省河道采砂管理办法》,黑龙江省河道采砂管理制度逐步完善,长效管理机制逐步健全,使黑龙江省直管河段采砂依法、科学、有序,为规范河道采砂提供了依据。

富裕县水行政主管部门建立河道采砂河道警长现场管理监控系统,利用卫星定位、影像监视等实时监控设备对采砂现场、采砂船舶、运砂车辆等实行 24 h 监控,对非法采砂活动依法进行打击。切实建立了采砂管理实时监控体系,建立并维持了富裕县嫩江干流河段采砂良好秩序,也为保留区调整提供了有力保障。

根据《采砂规划》,在采砂规划期内,对于规划可采区开采条件发生重大变化不宜采砂,确需开采建筑砂料的,可根据可采区划定原则,充分说明调整的理由及必要性,按照生态优先、绿色发展原则,在生态环境影响可接受范围内,选择满足要求的保留区调整为可采区,用以替代不宜实施采砂的规划可采区。

《采砂规划》中规定:《黑龙江省湿地名录》中一般湿地划定的保留区,在不违反地方性法规及湿地管理规定的前提下,确因经济社会发展需转化为可采区的,可选择开采条件较好,满足建筑砂料开采要求的区域,经充分论证,征求其他相关管理部门意见后转化为可采区。

根据充分分析论证,富裕县转化的可采区成果不在调整后的《黑龙江省湿地名录》中。保留区的调整符合相关法律法规、与相关规划协调性,适应相关实施条件。

4. 与"三区三线"成果的符合性分析

根据《中华人民共和国土地管理法》《黑龙江省湿地保护条例》《中华人民共和国森林法》《中华人民共和国草原法》《黑龙江省草原条例》等法律法规,结合黑龙江省第三次全国国土调查成果,经调查分析,保留区内陆域面积已全部被划定为永久基本农田、滩涂湿地或林地草原,仅河流水面部分可调整为可采区,保留区调整部分均为黑龙江省第三次全国国土调查成果中的河流水面部分,符合"三区三线"的成果。

7.4.3.4　保留区转化为可采区方案

根据《采砂规划》,在规划期内,对于规划可采区开采条件发生重大变化不宜采砂,确需开采建筑砂料的,可根据可采区划定原则,充分说明调整的理由及必要性,按照生态优先、绿色发展原则,在生态环境影响可接受范围内,选择满足要求的保留区转化为可采区,用以替代不宜实施采砂的规划可采区。

论证在保障嫩江防洪安全、生态安全、供水安全、通航安全等前提下,开采范围边界不超出黑龙江省第三次全国国土调查成果划定的河流水面范围,将部分保留区转化为可采区。

结合实际情况,采砂控制高程不低于嫩江干流对应断面主河槽平均高程,河道两侧开采坡度不低于 1:4,避免局部开采深度过大影响河势稳定。

讷河市市界至富甘公路以北段、富甘公路以南至中部引嫩渠首段保留区可调整面积较少,根据水务局意见,从便于采砂监督管理的角度,按照相对集中的原则布设可采区,在中部引嫩渠首至齐齐哈尔市地表水水源地保护区边界段保留区内选取合理范围进行调整。

其中,乌双河可调整面积 274.26 万 m^2,砂石储量 1 142.37 万 t;塔哈河可调整面积 168.39 万 m^2,砂石储量 703.74 万 t;马肠河可调整面积 47.82 万 m^2,砂石储量 150.39 万

t;老北江可调整面积 32.97 万 m²,砂石储量 110.57 万 t;其余嫩江江汊可调整面积 500.10 万 m²,砂石储量 2 112.21 万 t。

1. 乌双河

乌双河为嫩江干流河滩地上较大的江汊,长约 27 km,保留区可调整为可采区面积 274.26 万 m²,砂石储量 1 142.37 万 t。上游为中部引嫩工程引水渠道,来水较大时水量经滚水坝溢流至乌双河,中间有小江汊与嫩江干流相连,下游汇入塔哈河。根据现场查勘,受近年来大水影响,乌双河淤积严重,局部河道几乎与滩地齐平。考虑河势影响,与嫩江干流相连江汊处上下游不设置可采区,局部有冲刷地区不设置可采区,为保证河势稳定,采用分段开采的方式,乌双河共选取拟调整的保留区 16 处,长度 17.48 km,拟调整保留区面积 127.77 万 m²,可开采砂石 478.23 万 t。在嫩江干流三家子村附近乌双河右侧淤积较为严重的江汊,拟调整保留区 3 处,长度 2.63 km,拟调整面积 20.12 万 m²,可开采砂石 80.64 万 t。以上拟调整保留区转化后统称为乌双河可采区,乌双河可采区长度 20.11 km,可开采砂石 558.87 万 t。

2. 塔哈河

塔哈河为乌裕尔河北支汇入嫩江干流后在嫩江干流河滩地上形成的江汊,保留区范围内河道长度 13 km,塔哈河可调整面积 168.39 万 m²,砂石储量 703.74 万 t。塔哈河为嫩江干流左侧支流,主要承接乌裕尔河汛期来水、北部涝区排干来水以及乌双河来水,下游为浏园水厂水源地保护区。河道在嫩江干流河滩地上不规则摆动。

根据现场勘察,塔哈河大马岗村至塔哈村附近河道由于受历史采砂影响,存在较大砂坑;塔哈村以上河道砂坑较少,但是距离齐富堤防及中部引嫩渠道较近,进行河道采砂,可能会对临近的堤防工程和引水工程造成不利影响。

根据大断面实测数据对比分析,塔哈河现状河道下切,局部地区河底高程已低于嫩江干流主流深泓,若继续开展河道采砂,可能会对河势产生不利影响。

综上所述,考虑河势稳定和水利工程安全,塔哈河保留区暂不纳入调整方案。

3. 马肠河、老北江

马肠河、老北江为嫩江干流左岸江汊,位于塔哈镇十五里屯,现状淤积严重。马肠河可调整面积 47.82 万 m²,砂石储量 150.39 万 t;老北江可调整面积 32.97 万 m²,砂石储量 110.57 万 t。考虑淤积较为严重部分,老北江共调整保留区 2 处,马肠河共调整保留区 4 处,长度 6.79 km,拟调整保留区面积 29.89 万 m²,可开采砂石 107.04 万 t。以上保留区转化后统称为十五里屯可采区。

综上所述,拟调整保留区位于嫩江干流河道江汊区域,在此保留区内共规划了 2 处可转为可采区的河流水面,即乌双河可采区、十五里屯可采区,总面积 177.78 万 m²,划分为 25 个可采区段。富裕县保留区拟调整为可采区范围见图 7-26。

7.4.3.5　采砂控制总量及年度控制量

富裕县 2023—2025 年拟调整保留区共有 2 处,即乌双河可采区和十五里屯可采区。采砂区总长 27.7 km,面积为 177.78 万 m²,分布于嫩江干流河道滩地内。保留区调整后

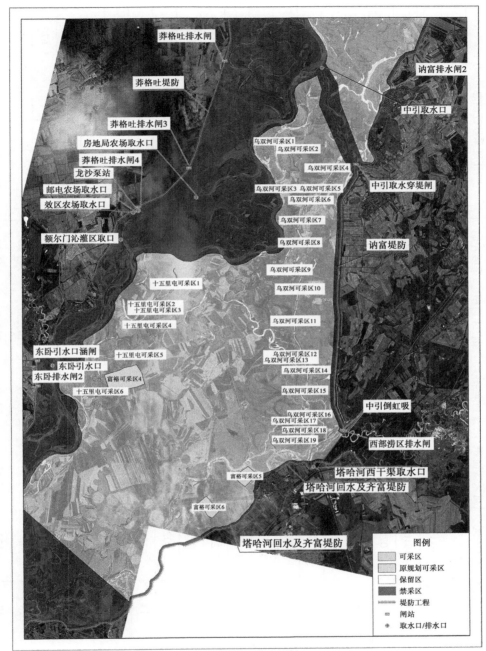

图 7-26　富裕县保留区拟调整为可采区范围

即转化为可采区,规划期内采砂控制总量为 665.91 万 t。

为便于实施采砂监督管理,结合水务局意见,年度砂场布置采取适度集中的原则,2023 年开采乌双河可采区 8 处,2024 年开采乌双河可采区 7 处,2025 年开采乌双河可采区 6 处、十五里屯可采区 6 处,2023—2025 年度采砂控制总量均为 221.97 万 t。

富裕县嫩江干流段保留区转化为可采区的面积、采砂控制总量及范围见表 7-12。

表 7-12 富裕县嫩江干流段保留区转化为可采区的面积、采砂控制总量及范围

可采区名称	所在河流	分段序号	可采区长度/m	可采区面积/万 m²	规划期采砂控制总量/万 t	嫩江主河槽深泓高程/m	采砂控制高程/m	2023 年	2024 年	2025 年
乌双河可采区	嫩江江汊	1	931	9.96	37.74	149.12	149.54	37.74		
		2	1910	7.26	29.43	149.94	150.12	29.43		
		3	1072	2.9	13.47	147.86	148.11	13.47		
		4	1031	11.2	55.32	148.82	149.78	55.32		
		5	532	5.74	13.83	147.60	148.22	13.83		
		6	716	8.16	25.32	147.86	148.04	25.32		
		7	650	7.17	22.77	147.86	148.10	22.77		
		8	1175	15.16	69.48	147.98	149.02	24.09	45.39	
		9	1360	8.64	36	146.52	146.96		36	
		10	1255	10.68	30.06	141.85	145.81		30.06	
	乌双河	11	1072	10.07	34.35	143.36	146.03		34.35	
		12	1502	12.02	40.35	146.6	146.96		40.35	
		13	929	8.27	26.13	143.36	145.72		26.13	
		14	883	7.15	19.32	143.36	145.25		9.69	9.63
		15	797	7.01	21.33	143.36	145.24			21.33
		16	1096	5.81	31.02	143.36	145.39			31.02
		17	765	1.76	5.67	143.36	145.30			5.67
		18	906	3.31	13.47	143.36	145.07			13.47
		19	2122	5.62	33.81	143.36	145.28			33.81

续表 7-12

可采区名称	所在河流	分段序号	可采区长度/m	可采区面积/万 m²	规划期采砂控制总量/万 t	嫩江主河槽深泓高程/m	采砂控制高程/m	年度采砂控制总量/万 t		
								2023 年	2024 年	2025 年
十五里屯可采区	老北江	1	1 315	6.84	21.93	143.36	146.72			21.93
		2	1 017	6.51	18	143.57	145.50			18
		3	717	2.54	7.53	143.57	146.57			7.53
	马肠河	4	730	2.81	10.86	143.57	145.96			10.86
		5	1 328	4.78	21.66	143.57	145.12			21.66
		6	1 972	6.41	27.06	143.57	145.55			27.06
合计			27 783	177.78	665.91			221.97	221.97	221.97

7.4.3.6　禁采期

为加强河道采砂管理,维护河势稳定,保护水生态环境,保障防洪和水利工程安全,并综合考虑河道砂石质地、河床演变等情况,根据《中华人民共和国水法》《中华人民共和国防洪法》《中华人民共和国河道管理条例》《黑龙江省河道管理条例》《黑龙江省河道采砂管理办法》等法律、法规文件,参考《松花江、辽河重要河段河道采砂管理规划(2021—2025 年)》《黑龙江省富裕县嫩江干流 2022 年采砂管理实施方案》等已有成果,富裕县河道采砂可采区和禁采期规定如下:

(1)可采区。2023—2025 年富裕县嫩江干流段保留区可转化为可采区的仅有河流水面,经分析论证共有 2 处区域转化为可采区,分别为乌双河可采区、十五里屯可采区,位于友谊乡、塔哈镇。

(2)禁采期。主汛期(每年 7 月 1 日至 8 月 31 日)及河道水位超警戒水位期(齐齐哈尔水文站 147.44 m)时江段划为禁采期;特殊情况下,富裕县人民政府可以根据辖区河流水情、工情、汛情和生态环境保护等实际需要,下达禁采时段。

7.4.4　堆砂场设置

堆砂场设置及弃料处理应满足以下要求:

(1)禁止将堆砂场设置在自然保护区、水源地保护区等环境敏感区内。

(2)禁止将砂石弃料堆放在可能不利于河道两岸及河床稳定的部位,或可能影响行洪安全、通航安全、水生态环境和其他涉水工程安全的部位。

(3)每个采砂场河滩地临时堆砂场不宜过高,应沿河道方向顺直堆放,堆放位置和方式在年度实施方案中明确,年度实施时严格按照许可审批规定的场所和方式进行堆放,汛前应及时清除,不得影响河道行洪。

(4)按照"谁开采、谁复平"原则,要求采砂业户对采后河床及时平复,保持平顺,无坑无垞,以确保行洪畅通,保障河势稳定。

(5)采砂场运输方案由采砂单位制定后上报当地县级水行政主管部门审核合格后实施。

(6)河道管理范围内禁止设置永久堆砂场。

(7)堆场作业时间与采砂作业同时有序进行,不影响河道行洪。堆场作业时间与采砂作业时间一致,夜间需要加强临时堆场的监管。安装无线远程监控系统,对存放点进行实时监管。

7.4.5　运砂管理要求

为保障河段防洪安全,要求采砂业户随采随运,及时清除或者平复砂石料和弃料堆体及采砂坑道,汛期不得在河床堆放砂石料。运输砂石的车辆按指定进出场路线行驶,禁止随意开道行车。

铁路专用线为富裕县第一砂石场、富裕县第二砂石场在河道外堆砂场附近建设,河道内可采区不设堆砂场,因此需将河道内砂石开采后,随采随运,运至河道外堆砂场。

7.5　采砂影响综合分析

7.5.1　采砂对河势稳定的影响分析

在河势演变分析的基础上,采用 HydroInfo 水力信息系统进行模拟计算,分析采砂对河势稳定的影响,分析设计洪水流量条件下河道流场的变化情况。

7.5.1.1　模型计算

1.计算方法

1)模型简介

二维数学模型采用 HydroInfo 水力信息系统进行模拟。HydroInfo 水力信息系统是在理论研究、算法分析与工程应用的基础上开发建立的模型,可应用于流域系统的水面线计算与河道演变分析等问题。该系统由计算分析、信息查询、可视化演示等模块构成。计算模块将库群、河网、泄水建筑物、堤坝等作为大系统统一处理,根据实际问题的特点及空间分辨率要求,可以采用分区动态耦合算法以二维流动微分方程组作为控制方程。利用系统的分解-协调算法,不仅有利于分析子系统的耦合影响与相互作用,而且能够建立基于网络计算的系统。利用数据库技术、可视化技术与虚拟现实技术,并结合现有的程序开发平台,能为决策提供可靠、高效、可视化的科学依据。

2)控制方程

HydroInfo 水力信息系统二维自由水面模型求解的是平面二维浅水方程,对于平面大范围的自由表面流动,垂向尺度一般远小于平面尺度,在此条件下,可引入浅水假设来简化基本的守恒方程。假设沿水深方向的压力遵循静水压力分布,同时对基本的质量与动量守恒方程在水深方向积分以便引入平均化处理,可以导出以下浅水方程。

守恒型的二维浅水方程为

$$\frac{\partial U}{\partial t} + \frac{\partial (F^I - F^V)}{\partial x} + \frac{\partial (G^I - G^V)}{\partial y} = S \tag{7-1}$$

其中:

$$U = \begin{pmatrix} h \\ uh \\ vh \end{pmatrix}$$

$$F^I = \begin{pmatrix} uh \\ u^2h + gh^2/2 \\ uvh \end{pmatrix}$$

$$G^I = \begin{pmatrix} vh \\ uvh \\ v^2h + gh^2/2 \end{pmatrix}$$

$$F^V = \begin{pmatrix} 0 \\ \mu_e \partial uh/\partial x \\ \mu_e \partial vh/\partial x \end{pmatrix}$$

$$G^I = \begin{pmatrix} 0 \\ \mu_e \partial uh/\partial y \\ \mu_e \partial vh/\partial y \end{pmatrix}$$

$$S = S_0 + S_f = \begin{pmatrix} 0 \\ ghS_{0x} \\ ghS_{0y} \end{pmatrix} + \begin{pmatrix} 0 \\ - ghS_{fx} \\ - ghS_{fy} \end{pmatrix}$$

式中　U——自变量；

　　　F、G——x、y 方向的通量；

　　　S——源项；

　　　I,V——对流通量与黏性通量；

　　　h——水深；

　　　u、v——x、y 方向的流速；

　　　g——重力加速度；

　　　S_{0x}、S_{0y}——x、y 方向的底坡源项；

　　　S_{fx}、S_{fy}——x、y 方向的底摩擦源项，可以表示为：$S_{0x} = - \dfrac{\partial Z_b}{\partial x}, S_{0y} = - \dfrac{\partial Z_b}{\partial y}, S_{fx} = \dfrac{n^2 u \sqrt{u^2 + v^2}}{h^{4/3}}, S_{fy} = \dfrac{n^2 v \sqrt{u^2 + v^2}}{h^{4/3}}$，其中 n 为糙率，Z_b 为河底高程。

水位函数 $z(x,y,t)$ 可由水深 $h(x,y,t)$ 和河底高程 $Z_b(x,y)$ 确定。

离散方法主要有有限差分法、有限元法、有限体积法、边界元法及谱方法等，实际上，从微分方程的弱解或广义加权余量法的角度来讲，各种离散方法是相通的。离散的共同点是首先把计算域划分为若干简单的几何域，虽然这里所说的若干可能比较多，但毕竟是有限的，这也许是有限差分等离散方法名称的来历。由简单的多边形或多面体描述的计算域构成了网格，网格可以是结构化的，也可以是非结构化的。通常情况下，有限差分法采用的是四边形或六面体结构化网格，有限元法是基于几何非结构化描述方式建立起来的,有限体积法是基于守恒律建立的离散方法。

　　Hydroinfo 采用非结构化有限体积离散。由于有限体积法就是对守恒方程在计算域中的一系列控制体积上直接离散,因此初期的有限体积法也称为控制体积法。按加权余量法的观点,有限体积法属于子域法;初期的有限体积法大多采用结构化网格,按差分的观点,有限体积法属于守恒型差分离散。近期的有限体积法大多采用非结构化网格,如果按插值函数的连续性观点来看,有限体积法也可以看作是 C-1 型(分片连续的间断函数)有限元法。Hydroinfo 平面非结构化网格见图 7-27。

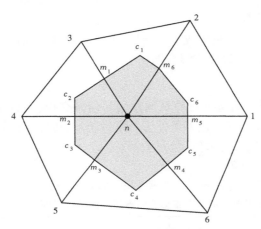

图 7-27　Hydroinfo 平面非结构化网格

　　经空间半离散后,通用守恒方程可写成常微分方程组形式:

$$M \frac{\mathrm{d}\boldsymbol{\varphi}_i}{\mathrm{d}t} = \sum_i c_{ij}\boldsymbol{\varphi}_j + b_i \tag{7-2}$$

式中　M——集中质量阵;

　　　c——影响系数;

　　　b——源项;

　　　j——围绕节点 i 的邻近节点个数。

　　可以证明当邻近节点的影响系数为非负时,$c_{ij} \geqslant 0, i \neq j$,则格式满足最大值不增、最小值不减的 TVD 性质。为保证这种单调性质,可以在格式中加入 Laplace 形式的人工耗散。对于离散形式,人工耗散 D 可写成:

$$D = \sum_{j \neq i} \alpha_{ij}(\boldsymbol{\varphi}_j - \boldsymbol{\varphi}_i) \tag{7-3}$$

　　正定性条件要求 $|\alpha_{ij}| \geqslant |c_{ij}|$,然而以上的人工耗散只具有一阶精度。高分辨率格式可被理解为仅加入尽可能小的人工耗散,使格式既具有较高的离散精度又保证解的不振荡。

　　一阶精度计算格式因数值耗散较大,计算的激波变得平坦。为了获得空间二阶精度,VanLeer 提出 MUSCL 途径。基本方法是:采用插值方法确定单元界面两侧的变量值,作为求解黎曼问题的初始值,用一阶 Godunov 型格式计算界面处的数值通量。插值后,离散的精度可达二阶。经 MUSCL 重构后的半离散方程可改写成紧致的形式:

$$M \frac{\mathrm{d}\varphi_i}{\mathrm{d}t} = \sum_i \bar{c}_{ij}\varphi_j + b_i \tag{7-4}$$

可以证明,当限制因子 $\varphi(j) \geq 0$ 时,$\bar{c}_{ij} \geq 0$,从而保证格式的高离散精度与解的不振荡性质。

经有限元空间半离散后的对流-扩散方程为常微分方程,可采用多种方法求解。对于非恒定流,可采用 Runge-Kutta 法进行显式时间积分求解。为增强稳定性亦可采用隐式格式求解,如高斯-赛得尔迭代或广义共轭梯度方法(GMRS)。

3)平面非结构化网格

采用 Delaunay 三角化方法生成三角网格,采用超限映射插值方法(transfinite)生成四边形网格,结合平面分区可以生成混合网格。

4)边界条件

边界条件不仅反映了外界对计算域的作用与信息交换,而且是物理解存在且唯一的适定性要求。HydroInfo 的默认边界条件为二维封闭端,边界条件划分为以下两类。

(1)水流边界:流量过程,水位-流量关系。

(2)水位边界:水位过程。

考虑受尼尔基水库影响后嫩江干流控制断面设计洪峰流量成果见表 7-13。

表 7-13 考虑受尼尔基水库影响后嫩江干流控制断面设计洪峰流量成果

控制断面	流域面积/km²	设计值/(m³/s)			
		P = 1%	P = 2%	P = 5%	P = 10%
同盟	108 029		8 300	8 300	6 170
区间	114 228	12 000	8 850	8 850	6 580
富拉尔基	123 190	12 000	8 850	8 850	6 580

2. 计算范围及资料选取

1)网格划分

二维数学模型的计算区域为嫩江干流 CS051 断面至 CS062 断面,全长约 21 km,以嫩江干流左右两岸的堤防作为边界,宽度为 8~14 km。

计算区域网格划分采用三角形网格,模型在取水建筑物及加压泵站周边进行了局部加密。局部加密网格最小值与建筑物尺寸一致,其他位置网格边长 200 m,总节点数 16 330,总网格数 32 063。在计算时计算区域的上下游边界保持不变,两侧边界则根据实际地形资料自动调整。

2)地形资料

计算的地形采用 1:5 000 地形图,采用 2000 国家大地坐标系,高程系统为 1985 年国家高程系统。

3)边界条件

CS062 断面为二维模型计算起推断面,该断面流量采用松嫩干流治理工程设计洪峰水位,CS051 断面采用富拉尔基水文站的设计洪峰流量。二维模型率定的参照成果见表 7-14。

表 7-14　二维模型率定的参照成果

断面名称	项目	单位	$P=1\%$	$P=2\%$
CS051	分段流量	m³/s	12 000	8 850
CS062	水位	m	151.11	150.79

4)计算结果

通过模型计算,对比流场及流速分布,调整后的可采区在采砂前和采砂后河流流场分布与流速分布基本一致,变化幅度较小,采砂对河势影响较小。采砂前、后流场及流速分布见图 7-28、图 7-29。

图 7-28　采砂前流场及流速分布

图 7-29　采砂后流场及流速分布

7.5.1.2　采砂对河势稳定的影响分析

实施的采砂区对河道平面形态没有改变,可采区位于富裕县乌双河、老北江、马肠河等江汊,远离主河槽,并在堤防管理范围以外。在嫩江低水位和枯水期,河水不出槽,对嫩江水位无影响;在丰水期和汛期,江水出槽淹没滩地。可采区采砂后形成的砂坑占行洪断面横向比例小于 1%,根据模型分析计算采砂前后控制断面水深、流速基本没有变化,影响甚微。由于采取分段不连续开采的方式,嫩江江汊上的开采砂坑会逐步淤积,恢复至滩地高程。

从可采区采砂控制高程与主河槽深泓高程对比上来看(见图 7-30),各采区采砂控制高程均高于对应大断面主河槽深泓高程,差值在 0.44 ~ 4.97 m。因此,论证确定的可采区不影响河势稳定。

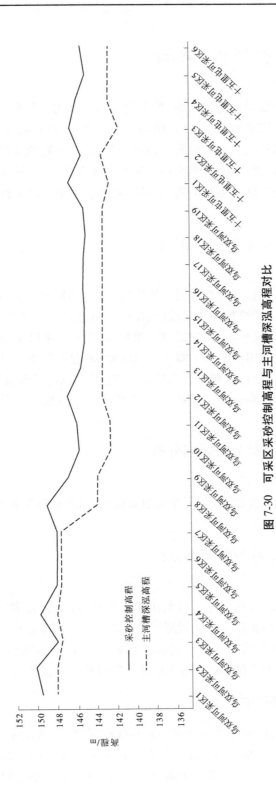

图 7-30　可采区采砂控制高程与主河槽深泓高程对比

7.5.2　采砂对防洪安全的影响分析

河道采砂能够增加河道行洪断面,扩大河道行洪能力。转化后的可采区充分考虑了河道防洪工程保护范围的要求,均不在防洪工程的禁采范围内,并留有一定的安全距离。采砂实施的乌双河外边线位于堤防管理范围以外,最近点距离堤防 1 500 m,附近无险工薄弱段,规划的可采区在滩地内,枯水期不影响嫩江水位,丰水期可以降低河道水面线,对防洪安全无不利影响。通过上述分析,采砂规划不会影响防洪工程安全。

7.5.3　采砂对供水安全的影响分析

研究规划的可采区以不改变河道总体形势、不破坏取水口范围河道形态为原则进行布置,在采砂管理方面严格控制开采范围,保证不超范围开采,严控采砂控制高程,必要时进行河道地形复测,避免局部开采超深度、超范围,造成取水口无法取水的情况。

转化可采区位于中引取水口下游 3.80 km 处,最近点距离中引干渠 0.58 km,不影响中引供水安全;而且采砂机具和作业人员生活产生的废水、污水需经过处理达标后排放,对取水口水质基本无影响,因此采砂后不会对供水安全造成不利影响。

7.5.4　采砂对通航安全的影响分析

转化的可采区均在江汊位置,不涉及通航航道,因此对嫩江通航无影响。

7.5.5　采砂对生态环境的影响分析

研究工程拟定的采砂区避让了黑龙江省齐齐哈尔沿江湿地省级自然保护区和黑龙江省乌裕尔河国家自然保护区等环境敏感区的保护区域。拟采砂区范围内没有水环境和饮用水水源保护区,研究工程位于中引取水口下游 3.8 km 处,符合在饮用水水源各级保护区及饮用水取水口上游 3 000m、下游 300 m 范围以外的布置要求。

7.5.5.1　对水环境的影响

在采砂过程中,局部水域水体受采砂机具扰动浑浊度增加,同时施工船舶产生的含油废水、人员排放的生活污水等都可能对局部水域水质产生影响。合理规范河道可采范围客观上限制了采砂活动对水环境的影响范围,一定程度上减小了原采砂活动对水环境的影响程度。范围内的饮用水水源地所属河段均已划定为禁采区,防止了人为活动直接对水源地水质造成不利影响。

采砂管理严格执行环保措施,船上作业时废水排放应执行《船舶水污染物排放控制标准》(GB 3552—2018);船上生活垃圾应收集,不得随意乱丢,禁止投入水域。船舶应采取措施防止漏油进入水体,原则上要求安装油水分离器,污水不得直排水体。这些措施的执行,将降低采砂对水环境的影响。

临时堆砂场堆放的砂石会随采随运,不会对水环境造成不利影响。

7.5.5.2　对水生态的影响

1.采砂对鱼类资源的影响

采砂作业使水体悬浮物增多,增加了水体的浑浊度,从而对鱼类生长造成影响,悬浮物过多会阻碍和影响鱼类呼吸。施工机械在水体中的运用也会直接打击鱼体,采砂破坏了部分底栖性和草食性鱼类的生存和饵料环境,对可采区及附近鱼类采食有影响。施工噪声也会影响鱼类的正常栖息、觅食活动。本方案布置的可采区内河道由于范围小,或者河道水量小,鱼类资源较少,采砂活动对鱼类资源的影响也较小。

2.对浮游生物的影响

采砂过程中,水中悬浮物含量增加,降低了水体透明度,抑制浮游植物光合作用,影响其繁殖和生长发育;悬浮颗粒与浮游生物直接摩擦、冲击,对其造成机械损伤;悬浮物增多还易堵塞滤食性浮游动物的滤食器官,恶化其营养条件。因此,浮游生物的数量在施工区附近水域会有所下降。但是,悬浮物是浮游动物的食物来源之一,悬浮物增加,尤其是底质中的腐殖碎屑增加,增加了某些浮游动物的营养成分;另外,施工搅动会增加水体中的溶解氧,但这样的有利影响相对于前面的不利影响来说是比较小的,总体来说,采砂会对浮游生物生长造成短历时的不利影响。

7.5.5.3　对大气环境的影响

临时堆砂场堆放的砂石在遭遇风沙天气时被吹走,砂石在装卸过程中、运砂车在运砂过程中产生的扬尘,机械车辆产生的排气排放物,均会对可采区周围的大气环境产生不良影响。因此,在采砂实施阶段,应制定相应的环境保护措施,如对临时堆砂场及时采用防尘网进行苦盖,运砂车辆应为厢式,运输过程中全程加盖帆布篷,及时清扫运砂道路,在相应路段定期洒水降尘等,并加强管理,避免对大气环境造成污染。

7.5.6　采砂对基础设施正常运行的影响分析

研究工程采砂区涉及的基础设施有中引取水口穿堤闸、中引倒虹吸和西部涝区排水闸。研究工程采砂区位于中引取水口穿堤闸下游 1.77 km 处,位于中引倒虹吸和西部涝区排水闸下游 1.5 km 处。符合《采砂规划》中跨河建筑物上游 500~2 000 m、下游 1 500~3 000 m 内不设置可采区的要求。采砂区距离讷富堤防最近点为 1.5 km,也符合《采砂规划》中砂场开采上缘边线距离堤防迎水侧堤脚线 100 m 的要求。所以,研究工程采砂对基础设施正常运行无不利影响。

7.6　采砂作业

7.6.1　作业方式

7.6.1.1　作业机具分析

对比不同采砂机具,链斗式或抓斗式采砂船适应性广、作业效率高,但是对河床存在一定破坏,施工时噪声大、振动大、部件易磨损;吸砂船以压缩空气和水静压为动力抽吸泥沙,工作时对河道扰动范围相对较小、影响时间短,对河床影响较小,作业造成污染小,更加节能环保,在实际应用中取得了较好的效果,但适用于泥沙粒径较小的中下游;挖掘机械开采方式作业灵活,投资小,对河道扰动小,但效率低于船采。

综合考虑不同河段特点和现状采砂实际情况,转化河段采砂作业方式的选择和机具数量控制应遵循如下原则:

(1)采砂作业方式的选择要符合地方相关管理规定,兼顾效率与安全。

(2)要充分考虑地形、水深、砂石开采难易程度、不同开采方式适用范围等因素,选择适宜的采砂机具和数量。

(3)在可采区实施时,以不影响河势、防洪、通航和水生态水环境为原则,在河道采砂许可审批中具体明确采砂机具功率和数量。

(4)转化可采区河段采砂方式原则上按照上述要求执行,规划期内,因河段采砂条件发生变化,确需采用其他开采方式,应在实施方案阶段进行充分论证。

7.6.1.2　作业方式及要求

具备陆地施工条件的地区,可以直接进行施工,采用推土机集料,挖掘机挖土装车,自卸汽车将土运至指定位置。具体施工机具型号在年度实施方案中确定。水下开采利用绞吸船将砂抽至运砂船,运抵岸边由挖掘机挖土装车,自卸汽车将土运至指定堆料区。

开采控制边坡不陡于 1:4,由于作业面较长且具有一定宽度,可考虑不设置临时堆砂场,通过作业面内部调度完成砂石的临时堆放;随采随运,及时清除或者平复砂石料和弃料堆体及采砂坑道,汛期不得在河床堆放砂石料;如果设置临时堆砂场,建议开采砂石临时堆砂场占地面积不得超过 10 000 m³,高度不得超过 5 m,单个临时砂场存放量不得超过 2.0 万 m³,即采即运,汛期不得在河道管理范围内堆放砂石。具体作业方式在年度实施方案中予以明确。

7.6.2　作业时间

为加强河道采砂管理,维护河势稳定,保护水生态环境,保障防洪和水利工程安全,并综合考虑河道砂石质地、河床演变等情况,根据《中华人民共和国水法》《中华人民共和国防洪法》《中华人民共和国河道管理条例》《黑龙江省河道管理条例》《黑龙江省河道采砂管理办法》等法律、法规文件,以及《松花江、辽河重要河段河道采砂管理规划(2021—2025 年)》《黑龙江省富裕县嫩江干流 2022 年采砂管理实施方案》等成果,富裕县嫩江干流河道采砂保留区调整禁采期为:

(1)禁采期。主汛期(每年 7 月 1 日至 8 月 31 日)及河道水位超警戒水位期(齐齐哈尔水文站 147.44 m)时江段划为禁采期;特殊情况下,富裕县人民政府可以根据辖区河流水情、工情、汛情和生态环境保护等实际需要,下达禁采时段。

(2)可采期。禁采期之外的时段。

7.6.3　采砂机具

在有水的江汊中,考虑施工安全,建议以吸砂船水采为主;在无水滩地,建议采用推土机、挖掘机等机械采砂。

7.6.4　现场应急处置方案

采砂设置专职重大事故应急组织机构。设应急总指挥、副总指挥各 1 名,下设医疗抢险小组、救灾物资保障组、治安保卫组和善后处理组。

采砂场因工作量大,各种生产条件、生活设施较为简陋,易发生一些意外伤害或突发性疾病。因此,医疗抢险小组的成员应具有基本医疗卫生知识和急救应变能力。急救小组应组织定期学习,并适当进行工地急救演习,提高项目部急救小组的急救处理能力。

救灾物资保障组根据以往采砂经验,准备相关应急救灾物资,确保采砂工作人员在发生事故后有充足的物资供应。

治安保卫组要确保 24 h 巡逻,及时发现并解决安全问题,以保障采砂区的人身安全、财产安全等。

善后处理小组要时刻做好准备,在发生事故后,以最快的速度妥善解决问题。

7.7　采砂作业管理

　　为避免非法开采、超采砂石对河势稳定、防洪安全、供水安全、通航安全、水生态环境保护等带来不利影响,需要加强采砂保留区管理,严格控制调整为可采区的数量和规模,维护好采砂管理的稳定大局,服务于采砂管理。

7.7.1　管理单位及职责

　　富裕县嫩江干流采砂管理工作仍维持现有的管理体制不变,由富裕县水务局负责管理,管理人员工资由国家财政开支。管理范围为采砂研究范围内的河段日常管理工作。管理范围内的砂石、土料均属国家所有,由富裕县人民政府授权水务局统一管理,其他任何单位和个人不得侵占。

7.7.2　现场监管方案

　　研究工程采砂区设 2 名现场监管工作人员,主要进行 24 h 的现场监督。同时建立河道采砂现场管理监控系统,利用影像监视实时监控设备对采砂现场和采砂运输关键节点实行 24 h 监控。

　　(1)监督查验采砂船证件。证件要齐全,并与河道采砂许可证的内容相一致。

　　(2)查看船舶停泊情况。候采、待载的采、运砂船舶要按规定有序停泊。

　　(3)复查作业水域。保证可采区标志不被移动;保证采、运砂船舶按顺序进入可采区,并按要求到划定的作业区作业。

　　(4)跟踪监督检查。监督检查采砂作业船舶的功率、作业方式,监测作业深度,依据开机时间、作业记录、交易票据、运装船数及距吃水线的高低等确定作业时限、量限,并监督检查废料油污的处理措施。

　　(5)填写监管报表。现场监管人员在进入可采区的采、运砂船舶作业、装载完毕后,填写监管报表。

　　(6)填写监管巡航日志。

　　(7)上报监管情况。交班时,带班负责人将本班的监管情况进行交接,并报采砂管理大队负责人。采砂管理大队每周向富裕县水行政主管部门报告现场监管情况,若遇重大情况,随时报告。

　　在采砂作业开始前,富裕县水行政主管部门应当委托具有测绘资质的单位对可采区范围及其附近一定范围内河段进行水下地形测量,采砂期限届满、累计采砂量达到河道采砂许可证规定总量、采砂权人被依法吊销河道采砂许可证、河砂开采权出让合同终止后,用同样方法进行测量。在开采期限内,视开采、所发生的洪水等情况用同样方法增加测量。测量时应当通知采砂人参加,测量结果应经采砂人确认。

7.7.3　管理措施

河道采砂必须服从防洪和河道整治的总体规划,与河道治理相结合,确保河势稳定,行洪畅通。要依据省、市颁布的《黑龙江省河道采砂管理办法》《齐齐哈尔市河道管理条例》以及有关的规范、条例等进行管理。严格按上阶段采砂规划设计要求划定开采区,设置标志,杜绝在可采区以外进行采砂活动,严格按照可采区设计的开挖坡度、深度进行开采,不得随意扩大开采范围和深度。

河道采砂实行准采证制度,采砂实行一户(一船或一车)一证。在富裕县嫩江河道内采砂的单位或个人,必须事先向富裕县水务局提出书面申请,申报开采品种、开采量、开采区域及深度、作业方式、开采时间、运输路线、安全作业、度汛措施等开采计划,由富裕县水务局批准,发放河道采砂准采证,签订采砂合同后方可开采,未经批准,任何单位和个人不准在河道管理范围内从事采砂活动。

经批准在河道管理范围内采砂的单位和个人,必须遵守下列规定:

(1)按照河道主管机关批准的开采计划分层、分部位均匀作业,禁止乱挖深坑或掏窝挖洞。

(2)开采的砂、砾、土料物随采随运。开采后的弃料按河道管理部门的要求和指定的地点,有序堆放。

(3)开采后的河床,按河道整治要求及时平复,保持平顺,无坑无坨。

(4)每季度的第一个月的前10日,向河道管理单位报送上季度生产情况(包括产量、产值、销售量、利税额等)及本季度生产计划。

(5)进入河道内的车辆,按指定的进出场路线行驶,禁止随意开道行车;不得损毁堤防、护岸和其他水利工程设施,不得损毁其他测量标志、观测设施、通信线路、照明报警器具、界碑、里程桩、宣传板和护堤林草。

(6)不得转让、出售河道采砂准采证和采砂场地。

(7)服从河道管理机关和管理人员的检查、监督、管理、指导,河道主管机关要依照法律、法规对采砂活动进行严格监督管理。对危及河势、岸线稳定、破坏水利工程设施等违法行为,要及时发现、及时制止,必须停止开采。采砂单位或个人应当服从监督检查,执行河道主管机关的决定。

(8)严禁任何单位和个人占河霸岸,不服从管理。

从事河道开采的单位和个人在办证时,应向发放河道采砂准采证的河道主管机关一次性交清河道采砂管理费。任何部门、单位和个人不得以任何借口不交纳河道采砂管理费。非发证部门、单位收取河道采砂管理费时,被收单位或个人有权拒付。逾期不交纳河道采砂管理费的单位和个人,要按过期天数每天交纳5‰的滞纳金。

　　河道采砂管理费收费标准按省财政厅、物价局《关于调整河道采砂管理费收费标准的通知》(黑价联字〔1999〕74号)的规定执行。河道采砂管理费用于河道与堤防工程维修养护、管理设施更新改造和河道管理经费。

　　规范作业单位的作业方式,加强作业单位砂场管理,生产出的砂石成品料限额堆放,开采后的砂料按河道管理部门的要求,办理堆放许可,在指定的地点,以指定的标准有序堆放;弃料随产随运,合理处置。

　　采砂形成的弃料,必须及时清除或者平复砂石料和弃料堆体及采砂坑道,汛期不得在河床堆放砂石料,避免成为行洪障碍。按照"谁开采、谁复平"的原则进行,对于不能及时复平的,建议取消其开采资格。

第 8 章 河道疏浚技术及应用实例

　　洪水过后,河道下游及缓坡处往往有泥沙淤积趋势,河道深泓上移,主槽缩窄,逐渐影响到防洪、排涝、灌溉、供水、通航等各项功能的正常发挥,为恢复河道正常功能,促进经济社会的快速持续发展,进行淤积河段的清淤疏浚工程是十分必要的。

　　河道清淤可以有效地增加河道的通行能力,改善水文条件,减少水患的发生,提高河道的水质,减少沉积物的积累,提高水体的清洁度和透明度,同时保持河道的生态系统平衡,保护生态环境。

　　本章以嫩江干流河道疏浚为例,研究河段位于嫩江干流下游黑龙江省富裕县,该段河道地势平缓,河道宽阔,多年来泥沙淤积量较大,导致黑龙江省富裕经济开发区塔哈综合产业园区取水工程存在取水困难等问题。同时,面对河道冰封导致冬季无法取水的情况,需要开展应急疏浚。本章在充分论证河道清淤疏浚必要性的基础上,通过分析河道具体情况、河势演变概况、泥沙冲淤情况,提出了河道疏浚原则、疏浚方案和具体施工设计,并给出了环境保护措施和工程管理建议。

8.1　基本情况

8.1.1　工程概况

　　黑龙江富裕经济开发区塔哈综合产业园基础设施配套工程包括取水工程和退水工程,取水工程的主要任务是为益海嘉里(富裕)粮食综合加工项目提供水资源保障,满足粮食综合加工用水的水量和水质需求,取水工程从嫩江取水引水至益海嘉里工业园区净水厂,设计取水流量 1.16 m^3/s,日取水量 10 万 t,年取水量 1 979.67 万 m^3,设计保证率 $P=97\%$。目前,富裕县塔哈综合产业园区取水工程已基本建设完成,日供水约 1.5 万 t,随着工程建设的逐步实施,取水规模需要进一步增大。

　　益海嘉里(富裕)粮食加工综合体项目为黑龙江省招商引资"百大项目"之首,由新加坡丰益国际有限公司在中国出资建设,集粮油加工、粮油贸易、油脂化工、大豆深加工于一体,是全球最大的粮食加工综合项目。项目落户黑龙江省富裕县塔哈综合产业园,规划占地 364 万 m^2,预计总投资 135 亿元,一期总投资 80 亿元,目前工程已基本建设完成,年加工玉米 187 万 t、大豆 21 万 t、小麦 50 万 t。

　　黑龙江富裕经济开发区塔哈综合产业园区取水工程取水口位于嫩江干流塔哈镇大高粱村西北 3.5 km 处,该项目于 2021 年建成取水。河道应急疏浚项目区位置示意图见图 8-1。

　　黑龙江富裕经济开发区塔哈综合产业园区取水工程取水口断面嫩江设计流量($P=$

图 8-1　河道应急疏浚项目区位置示意图

95%）为 55 m³/s，设计运行水位为 146.42 m，最高运行水位为 151.08 m，最低运行水位为 146.27 m。取水口断面多年平均流量为 406 m³/s，平均水位为 147.49 m。取水工程泵站装机容量为 1 000 kW，年取水量为 1 986 万 m³，设计引用流量为 1.16 m³/s，装机容量为 1 000 kW。

项目取水工程取水口位于西卧牛吐村西南 4.5 km 嫩江干流处,经取水泵站提水后,管线采用地下埋管方式向东南方向铺设,沿途穿越万泡子、塔哈河、齐富堤防至小高粱村西侧,管线绕过小高粱村后向东南铺设,途经砂场村,绕过农垦用地后至工业园区,线路全长约 9.162 km。

取水头部深入嫩江深泓,取水井中心点坐标 $X = 5\ 265\ 772.094\ 9$,$Y = 502\ 371.839\ 0$,取水头部平面为圆形,为整体井式结构,井壁侧面分布 8 个进水格栅。

取水头部底板顶高程 138.57 m,取水井顶高程为 152.60 m,100 年一遇设计洪水位为 151.65 m。井直径 9 m,壁厚 1 m,现状河床高程 142.8~143.0 m。进水格栅底高程确定为 143.57 m,进水格栅顶高程为 144.37 m,格栅净尺寸为 1.0 m×0.8 m(长×高)。

8.1.2　工程地质

8.1.2.1　地形地貌及地层

工程区地处广袤的松嫩平原,位于富裕县二道湾镇—塔哈乡—齐齐哈尔市连线一带,地势低平开阔,地面高程一般为 140~220 m。工程区基岩主要为第三系及白垩系地层,第四系松散堆积层分为上更新统和全新统地层。本区在大地构造单元上位于西部断阶区,是较稳定的单元,为近南北向北窄南宽三单斜构造带。本区地下水按埋藏条件分为第四系松散堆积层中孔隙水和第三系基岩裂隙水。

根据《建筑地基基础设计规范》(GB 50007—2011)附录 F“中国季节性冻土标准冻深线图”,本区季节性标准冻土深度为 2.20~2.30 m,无永久性冻土。按《中国地震动参数区划图》(GB 18306—2015),本区地震动峰值加速度为 $0.05g$,地震反应谱特征周期为 0.35 s,相应地震基本烈度为Ⅵ度。

取水口位于嫩江靠近左岸附近的主河道,布置自流井取水。自流井建基于含细粒土砂、级配不良砾③-5,允许承载力建议值为 170 kPa,压缩模量建议值为 9 MPa,承载力满足要求,沉降变形问题不大。

引水线路区地势低平开阔,地形整体平坦,局部微波状起伏,分为冲积河谷平原地貌和风积风蚀低平原地貌。

河谷平原地貌分为河床、低漫滩及高漫滩。嫩江河谷呈对称 U 形,河谷平原为高漫滩地貌,地面高程一般为 148~150 m,地表湿地与耕地均有分布。

8.1.2.2　水文地质

本区地下水按埋藏条件分为第四系松散堆积层中孔隙水和第三系基岩裂隙水。

第四系松散堆积层中孔隙水多赋存于低平原及河谷平原下伏的第四系砂砾石层中,形成水量丰富的潜水和承压水。第三系基岩裂隙水广泛分布于第三系砂岩、砂砾岩中,含水层厚度大于 70 m。

第四系孔隙潜水接受大气降水入渗补给;第四系孔隙承压水主要接受了上覆潜水的越流补给,侧向径流补给主要来自砂砾石台地及高平原地下水的补给。丰水期江、河水短时补给地下水。

8.1.2.3　工程地质

工程区地表无基岩出露,第四系松散堆积物厚度一般大于 30 m,按时代、成因及土性分类如下。

1.第四系全新统人工堆积层(Q_4^s)

(1)素填土①-1:组成物主要为黏土或粉土质砂,灰黄色,稍湿,黏土硬可塑,粉土质砂松散~稍密;主要分布在乡村耕地灌渠两侧坡顶和砂厂铁路两侧。

(2)杂填土①-2:杂色,稍湿,中密~密实;组成物主要为混合土砾石,为齐富堤防填筑土和砂厂铁路路基回填土。

(3)人工堆积砂砾石①-3:分布在砂厂周边。

2.第四系全新统风积风蚀砂层(Q_4^{eol})

粉土质砂②:浅黄色,松散,稍湿;主要分布在小高粱村、砂场村和园区一带,厚度一般为 1.5~3.0 m。

3.第四系全新统冲积层(Q_4^{al})

(1)黏土③-1:灰黄色,稍湿,可塑;表部含植物根系;主要分布于齐富堤防堤外嫩江左岸高漫滩及汊流、蛇曲一带,厚度一般为 1.0~1.8 m。

(2)含砂黏土③-2:灰黄色,稍湿~饱和,可塑;砂含量约 30%,以细砂为主;主要分布在齐富堤防堤外嫩江左岸高漫滩汊流、蛇曲及线路末端园区进水口一带,厚度一般为 1.0~1.5 m。

(3)粉土③-3:灰黄色,稍湿~饱和,松散;表部含植物根系;主要分布在塔哈河两侧高漫滩及齐富堤防堤内与砂厂铁路间,厚度一般为 1~2 m。

(4)粉土(黏土)质砂③-4:灰黄色,稍湿~饱和,松散~稍密;砂含量约 70%,以细砂为主,其余为粉土或黏土;主要分布于塔哈河两岸及齐富堤防堤内高漫滩地段,厚度一般为 1.5~2.5 m。

(5)含细粒土砂、级配不良砂③-5:灰黄~浅灰色,稍湿~饱和,中密~密实;砂含量约 70%,以中细砂为主,其余为粉土或黏土;分布于整个引水线路区,厚度一般为 1 m 左右。

(6)级配不良砾③-6:灰黄~浅灰色,饱和,松散~稍密;砾石含量 70%~80%,粒径以 10~20 mm 为主,成分主要为弱风化砂岩,砂含量 15%~25%,以中粗砂为主,其余为粉土或黏土;分布于整个引水线路区,厚度一般大于 20 m。

4.第四系全新统湖沼堆积层(Q_4^{fl})

(1)黏土④-5:青灰色,饱和,可塑,有腥臭味;含少量有机质;呈湖盆状分布于小高粱村南侧村头一带,厚度一般为 1 m 左右。

(2)含细粒土砂、粉土质砂④-6:青灰色,饱和,松散,有腥臭味;含少量有机质成分;

砂含量约 80%,以细砂为主,其余为粉土或黏土;呈湖盆状分布于小高粱村西侧和线路末端园区进水口一带,厚度一般为 1.5 m 左右。

土的颗粒分析成果统计见表 8-1。

8.1.3　河道演变

8.1.3.1　河道现状

富裕县塔哈综合产业园区取水工程位于齐齐哈尔市富裕县塔哈镇大高粱村西北 3.5 km 处,嫩江干流 CS067 断面至 CS068 断面之间,距上游 CS067 断面 1.05 km,距下游 CS068 断面 220 m。取水口所处河段为平原区宽浅型河段,平面形态上主要以蜿蜒型、分汊型河道为主,地形北高南低,由于地势平缓、流速较慢,河水往往分道而流,形成较多支汊及大大小小的滩洲。根据嫩江河道地形测量成果,取水口上游 6 km CS064 断面处有江汊汇入,河道演变分析重点论述嫩江 CS064 断面至 CS068 断面之间的河段。

河段两岸堤防间距约 10 km,河道滩地宽阔,河床组成以粗砂、中砂为主,河床抗冲能力一般,主流线、河岸顶冲部位和河岸、河床均易发生较大幅度的摆动、变化,支汊和滩洲较多。CS064 断面处有汊口,江汊宽 30~60 m,河道形状弯曲,现状淤积严重,流至 CS067 断面形成与主流平行的左侧江汊;CS064 断面至 CS067 断面间嫩江主流河道较顺直,河道左右摆动幅度较小,局部有江汊汇入;CS067(嫩 29)断面下游 100 m 处有汊口汇入左侧江汊;CS068 断面以上 500 m 处存在沙洲,使河道分流,左岸横向冲刷严重。受洪水冲刷影响,江道主流发生摆动,弯曲型河道出现分汊、撇弯现象。

取水工程所处嫩江干流段滩地宽阔,汛期洪水较大时漫滩,在洪水退水期间,由于滩地地下水位高于河水水位而形成压力水头,加之洪水涨水期对岸壁的冲击,在这两种外力作用下,岸边的土质变松,形成裂隙直至坍塌,局部弯道下移乃至河道裁弯取直的情况时有发生。河道现状水系图见图 8-2。

8.1.3.2　河道演变概况

1. 横向演变分析

引水工程取水头部位于嫩江干流左侧分汊河段处,所处河段为平原区宽浅型河段,阿伦河汇入口以上河道走势弯曲复杂,发育多段分汊型河道,阿伦河汇入口以下至 CS067(嫩 29)断面河道走向较为稳定,主槽历年来变化不大。

表 8-1　土的颗粒分析成果统计

岩性名称	试样项目	颗粒组成百分含量/%								有效粒径 d_{10}/mm	中间粒径 d_{30}/mm	控制粒径 d_{60}/mm	曲率系数 C_c/mm	不均匀系数 C_u/mm
		粗粒组						细粒组						
		粗砾 60~20 mm	中砾 20~5 mm	细砾 5~2 mm	粗砂 2~0.5 mm	中砂 0.5~0.25 mm	细砂 0.25~0.075 mm	粉粒 0.075~0.005 mm	黏粒 <0.005 mm					
含砂黏土 ③-2	组数							2						
	平均值					2.2	34.8	47.7	15.3	0.003	0.026	0.073	2.91	25.3
粉土（黏土）质砂 ③-4	组数							9						
	最大值		4.2	3.4	2.4	27.4	78.6	27.9	13.0	0.027	0.106	0.215	9.02	44.3
	最小值		0	0	0	1.1	47.2	10.3	3.7	0.009	0.060	0.131	2.80	2.44
	平均值		0.8	1.2	0.7	9.9	62.3	18.3	6.8	0.012	0.085	0.150	5.03	15.6
含细粒土砂、级配不良砂 ③-5	组数							5						
	最大值		25.6	18.6	18.2	34.8	76.7	9.3		0.180	0.360	2.500	0.93	20.8
	最小值		0	4.1	2.3	12.5	15.4	0.6		0.075	0.125	0.178	0.24	3.7
	平均值		14.8	11.0	9.4	23.8	38.0	3.0		0.119	0.237	1.311	0.57	10.1

续表 8-1

岩性名称	试样项目	颗粒组成百分含量/%							有效粒径/mm d_{10}	中间粒径/mm d_{30}	控制粒径/mm d_{60}	曲率系数/mm C_c	不均匀系数/mm C_u
		粗粒组						细粒组					
		粗砾 60~20 mm	中砾 20~5 mm	细砾 5~2 mm	粗砂 2~0.5 mm	中砂 0.5~0.25 mm	细砂 0.25~0.075 mm	粉粒 0.075~0.005 mm	黏粒 <0.005 mm					
级配不良砾③-6	组数							17						
	最大值	19.2	54.8	37.9	26.4	12.1	21.4	1.1		1.500	5.700	13.000	6.54	41.7
	最小值	0	16	13.2	5.6	2.4	1.7	0.3		0.130	0.370	0.910	0.21	5.9
	平均值	8.3	42.1	22.8	10.5	6.8	8.8	0.7		0.431	2.411	6.700	2.47	22.2
含细粒土砂、粉土质砂④-6	组数					2				1	2	2	1	1
	平均值				0.2	4.1	58.3	23.6	13.8	0.013	0.053	0.121	4.75	11.0

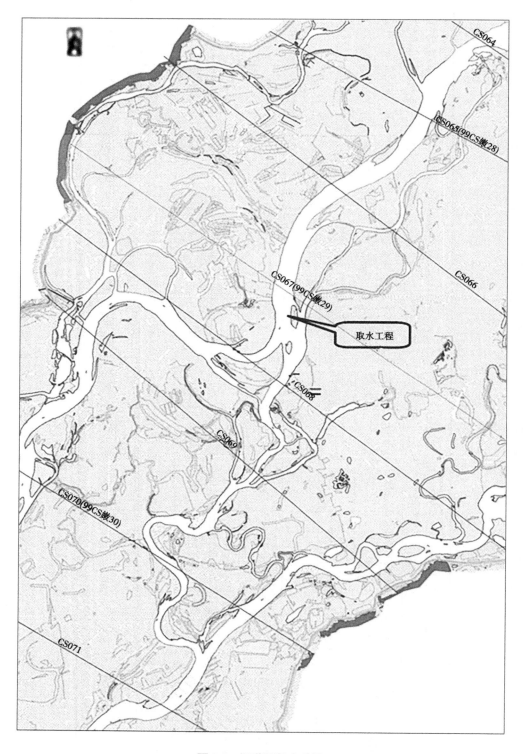

图 8-2　河道现状水系图

套绘 1984 年、2000 年、2021 年卫星影像图，经分析可知，引水工程取水口处河道河势整体较稳定，河道横向上有所拓宽并向左侧冲刷，同时有趋于顺直的变化趋势。取水工程所在嫩江河段 1984 年、2000 年、2021 年河势演变图见图 8-3。

通过对比 2021 年与 1999 年实测河道地形图，河道横向上整体向左侧偏移，凹岸冲刷、凸岸淤积较明显。左侧江汊凹岸多年累积冲刷宽度 90~100 m，凸岸累积淤积宽度 30~60 m；右侧江汊凹岸冲刷宽度 120~150 m，凸岸淤积宽度 25~80 m。河道分汊处江心洲岛头向下游倒退约 130 m，原河道分汊口淤积严重，冬季水位降低时出露为滩地。2021 年与 1999 年实测水面边界套绘图见图 8-4。

2. 河床冲淤变化

根据嫩江干流 CS067（嫩 29）断面 2021 年和 1999 年大断面套绘图（见图 8-5），取水断面河床横向上整体较稳定，局部地区有起伏变化，但幅度不大。主流河床凹岸冲刷、凸岸淤积，向左侧发育趋势明显。根据主流段断面图（见图 8-6）可以看出，嫩江河道主流段横向变化主要为右汊，主流河道左岸向左侧滚动约 61 m，右岸呈小幅淤积趋势。

纵向上，根据地形图点绘 CS067 断面至 CS068 断面至沙洲末端 2021 年和 1999 年深泓线，并在沙洲的起点处分左汊、右汊绘制河道纵断面图。根据大断面套绘图和河道纵断面图可知，河道整体变形幅度不大，河滩地上局部有冲刷、淤积，河道局部向下切割较深，塔哈河河道冲刷深度约 5.5 m，昆顿河处局部冲刷约 1.9 m；左汊河床淤积严重，在沙洲头部位置淤积约 1.5 m，取水口局部冲刷约 1.8 m，取水口断面以下河床淤积深度约 3.6 m；右汊河床在沙洲头部处淤积约 1.5 m，至河道转弯处局部冲刷 1.8 m，在沙洲末端，河道局部淤积约 1 m。嫩江左汊纵断面示意图见图 8-7，嫩江右汊纵断面示意图见图 8-8。

8.1.3.3 河道演变趋势分析

通过对嫩江干流 CS064 断面至 CS068 断面 1984 年、2000 年和 2021 年河道演变规律分析可知，该段河道属冲积平原河流，包含顺直型、弯曲型、分汊型等多种河道类型，且有支流汇入，河道演变较为复杂，在平面上表现为凹岸的冲刷后退、凸岸的淤长及支汊的兴衰，呈弯道侧蚀蠕动发展，但均在两岸堤防范围内摆动，符合冲积平原河流演变的一般规律。

该段河道位于尼尔基水库以下，随着下游河道的适应性调整，尼尔基水库对洪水的拦蓄，以及两岸堤防等工程的控制，从平面上来看，河势平面演变的空间越来越小，河势将更加稳定，弯道的下移、河道的裁滩切弯只会发生在两岸堤防之间的有限范围内；从纵向上来看，河道主槽基本稳定，在自然活动和人类活动的影响下，局部河段呈微冲微淤变化。

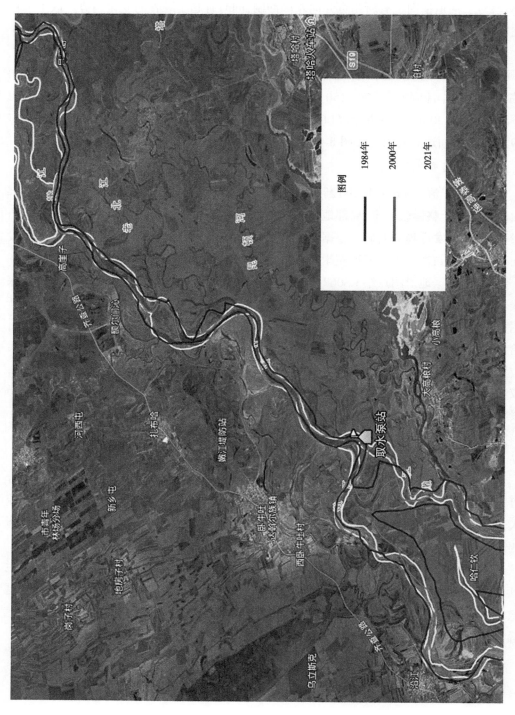

图 8-3　嫩江河段 1984 年、2000 年、2021 年河势演变图

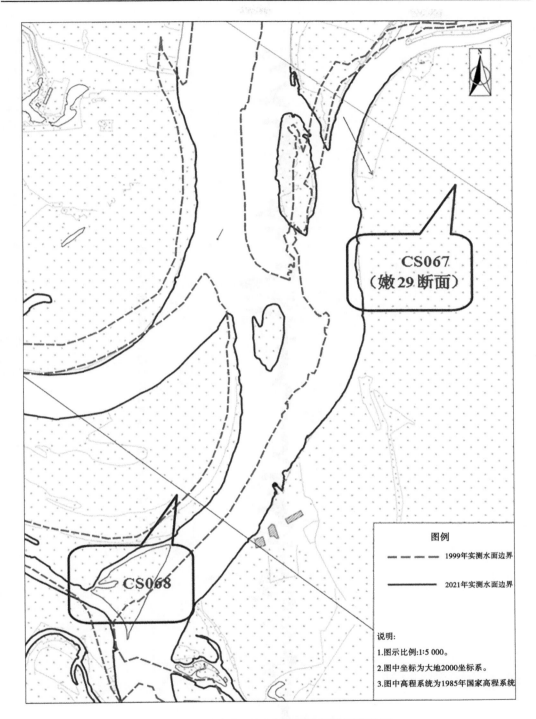

图 8-4　2021 年与 1999 年实测水面边界套绘图

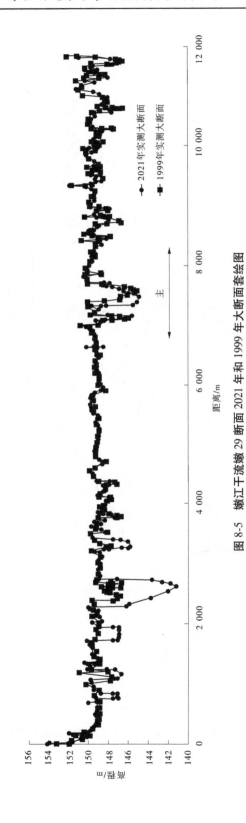

图 8-5　嫩江干流嫩 29 断面 2021 年和 1999 年大断面套绘图

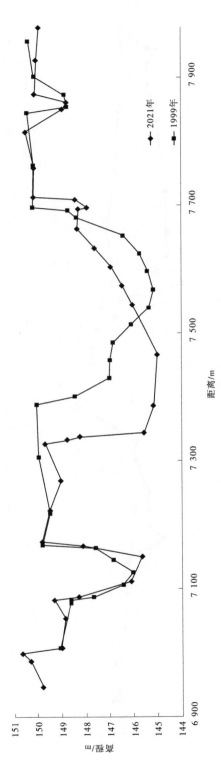

图 8-6　嫩江干流嫩 29 断面 2021 年和 1999 年主流段断面图

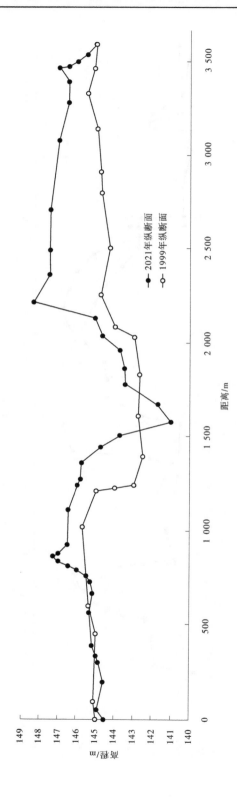

图 8-7　嫩江左汊纵断面示意图

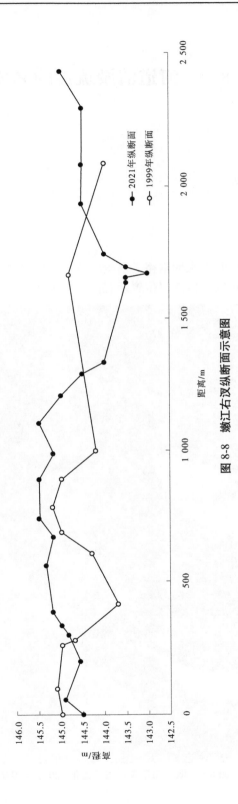

图 8-8　嫩江右汊纵断面示意图

8.2　河道清淤疏浚的必要性

8.2.1　存在的问题

8.2.1.1　河段淤积

　　根据 2020 年卫星图,丰水期富裕县塔哈综合产业园区取水工程取水井河道上游共有 3 处江汉连通。2020 年取水口江汉位置示意图见图 8-9。

図 8-9　取水口江汉位置示意图(2020 年卫星图)

根据现场踏勘情况,江汉 1 上游位于 CS64 断面处,淤积严重,现状水流较小,水深 0.7 m,基本无流动,水面上可见 1 cm 厚浮冰。江汉 1 现场踏勘照片见图 8-10。

图 8-10　江汉 1 现场踏勘照片

江汉 2 为嫩江主流冲刷的江汉,水流较急,水深 0.3~1.3 m,江汉宽度 20~30 m。江汉 2 现场踏勘照片见图 8-11。

图 8-11　江汉 2 现场踏勘照片

江汉 3 为原主流与江汉交汇河道,现状淤积严重,枯水期全部出露为滩地。江汉 3 现场踏勘照片见图 8-12。

图 8-12　江汉 3 现场踏勘照片

取水井上游 100~700 m 河道现状水深 0.3~1.3 m,近岸滩地淤积严重,水流较缓;取水井周边水深 2.4~5.9 m。

通过现场踏勘,江汉 1 现状已开始封冻,水流较小,冬季封冻后将不具备过水能力;江汉 2 处河道断面较窄,过水能力有限,现状取水井处来水主要为江汉 2 处汇入水量;江汉 3 现状已全部淤积,取水工程头部取水井所处河道历史来水主要为江汉 3 来水。

通过分析 2021 年与 1999 年实测地形图,嫩江主流与取水井所在江汉间江汉 3 处淤积较多,根据纵断面图,河道淤积高度 1.54 m。

8.2.1.2　取水口水深低于设计最低水深

取水井处水面距离进水格栅上沿高度 1.5 m,按照设计图纸推算,取水口断面水位 145.97 m,比设计最低取水水位 146.27 m 低 0.3 m,经初步分析,主要原因是取水口所在江汉上游淤积严重,仅有少量水汇入。

8.2.1.3　嫩江河道即将出现冰冻

现场踏勘时,嫩江河岸两侧浅滩已经出现冰冻,江汉 1 处已出现 1 cm 厚浮冰,随着气温下降,富裕县将结冰封江。根据历史冰情观测资料,取水口所处河道平均冰厚 1.1 m,最大冰厚 1.49 m,冰冻后江汉 2 处局部将出现连底冻情况,过流能力将大幅降低,甚至会彻底断流。冰冻后取水口上游将无来水汇入。

综合考虑以上情况,为保障工业园区冬季生产用水,河道应急清淤疏浚工作迫在眉睫。

8.2.2　工程实施的必要性

益海嘉里(富裕)粮食综合加工项目的实施,离不开水资源的支持,项目取水工程建设是保障粮食综合加工项目实施的重要基础工程,对富裕县经济社会发展具有重大意义。

取水工程若不能正常供水,将导致益海嘉里(富裕)粮食综合加工项目无法正常生产,造成减少或停产损失。嫩江干流取水口以上来水由尼尔基水库控制,断面来水不低于 50 m³/s,本取水工程最大取水流量为 1.16 m³/s,从水量上来看可以满足工业生产用水需求。但由于取水工程上游河段泥沙淤积,取水井所在江汊来水量减少,冬季结冰连底冻后,过流条件进一步恶化,取水将越来越困难。

通过河道应急清淤疏浚,能够改善取水口断面水流条件,消除断流隐患,满足园区正常供水,所以工程的实施对保证园区正常取水是非常必要的,也是非常迫切的。

8.3　疏浚任务和规模

8.3.1　河道疏浚原则

(1)坚持维护河势稳定,保障防洪、通航和生态安全的原则。

遵循河道演变规律,因势利导,充分考虑防洪安全、通航安全以及沿河涉水工程和设施正常运用的要求,河道疏浚要与各流域或区域综合规划以及防洪、河道整治、航道整治、生态保护等专业规划相协调。

(2)安全可靠、科学合理、经济实用的原则。

疏浚方案实施前应复核现状河道的过流能力,应突出指导性、协调性、适应性、可操作性的要求,并考虑长期运行,不留后患。

(3)疏挖的断面应合理控制,并与原河道渐变连接。

疏挖河段的河槽中心线宜与主流方向相一致,应为光滑、平顺的曲线,河底高程宜与现状河底高程相接近,不能改变整治河段的河道比降;疏挖的横断面宜设计成梯形,并满足边坡稳定的要求。疏挖段的进、出口处应与原河道渐变连接。

8.3.2　工程任务和规模

为满足富裕县塔哈综合产业园区取水工程冬季取水的要求,应急河道疏浚工程主要任务是:疏浚取水井断面以上自然河道,恢复原嫩江左汊输水能力,疏浚河道长度 700 m,宽度 120~560 m,疏浚河道面积 19.08 万 m²。

项目疏浚土方、砂石方量 52.05 万 m³,根据《疏浚与吹填工程技术规范》(SL 17—2014),疏浚土方量大于 50 万 m³,小于 100 万 m³,工程规模为中型。

8.3.3　工程布置

8.3.3.1　原自然河道过流能力

项目取水口与齐齐哈尔市浏园净水厂取水口处于同一河汊上,根据《齐齐哈尔市浏园净水厂改扩建及输配水工程水资源论证报告》,在来水 80 m³/s 的情况下,齐齐哈尔市水文局对浏园净水厂取水口左江及右江断面进行的流量测验及分流比计算结果,确定左江汊分流流量为 15 m³/s,占比 0.188。疏浚后河道冬季流量应不低于原河道过流能力。

8.3.3.2　现状过流能力复核

根据现场踏勘,目前嫩江左侧江汊仅江汊 2 可以过水,按照河道宽度 20 m(最窄处)、水深 0~1.3 m 计算,在不考虑嫩江干流分流情况下,理论上河汊过水能力为 7.37 m³/s。

根据长期观测及冬季运行经验,嫩江干流河道受尼尔基水库调蓄影响,冬季河道封冻后可实现冰下输水。按照平均冻深 1.1 m 计算,江汊 2 冬季浅滩处将全部冰冻,冰下剩余水深仅 0.2 m,河道过流能力仅 0.01 m³/s。

河道过流能力按式(8-1)计算:

$$Q = \frac{1}{n} A R^{\frac{2}{3}} i^{\frac{1}{2}} \tag{8-1}$$

式中　Q——设计流量,m³/s;

　　　A——过水断面面积,m²;

　　　R——水力半径,m;

　　　i——明渠底坡;

　　　n——糙率。

河道过流能力见表 8-2。

表 8-2　河道过流能力

计算河道	运行情况	宽度/m	水深/m	过水断面面积/m²	水力半径/m	明渠底坡	糙率	过流能力/(m³/s)
江汊 2	自然河道	20.00	1.30	13.00	0.31	0.000 40	0.016	7.37
	冰下输水	3.08	0.20	0.31	0.05	0.000 40	0.030	0.03

因此,维持现状情况下河道 2 输水,将出现水位较低情况,不能满足冬季用水要求。

8.3.3.3 疏浚后过流能力复核

项目实施后,将在江汉 3 处形成宽 300 m 的自然水面,根据现状测量成果,嫩江主流水面高程 146.42 m,地面高程 145 m,按照平均冰厚 1.1 m 计算,冰下水深为 0.32 m,按此计算,河道冰下过流能力为 18.71 m³/s,与原自然河道过流能力 15 m³/s 基本一致。疏浚后河道过流能力见表 8-3。

表 8-3 疏浚后河道过流能力

计算河道	运行情况	宽度/m	水深/m	过水断面面积/m²	水力半径/m	明渠底坡	糙率	过流能力/(m³/s)
江汉 3	疏浚后冰下输水	300.00	0.32	95.59	0.16	0.000 4	0.030	18.71

8.4 河道应急疏浚方案

8.4.1 疏浚方案比选

为满足富裕县塔哈综合产业园区取水工程取水要求,考虑冬季冰冻情况,必须对取水口以上河道进行应急清淤疏浚。根据现场踏勘及原自然河道分布情况,初步设定 3 个疏浚方案。

通过方案比选,方案 1 河道较窄,上游距离嫩江主流较远,河道回淤可能性较大,疏浚河道长;方案 2 河道较窄,根据第三次全国国土调查成果,两侧岸坡为滩涂湿地、草地地类,均为开发利用红线,现状植被良好,不具备横向扩大断面的条件,利用现状河道冬季过流能力有限;方案 3 河道均为自然水面,经清淤疏浚可恢复原自然河道输水能力。河道清淤疏浚方案比选见表 8-4。

表 8-4　河道清淤疏浚方案比选

序号	疏浚河道	方案比选
1	河道 1	河道已淤积接近断流,河道较窄,上游距离嫩江主流较远,疏浚河道长
2	河道 2	河道较窄,两侧为滩涂、草地,植被良好
3	河道 3	河道已淤积,原为自然水面,河道底部已经露出,疏浚后可以满足流量要求

综合考虑长久运行,通过应急疏浚工程恢复自然河道水面,选定疏浚河道 3 作为应急疏浚工程的推荐方案。

8.4.2　工程布置

拟定疏浚段上游自嫩江主流深泓位置起,向河汊方向疏浚淤积河道,河道应急疏浚范围为取水泵站至上游 800 m 之间,疏浚长度为 700 m,疏浚段河沟开挖边坡不陡于 1∶4,疏浚段纵比降 1∶2 500,疏浚沟自两侧砂岛边缘处通过,疏浚段起点沟底高程 145.00 m,终点沟底高程 144.70 m,位于取水井上游 100 m。河道疏浚范围控制点坐标见表 8-5。取水井断面以上疏浚范围示意图见图 8-13。

8.4.3　设计依据的标准、规范及文件

(1)《防洪标准》(GB 50201—2014)。
(2)《河道整治设计规范》(GB 50707—2011)。
(3)《水利水电工程初步设计报告编制规程》(SL/T 619—2021)。
(4)《水利水电工程等级划分及洪水标准》(SL 252—2017)。
(5)《疏浚与吹填工程技术规范》(SL 17—2014)。
(6)《黑龙江富裕经济开发区塔哈综合产业园区基础设施配套工程(取水、退水工程)可行性研究报告》。
(7)《黑龙江富裕经济开发区塔哈综合产业园区基础设施配套工程(取水、退水工程)洪水影响评价类审批技术报告》。

表 8-5　河道疏浚范围控制点坐标

控制点	X 坐标	Y 坐标
1	5 267 017. 14	577 532. 53
2	5 267 051. 84	577 664. 21
3	5 266 994. 54	577 784. 29
4	5 266 985. 40	577 915. 91
5	5 266 792. 94	577 922. 12
6	5 266 574. 85	577 888. 41
7	5 266 518. 98	577 764. 71
8	5 266 591. 06	577 521. 37
9	5 266 345. 82	577 586. 69
10	5 266 458. 63	577 621. 22
11	5 266 576. 30	577 629. 81
12	5 266 671. 45	577 597. 37
13	5 266 785. 23	577 585. 10
14	5 266 897. 62	577 511. 15

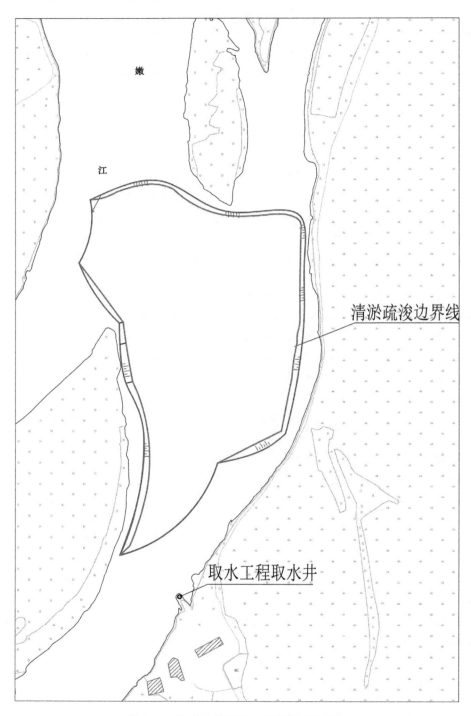

嫩

江

清淤疏浚边界线

取水工程取水井

图 8-13　取水井断面以上疏浚范围示意图

8.4.4　疏浚河道断面设计

取水井断面以上现状平均淤深 1.0 m,不满足冬季过流和取水井取水要求,需进行疏浚治理。为保障泵站冬季用水安全,首先在衔接主江深泓至取水塔之间深挖引水沟道,开槽宽度 40 m;之后对疏浚范围全面实施开挖。

1. 河道比降的确定

设计原则:河道设计比降尽量接近地面自然比降,控制流速在不冲和不淤之间。同时,为了减少土方开挖量和弃土占地过多,应避免出现深挖方河段。

疏浚河段设计比降采用 1:2 500。

2. 河底高程

疏浚河段河底高程为:起点桩号 0+000 处河底高程 145.0 m,桩号 0+700 处河底高程 144.7 m。

3. 边坡系数

为保证边坡的稳定性,疏浚河段开挖边坡不陡于 1:4。

4. 土方工程量

采用 CASS 水利设计软件断面 CAD 中工程量计算模块,计算河道清淤疏浚工程量。取水井断面以上清淤疏浚工程,位于桩号 0+000 ~ 0+700 段,长 700 m,河道宽 120 ~ 560 m,设计疏浚土方、砂石方量 44.68 万 m^3,超挖深度 0.3 m,超宽 0.3 m,超挖超宽工程量 7.37 万 m^3,疏浚总工程量 52.05 万 m^3。

富裕县塔哈综合产业园区取水工程河道应急疏浚实施方案图见图 8-14。

8.4.5　疏浚施工设计

8.4.5.1　施工条件

1. 工程条件

富裕县塔哈综合产业园区取水工程河道应急疏浚工程位于嫩江干流下游左汊富裕县塔哈综合产业园区取水井断面以上淤积段。本方案设计主要为河道疏浚工程,疏浚河道长 700 m,宽 120 ~ 560 m,面积 19.08 万 m^2,主要工程量为土方、砂石方开挖 52.05 万 m^3。

2. 自然条件

1)地形地貌

嫩江干流富裕县段地处松嫩平原区,区内地势低平开阔,地面高程一般在 140 ~ 220 m。地形整体平坦,局部微波状起伏,分为冲积河谷平原地貌和风积风蚀低平原地貌。

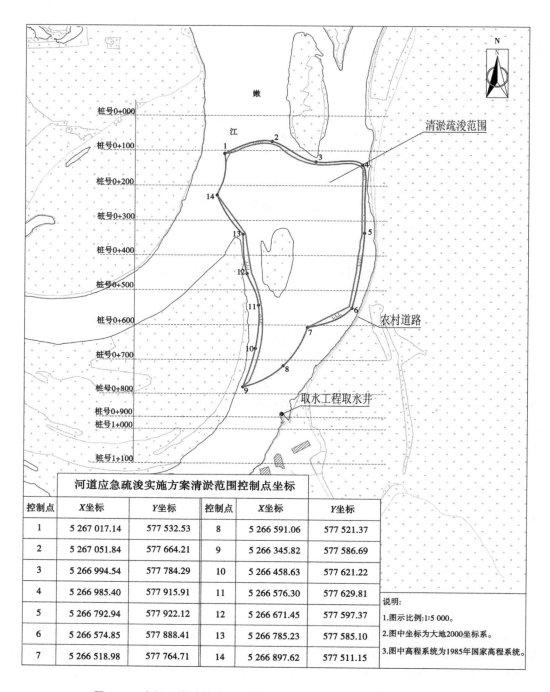

| \multicolumn{6}{c}{河道应急疏浚实施方案清淤范围控制点坐标} |
控制点	X坐标	Y坐标	控制点	X坐标	Y坐标
1	5 267 017.14	577 532.53	8	5 266 591.06	577 521.37
2	5 267 051.84	577 664.21	9	5 266 345.82	577 586.69
3	5 266 994.54	577 784.29	10	5 266 458.63	577 621.22
4	5 266 985.40	577 915.91	11	5 266 576.30	577 629.81
5	5 266 792.94	577 922.12	12	5 266 671.45	577 597.37
6	5 266 574.85	577 888.41	13	5 266 785.23	577 585.10
7	5 266 518.98	577 764.71	14	5 266 897.62	577 511.15

说明:
1.图示比例:1:5 000。
2.图中坐标为大地2000坐标系。
3.图中高程系统为1985年国家高程系统。

图 8-14　富裕县塔哈综合产业园区取水工程河道应急疏浚实施方案图

河道应急疏浚工程区位于松嫩平原中西部嫩江干流下游左汊内,地貌类型为河谷平原低漫滩,地面高程一般在148~150 m。

2)工程地质条件

工程区地处广袤的松嫩平原,位于富裕县二道湾镇—塔哈乡—齐齐哈尔市连线一带,基岩为第三系及白垩系地层,第四系松散堆积层分为上更新统和全新统地层。

该区在大地构造单元上位于西部断阶区,是较稳定的单元,为近南北向北窄南宽单斜构造带。

该区地下水按埋藏条件分为第四系松散堆积层中孔隙水和第三系基岩裂隙水。第四系松散堆积层中孔隙水多赋存于低平原并在河谷平原下伏的第四系砂砾石层中,形成水量丰富的潜水和承压水。第三系基岩裂隙水广泛分布于第三系砂岩、砂砾岩中,含水层厚度大于70 m。

3)气象水文条件

嫩江流域属温带季风气候,冬季寒冷干燥,历时长达半年之久;春季多风,蒸发量大,湿度小;夏季温湿多雨;秋季降温急骤,历时较短。

流域多年平均降水量为400~500 mm,最大年降水量为937.4 mm,最小年降水量为152.5 mm;年蒸发量为1 300~1 700 mm。多年平均气温为1~4 ℃,极端最低气温为-42 ℃,极端最高气温为39 ℃,冬季冰封期达150 d左右,冰厚1 m左右;全年日照时数为2 800 h左右;无霜期为100~200 d;最大冻土厚度为2.0~2.9 m。冬季受大陆季风控制,春季3—5月多为风期,5月平均风速在5 m/s左右。

根据富拉尔基水文站的冰情资料,工程所在嫩江河段封冻日期一般为11月17日,最早10月29日;开江日期一般为4月14日,最晚4月23日;平均封冻天数149 d,最大平均冰厚1.49 m。

工程施工天数主要受冬季及夏季降雨影响。施工洪水分为:春汛为4月1日至5月31日;大汛为6月1日至9月30日;秋汛为10月1—31日。

3.对外交通

工程区内有多条交通干线通过,包括齐富堤防、G111国道嫩双公路、齐北铁路线及S19嫩泰高速,同时还有乡村公路、风力发电砂石路及泵站临时交通路与上述主要干线连接,工程区交通较便利。

4.建筑材料及水、电、通信

工程主要是土方开挖,不涉及建筑材料,抽泥船所需油料为柴油,可在塔哈镇购买,运距15.22 km。

施工所需的生产用水可自河道取水。施工用电采用70%网电结合30%柴油发电机发电。

施工项目区大多靠近村镇,具备机械设备维修及汽车保养维修水平。因此,施工时可充分利用当地的机修、汽修条件。

8.4.5.2　施工导流

工程级别为 4 级，根据《水利水电工程施工组织设计规范》（SL 303—2017），相应的导流设计标准为 5~10 年一遇，本工程采用 5 年一遇施工期洪水标准。

因富裕县塔哈综合产业园区河道疏浚位于河道上，采用驳船与挖掘机联合施工，挖掘机在滩地出露处开挖，抽砂船与驳船在满足吃水深度的河槽内开挖，无须施工导流。

8.4.5.3　主体工程施工

主体工程主要为土方开挖工程，土方采用 1 m³ 单斗挖掘机（液压）进行开挖，59 kW 推土机推平，150 m³/h 抽泥船采松散中砂，排泥管线长度 0.8 km。按照疏浚控制高程施工，抽水船通过管道抽砂至临时堆砂排泥场，堆砂排泥场周围设砂袋阻止淤泥溢出。堆料中的水经过砂袋过滤渗出到排水沟，再沉积后成为清水回归至河道内。

清淤土方及砂石在河滩上沥水后，通过临时交通道路及时清运。

施工前应先扫床，查明深沟及危险物。施工现场坑、沟及高度超过 2 m 的平台周围应设置防护措施或警示标志。

8.4.5.4　施工交通及施工总布置

1. 施工交通

1) 对外交通

工程区内有多条交通干线通过，包括齐富堤防、G111 国道嫩双公路、齐北铁路线及 S19 嫩泰高速，同时还有乡村公路、风力发电砂石路及泵站临时交通路与上述主要干线连接，工程区交通较便利。

2) 场内交通

为了满足场内各施工区之间、施工区至堆砂暂存场及场内与外部联系的要求，场内交通主要围绕各施工区进行布置，并与堆砂暂存场和对外交通道路相接，共设施工临时道路 4.0 km。

2. 施工总布置

1) 布置原则

根据工程特点，施工场地布置原则如下：

(1) 以工程具体布置情况、工程施工特点、施工进度计划、水电供应及场地自然条件等为依据。

(2) 经济合理、有利生产、方便生活和易于管理。

(3) 充分使用已征用的场地，应在工程区沿线合理布置，尽可能减少占地和占房。

2) 施工区布置

根据以上原则，工程区仅包括施工现场，施工人员生活租用当地房屋。

3)水、电、通信系统

(1)供水系统。

供水系统主要供工地的生活和消防用水。生活用水利用当地居民的生活供水系统解决。

(2)供电系统。

工程施工没有施工用电。生活用电利用当地居民的生活供电系统解决。

(3)通信系统。

施工通信利用当地邮电、通信网。

4)土石方平衡

土石方挖填平衡利用的规划原则如下:

(1)土料调运本着就近利用的原则。

(2)开挖时尽量直接利用,不倒运。

(3)根据开挖料性质分别利用。

工程设计疏浚土方、砂石方量 44.68 万 m^3,超挖深度 0.3 m,超宽 0.3 m,超挖超宽工程量 7.37 万 m^3,疏浚总工程量 52.05 万 m^3;建设临时交通道路及施工平台重复倒运土方、砂石工程量 3.05 万 m^3;总施工工程量为 55.1 万 m^3。

土石方平衡见表 8-6。

表 8-6　土石方平衡

序号	部位	清淤量/ 万 m^3	土方开挖量/ m^3	土方回填量/ m^3	利用土方量/ m^3	外运土 1 km/万 m^3
1	清淤工程 0.7 km	52.05				52.05

8.4.5.5　施工总进度

项目为应急疏浚工程,由于周边农田为基本农田,不具备临时征占地条件,因此需要通过优化施工组织设计在河道内实施完毕。

工期选定在枯水季,2022 年 12 月初开始实施,疏通引水沟道,2023 年 3 月底以前全部竣工。

施工总工期为 4 个月,施工总工日为 120 d,本工程高峰期及平均人数 60 人/d,施工总工日 6 947 个。

8.5　环境保护和管理措施

8.5.1　环境保护

8.5.1.1　工程施工环境影响分析

河道疏浚对水环境的影响主要为堆砂场产生的泥水流入河中,造成河水浑浊,对水环境可造成一定的影响;另外,施工期采砂船的含油污水、生活污水和船舶垃圾的排放,运输车辆石油的泄漏,都会对工程区及其附近水域的水质造成一定的影响。

项目区域主要为河流生态系统,区域生态环境较为简单,项目区地貌为高于水面的土堤,地表主要为耕地,无国家珍稀濒危树种。工程占地范围内及其周边无国家珍稀濒危动植物以及鱼类"三场"。嫩河流域植被较好,生态环境完好,工程建设临时占用部分土地,将造成一定量的水土流失,工程临时占地对生态环境的影响为短期可逆影响。

车辆运输过程中将会产生一定量的粉尘,对局部区域环境空气质量产生不利影响。项目区处于空旷野外,大气扩散条件较好,运输过程中产生的粉尘、扬尘量不大,对项目区域的大气环境质量影响较小。

项目所在区域为人口稀少的农村地区,且噪声在传播过程中将随着距离增加而衰减,因此施工产生的噪声污染基本不会对区域声环境造成明显影响。

8.5.1.2　环境保护措施

为防止堆砂场产生的泥水直接流入河中,采用临时排水沟措施,在堆砂场四周及连接到河岸布置临时排水沟,将泥沙沉淀后再排入河中,共布置临时排水沟 1 548 m。临时排水沟设计底宽 1.0 m,高 1.0 m,坡比 1:1。施工结束后,排水沟拆除。

清淤作业采砂船均应自带油水分离器,未安装油水分离器的小型船舶,其舱底油污水应暂存于船舶自备的容器中,一并送油污水接收船或岸上的油污水接收单位接收处理;水上各类作业机械维护维修时,应拖到陆地上的固定区域进行维修,做好油水、废水与其他固体废物的收集并妥善处理,防止污染水体。

项目临时建筑主要为办公生活区、堆渣场和临时道路等,施工结束后,对设备设施进行移除,将场地内遗留的垃圾和污染物清除干净,严禁将废物掩埋,最后用机械推平场地。

运输道路采用洒水车进行路面预喷洒除尘方式,以抑制或降低通道扬尘的二次飞扬扩散。运输车辆与采砂机械应使用清洁燃油料,机械状况维持良好,以减少废气排放。

　　加强施工现场的交通管理,施工运输应优化安排施工车流量,运输车辆禁止鸣高音喇叭,尤其是经过沿线村屯时应限速行驶,速度应小于 20 km/h,并禁止鸣笛。加强设备的维护和管理,以减少运行噪声;接触高噪声的施工人员应佩戴耳塞等个人防噪声用具。

8.5.2　工程管理

8.5.2.1　建设期管理

　　项目为应急工程,由富裕县政府在建设期成立项目管理专班,建立健全相应的组织管理机构,为项目的设计、资金筹措、组织实施和质量保证及工期提供组织保障。工程实施完成后应及时验收。

　　项目疏浚产生的砂石,由富裕县人民政府统一管理处置。

8.5.2.2　其他管理要求

　　项目在实施过程中应按照河道疏浚的要求,做好环境保护工作。

第 9 章　采砂规划实施

采砂管理规划是为河道采砂管理提供科学依据的专项规划,是确保采砂管理规范化、制度化的重要技术保障。规划批准后,即成为指导采砂活动的重要依据,应严格按照规划实施管理,落实相关管理措施,做好对规划实施情况的监督检查工作,维护规划的严肃性和权威性。本章从规划实施要求,禁采区、可采区、保留区管理要求,采砂管理经费和保障措施等方面提出了采砂规划实施的具体要求和管理措施。

9.1　规划实施要求

9.1.1　以河长制、湖长制为平台,落实采砂管理责任

根据中共中央办公厅、国务院办公厅《关于全面推行河长制的意见》《关于在湖泊实施湖长制的指导意见》等要求,各省(自治区)应加强领导,明确各级河(湖)长责任,将采砂管理责任制与河长制、湖长制有机结合,建立河长挂帅、水利部门牵头、有关部门协同、社会监督的采砂管理联动机制,形成河道采砂监管合力。

为确保管理体制顺畅,要切实建立采砂管理责任体系,各级河长、湖长对本行政区域内河湖管理和保护负总责,各河段河长是相应河湖管理保护的第一责任人。各省(自治区)县级以上人民政府水行政主管部门在所管辖范围内负责河道采砂管理和监督工作。县级以上人民政府有关部门按照各自职责对河道采砂实施相关监督管理。

对辖区内有采砂管理任务的河道,各省(自治区)逐级逐段落实采砂管理 4 个责任人,即河长责任人、行政主管部门责任人、现场监管责任人和行政执法责任人,由县级以上水行政主管部门按照管理权限向社会公告,并报省级水行政主管部门备案,切实将采砂管理责任落到实处,形成一级抓一级、层层抓落实、层层负责任的责任体系。

9.1.2　坚持保护优先原则,强化采砂规划的刚性约束

河道采砂规划是河道采砂许可、管理和监督检查的依据。规划一经批准,必须严格执行。规划确定的禁采区和禁采期由县级以上地方人民政府水行政主管部门依法向社会公告。严禁在禁采期、禁采区从事采砂活动。河道采砂若与防汛安全和河道整治、河道管理发生矛盾,应服从防汛指挥部、河道主管机关及其授权的河道管理单位统一指挥和管理,严禁擅自盲目开采造成资源破坏,危及河道安全。

9.1.3　严格依法依规管理,加强审批及监管

根据《中华人民共和国河道管理条例》,河道采砂须经有关河道主管机关批准,未经批准,不得从事河道采砂活动。河道采砂许可应以批复的采砂规划、年度采砂计划为依据,依法依规进行。按照"谁许可、谁监管"原则,加强可采区事中、事后监管,河道采砂必须严格按照许可的作业方式开采,不得超范围、超深度、超功率、超船数、超期限、超许可量开采。采砂结束后及时撤离采砂船和机具、平复河床。堆砂场应设置在河道管理范围以外,确需设置在河道管理范围内的,应符合岸线规划,并按有关规定办理批准手续。积极探索推行河道砂石采运管理单制度和政府统一经营管理模式,强化采、运、销全过程监管。鼓励和支持河砂统一开采管理,推进规模化、规范化开采。

加强监督巡查,日常监督执法与重点打击相结合,始终保持对非法采砂高压严打态势。充分利用河长制、湖长制平台,推进行政执法与刑事司法有效衔接,严厉打击违法违规采砂行为。推行执法公示制度、执法全过程记录制度、重大执法决定法制审核制度。

9.1.4　加强河道采砂管理信息化建设,提升采砂监管能力

强化采砂监管信息化手段。积极运用卫星遥感技术、无人机、GPS 定位、视频监控等现代信息技术,丰富监管手段,提高监管效能和精准度。

加强行政执法监管能力建设。进一步充实采砂管理人员和执法队伍,配备必要的执法装备,落实执法经费,加强队伍培训。强化廉政风险防控和作风建设,切实提升采砂监管能力。

9.1.5　加强采砂河段地形监测,确保河势稳定

河砂开采一定要在批准的作业区内,按采砂规划限定的开采量进行,如果过量开采,必然在一定程度上改变河床边界条件,将会导致局部河势发生变化,危及防洪及航运安全。各级水行政主管部门为了解各采砂河段的河床变化,需要对河道水下地形变化情况进行监测。采砂结束后应及时验收,验收前组织对采砂河段水下地形进行测量。

9.2 采砂管理要求

9.2.1 河道采砂管理权限划分

各省(自治区)明确各级河(湖)长责任,充分利用河长制、湖长制工作平台,将采砂管理责任制与河长制、湖长制有机结合。年度采砂计划或实施方案由县级以上水行政主管部门组织编制,本级人民政府或水行政主管部门批准实施;采砂许可及现场监管由水行政主管部门负责;水行政执法由水行政主管部门和具备水行政执法职能的综合执法部门负责。

9.2.2 禁采区和禁采期管理要求

相关县级以上主管部门应当按照规划确定的禁采区和禁采期,依据相关法律、法规落实各项管理措施,切实加强并落实禁采区(河段)和禁采期的管理,重点做好以下几个方面的工作:

(1)及时将规划确定的禁采区和禁采期予以公告,在所管辖河道内禁采区或临时禁采区显著位置设立固定标志牌,标志牌应注明禁采区位置、范围、禁采区非法采砂的后果和非法采砂举报电话等内容。加大河道采砂的普法及宣传力度,接受社会和群众监督。

(2)禁止在禁采区、禁采期从事采砂活动。禁采区禁止堆砂。

(3)加强巡查,充分发挥社会监督作用,保证举报渠道畅通,及时掌握非法采砂活动的动态。

(4)坚持日常监管和专项集中打击相结合,始终保持对非法采砂的严厉高压态势,确保禁采管理的良好秩序。

(5)加强采砂机具管理。切实做好采砂机具登记造册和移动管理,加强禁采期采砂船舶的停泊管理。

(6)加强禁采期管理。进入禁采期之前,从事河道采砂的单位或个人应将采砂船只停放在指定的停放地点,将采砂场临时设施和河道内临时堆砂及弃渣弃料全部清除,基本恢复河道原状。

9.2.3　可采区管理要求

9.2.3.1　**年度实施控制**

规划确定了研究范围内河道可采区范围、可采区实施数量、年度采砂控制总量、开采高程、采砂作业方式、采砂机械及其数量和最大功率，以及禁采期等控制性指标，各级水行政主管部门应按照规划内容实施采砂管理，禁止突破各项控制指标。当规划期内可采区的实施条件发生重大变化不宜采砂时，不得列入年度采砂计划或实施方案。

9.2.3.2　**可采区调整**

规划期内，若环境敏感区、生态保护红线范围、基本农田范围、涉水工程等发生变化或调整，应根据变化或调整情况，按照"三区"划分原则，对可采区范围进行相应调整。涉及环境敏感区、生态保护红线、基本农田、涉水工程调整后范围的可采区，应调整为禁采区，县级以上水行政主管部门在组织编制年度采砂计划或实施方案时，按禁采区划定标准进行调整。

9.2.3.3　**可采区年度采砂计划或实施方案**

县级以上水行政主管部门应当按照管理权限，依据河道采砂规划组织编制年度采砂计划或实施方案，由本级人民政府或水行政主管部门批准实施。

年度采砂计划或实施方案的编制应满足岸线保护与利用规划、国土空间规划、第三次土地调查、生态保护红线、环境质量底线、资源利用上线、生态环境准入清单、自然保护地整合优化等最新成果要求；应对可采区进行河道地形测量，砂石储量、质量进行详细勘察，并根据最新基础资料进行分析，开展必要的河势演变、泥沙补给分析工作，明确提出年度内可采区可实施的数量、可采区范围及各可采区控制指标；应服从航运管理有关规定；应根据采砂的方式、时间和开采量等进一步分析论证采砂对水环境和水生态的影响，并制定相应的环境保护措施。编制年度计划时，地表水水质自动监测站上游 1 000 m、下游 300 m 范围内禁止采砂。

9.2.3.4　**年度采砂许可**

河道采砂实行许可制度，河道采砂许可由县级以上水行政主管部门依照管理权限审批，省界河段采砂许可报松辽水利委员会和省级水行政主管部门备案，其他河段采砂许可报省级水行政主管部门备案。河道采砂许可决定应当予以公开，未经许可，禁止从事河道采砂活动。

河道采砂许可证应当载明采砂单位名称（个人姓名），采砂船舶（挖掘机械）名称、识别号、功率，采砂地点、开采范围、高程、作业方式、弃料处理方案、现场清理方案，以及许可证有效期限等内容。取得河道采砂许可应当符合下列条件：

（1）有合法有效的营业执照。

（2）采砂作业方式符合安全、环保等要求。

（3）有符合要求的采砂设备和采砂技术人员。

（4）用船舶采砂的，船舶、船员的证书齐全有效。

（5）砂石堆放、弃料处理、河道修复方案符合要求。

（6）三年内无违法采砂失信行为和不良记录。

（7）法律、法规规定的其他条件。

采砂现场应设立公示牌，载明采砂许可和责任人相关信息，接受社会监督；应设置安全警示牌，确保作业安全、人员安全。

9.2.3.5　采砂验收

对经许可的采砂活动，采砂单位或者个人应按照年度采砂计划、采砂实施方案、采砂许可具体要求，在采砂结束后清理采砂现场，对被破坏河床、河岸护坡、道路、生态等进行整治修复。采砂主管部门应在采砂完成后会同有关部门对"采量、深度、弃料处置"进行监督管理，履行采砂验收制度。对验收不合格的采砂项目，根据有关规定，责令整改，给予相应处罚。

9.2.3.6　加强采砂安全生产监督

采砂单位是安全生产的责任主体，对本单位安全生产工作全面负责。地方水行政机构安监部门和流域机构安监部门应督促采砂单位保障安全生产投入，改善安全生产条件，推进安全生产标准化建设，加强风险因素辨识管控和隐患排查，落实安全生产措施，提高安全生产水平，确保安全生产。督促采砂单位制定安全生产规章制度，明确安全生产责任人，组织河道采砂安全生产培训，在采砂作业场所设立醒目警示标志，制定事故处置应急预案，定期组织演练。

9.2.4　保留区管理

保留区是为因河势变化的不确定性和砂石需求的不确定性而设置的区域，其目的是为在规划期内进行必要的调控和更好地实现采砂管理留有余地。

9.2.4.1　保留区管理要求

（1）保留区原则上按照禁采区管理要求实施管理；保留区转化为可采区后，按照可采区的规定管理。保留区转化为可采区或禁采区后，应及时予以公告，必要时应在转化的禁采区设置警示牌。

（2）保留区禁止采砂，对确需开采保留区砂石资源的，必须在阐明采砂可行性和必要性的基础上，做好水下地形测量和砂质砂量勘测等重要基础性工作，按照一事一议的方式进行河道采砂可行性论证。

9.2.4.2　保留区转化条件要求

1. 保留区转化为可采区条件要求

在规划期内,对于规划可采区开采条件发生重大变化不宜采砂,确需开采建筑砂料的,可根据可采区划定原则,充分说明调整的理由及必要性,按照生态优先、绿色发展原则,在生态环境影响可接受范围内,选择满足要求的保留区转化为可采区,用以替代不宜实施采砂的规划可采区。研究河段内保留区转化为可采区专题论证时应征求省级交通主管部门意见。

2. 保留区转化为禁采区条件要求

在规划期内,由于河势条件发生恶化、新建涉水工程或新划定生态保护区等客观条件变化,原有保留区符合禁采区划分原则的,应转化为禁采区。

9.2.4.3　保留区转化审批管理要求

1. 保留区转化为可采区

各级水行政主管部门应依据管理权限,加强对保留区转化为可采区的审批管理,应严格控制保留区转化为可采区的数量。保留区转化为可采区,县级以上水行政主管部门应组织开展专项论证工作,应将专项论证报告、有关管理部门书面意见以及其他技术支撑资料等相关材料逐级上报,经省级水行政主管部门审批同意,报松辽水利委员会备案。保留区转化替代不宜实施采砂的规划可采区,应参照被替代规划可采区的控制指标,采砂量计入年度采砂控制总量。

2. 保留区转化为禁采区

保留区转化为禁采区,县级以上水行政主管部门在管理上进行相应调整,严格按照禁采区管理要求进行管理。

9.2.5　航道疏浚、河道整治和水库清淤采砂管理要求

因航道疏浚、河道整治和水库清淤进行河道采砂的,应当由建设单位组织编制采砂可行性论证报告,经有管辖权的水行政主管部门批复同意。航道清淤疏浚作业由航运管理部门组织实施,河道整治、水库清淤等工程作业由本河段有管辖权的水行政主管部门组织实施。航道清淤疏浚、河道整治、水库清淤等产生的砂石资源不纳入年度采砂控制总量。

9.3　采砂管理经费

河道采砂管理经费支出主要由基建费用、设备购置、基本支出和专项业务支出组成。

河道采砂管理和执法需要开展大量的、经常性的巡查暗访工作;每年节假日期间需要加大采砂管理和执法力度;打击非法采砂也是经常需要开展的一项工作;针对局部河段非法采砂活动情况,每年需要开展多次集中行动。河道采砂管理和执法工作具有公益性、特殊性、艰巨性和经常性,需要相应的经费支持。采砂管理经费应列入各级政府年度财政预算,严格经费使用管理,实行专款专用。

9.4　保障措施

(1)加强日常监督巡查和在线监测管理,严厉打击非法采砂。建立河道采砂监督巡查制度,坚持明查与暗访相结合,更多采取"不发通知、不打招呼、不听汇报、不用陪同,直奔管理一线、直插现场"的方式。实施在线监测,加强河道采砂实时监控。

(2)相关省(自治区、直辖市)水行政主管部门可参照规划提出的采砂管理能力建设内容,结合本省(自治区、直辖市)采砂管理的实际,编制本行政区域内的采砂管理能力建设规划,经本省(自治区、直辖市)人民政府批准后实施。

(3)将采砂管理所需资金纳入地方财政预算,解决采砂管理所需经费,为各级管理机构履行职责,切实做好河道采砂管理工作提供资金保障。

(4)加大政府信息公开力度,加强信息通报,依法定期公开采砂作业许可审批情况、监管情况、违法处理情况,拓宽公众参与管理的渠道。通过公开听证、网络征集等形式,建立公众参与和公民听证制度,充分听取公众对采砂管理的意见。

(5)加大舆论宣传力度,发挥公众监督作用。充分发挥新闻媒体、社会舆论和群众监督作用,营造良好的社会舆论氛围,为加强河道采砂管理和打击违法行为创造有利条件。通过主题宣传活动、宣传公告栏等,加大对河湖保护的宣传教育力度。设立曝光台,主动曝光违法典型案件,形成有效震慑。建立河道非法采砂举报制度,充分发挥群众监督作用。

第 10 章　河道采砂监督管理

我国对于河道采砂的统一管理处于日趋规范的状态。河道砂石是道路、建筑物的主要原材料,对于一个国家或地区的经济发展具有重要作用。河道采砂的管理范畴在各地出台的河道采砂管理法规中均没有专门定义,反映出对河道采砂管理有一个逐步认识的过程。总的来看,河道采砂管理是政府为了有效利用河砂资源,保护河湖生态平衡,促进经济社会健康发展,防止河道采砂引起的河堤崩塌、河床下切、桥梁受损、航道条件恶化等一系列问题对防洪安全、通航安全、公共安全造成的影响,综合运用经济、法律、行政、技术等手段,对河道采砂规划、许可、生产、监管、运输、堆放、销售等全过程而采取的一系列管理措施与监督行为。

本章从我国河道采砂监督管理的总体需求出发,厘清现阶段我国河道采砂监督管理的总体目标、原则,结合管理实际操作中的可行性提出适用于不同地区的管理手段,进而提出监督管理的最终建议,为各地下一步制定相关政策提供参考。

10.1 河道采砂监督管理总体需求

开展河道采砂监督管理,是维护河势稳定,保障防洪安全、供水安全、通航安全、生态安全和重要基础设施安全的重要措施,是贯彻《中华人民共和国水法》《中华人民共和国防洪法》《中华人民共和国河道管理条例》等法律、法规和中央全面推行河长制、湖长制相关规定的必然要求。

从总体需求上看,主要体现在以下几方面:

一是保障河道安全。河道是防洪、排涝、灌溉等水利工程的重要组成部分,采砂行为不当可能对河道安全造成威胁。因此,河道采砂监督管理首先要保障河道的安全,确保采砂行为不会对河道造成损害。

二是维护生态平衡。河道中的砂石资源是生态环境的重要组成部分,不规范的采砂行为可能导致生态环境的破坏。因此,河道采砂监督管理要维护生态平衡,保护水生生物的生存和繁殖环境,确保采砂行为不会对生态环境造成损害。

三是促进经济发展。河道采砂产业的发展对于经济发展具有重要意义。河道采砂监督管理要促进砂石资源的合理利用,提高采砂效率和质量,推动砂石产业的发展,为经济发展注入新的动力。

四是规范采砂行为。不规范的采砂行为不仅会破坏生态环境,还会危及人民群众的生命财产安全。因此,河道采砂监督管理要规范采砂行为,制定明确的采砂规范和标准,确保采砂行为的合法性和规范性。

五是加大监管力度。河道采砂监督管理需要加大监管力度,建立健全监管机制,明确管理责任和义务,确保管理工作的有效实施。

六是提高管理效率。河道采砂监督管理要提高管理效率,采用先进的技术和管理手段,提高管理工作的效率和准确性,确保管理工作的及时性和有效性。

　　七是加强宣传教育。河道采砂监督管理需要加大宣传教育力度,提高公众对规范采砂行为的认识和理解,增强公众的法律意识和环保意识,形成全社会共同参与的良好氛围。

　　八是强化执法力度。河道采砂监督管理要强化执法力度,对非法采砂行为进行严厉打击,保障合法采砂的进行,维护正常的市场秩序。

　　九是加强合作与交流。河道采砂监督管理要加强国内外的合作与交流,引进先进的理念和技术,分享管理经验和做法,推动河道采砂管理的现代化和国际化发展。

10.2　河道采砂监督管理的目标与原则

10.2.1　监督管理目标

　　河道采砂监督管理的总体目标是通过高度信息化手段,结合先进的人工智能技术和感知网络建设,配合地方政府专项整治举措,实现对河道管理范围内无序采砂行为的集中约束,最大限度发挥河道的综合效益和生态功能,注重源头治理,加强全面管控,清理排查涉砂矛盾纠纷,打掉一批涉砂非法分子,清理一批隐藏组织分子,摸排一批疑似黑恶势力,切实维护好砂石管理秩序。

　　一是维护河势稳定,保障行洪安全。河道在长期演变过程中,通过挟沙水流与河床的相互作用,形成了相对稳定的河床形态。大规模无序地非法采砂破坏了河床形态及河道整治工程,改变了局部河段泥沙输移的平衡,引起河势的局部变化和岸线的崩退,给局部河段的河势稳定带来了不利影响。有序的河道采砂能够维持河床形态和稳定河流动态,在自然状态下,河床会因为水流冲刷而不断变化,这可能会导致河流的稳定性下降,甚至引发洪水等灾害。通过定期采砂,可以将河床表面的泥沙清理掉,防止水流对河床的冲刷,从而保持河床的稳定形态。这有助于维持河流的稳定流动,减少洪水等灾害的发生。河道采砂还可以改善河流局部水环境。在采砂过程中,会将河床表面的泥沙清理掉,这可以减少河流中的淤积物,提高水质。同时,采砂还可以改善河流的局部流态,减少漩涡和流动不稳定性,提高河流的流动性。这些都有助于改善河流的生态环境,提高水质和河流的健康水平。河道采砂可以有效地防止河道堵塞和保障行洪安全。在自然状态下,河床中的泥沙和杂物会不断积累,导致河道堵塞,影响行洪安全。通过定期采砂,可以及时清理这些泥沙和杂物,保持河道的畅通,从而保障行洪安全。特别是在汛期,河道采砂可以避免河道水位过高,减少洪水灾害的发生。河道采砂还可以支持水利工程和防洪建设。在水利工程中,需要使用大量的砂石材料进行施工。通过采砂,可以提供这些所需的砂石材料。同时,采砂还可以为水利工程提供良好的基础条件,如清除河床表面的杂物和淤积物,提高河床的承载力等。此外,采砂还可以为防洪建设提供所需的砂石材料,如制作防洪堤和护岸等。通过合理采砂,可以保证河道的稳定性和安全性,同时可以提供所需的砂石材料和水资源。这有助于实现水资源的可持续利用,促进经济社会的可持续发展。因此,河道采砂在维护河势稳定和保障行洪安全方面具有重要的作用。通过合理采砂,可以改善河流的水环境和局部流态,防止河道堵塞和保障行洪安全,支持水利工程和防洪建设,促进水资源的可持续利用。然而,在采砂过程中也需要注意保护生态环境和资源可持续利用的原则,避免过度开采和破坏性开采。同时,政府也需要加大监管力度和完善相关法律、法规,确保河道采砂合法、规范和可持续进行。

二是维系生态环境,坚持人水和谐。长期过度的采砂对河道生态和自然环境构成了很大的威胁。河道采砂在维系生态环境和坚持人水和谐的管理目标方面具有重要的作用:①河道采砂可以维护河流生态平衡。在自然状态下,河流中的泥沙和植被是维持河流生态平衡的重要因素。采砂可以清除河床表面的泥沙,改善水体的透明度,促进水生植物的生长和水生动物的繁衍。这有助于维护河流生态平衡,提高生物多样性,促进河流生态系统的健康发展。②河道采砂可以防止水土流失和河道淤积。在自然状态下,水流会挟带泥沙和杂物,导致河道淤积和土地侵蚀。通过定期采砂,可以及时清理这些泥沙和杂物,保持河道的畅通和土地的稳定。这有助于减少水土流失和河道淤积,保护土地资源和生态环境。③河道采砂可以增强防洪减灾能力。在汛期,河道水位上涨,采砂可以减少河道淤积,提高河道的行洪能力,降低洪水灾害的风险。同时,采砂还可以改善河流的局部流态,减少漩涡和水流不稳定现象,降低洪水灾害的危害程度。这有助于增强防洪减灾能力,保障人民生命财产安全。④河道采砂可以促进水资源的优化配置。通过采砂可以清理河床表面的淤积物和杂物,提高水体的透明度,改善水质。这有助于提高水资源的利用效率,实现水资源的优化配置。⑤采砂还可以为水利工程提供所需的砂石材料,支持水利建设和发展。这有助于实现水资源的可持续利用,促进经济社会的可持续发展。⑥河道采砂可以推动人与自然和谐共生。在采砂过程中,需要注意保护生态环境和资源可持续利用的原则,避免过度开采和破坏性开采。同时,政府也需要加大监管力度和完善相关法律、法规,确保河道采砂的合法、规范和可持续进行。这有助于实现人与自然的和谐共生,促进经济社会的可持续发展。因此,河道采砂在维护生态环境和坚持人水和谐的管理目标方面具有重要的作用。通过合理采砂,可以维护河流生态平衡、防止水土流失和河道淤积、增强防洪减灾能力、促进水资源优化配置、推动人与自然和谐共生。科学管理采砂活动、系统治理采砂环境,能够有效形成人水和谐的良好局面,实现绿水青山就是金山银山的总体目标。

三是规范采砂行为,促进持续发展。围绕"保护优先、科学规划、规范许可、有效监管、确保安全"方针,保持河道采砂有序可控,维护河流健康生命,重拳整治河道非法采砂行为。在河道采砂管理中,规范采砂行为并促进持续发展的意义深远。①规范采砂行为是保护生态环境的必要手段。河道中的砂石资源是自然环境的重要组成部分,不规范的采砂行为可能导致河床、河道、湖泊等水域的生态环境破坏,进一步影响水生生物的生存和繁殖。通过规范采砂行为,可以有效地保护生态环境,维护生态平衡。②规范采砂行为对于保障防洪安全至关重要。不规范的采砂行为可能导致河床、河道、湖泊等水域的水流不畅,从而影响防洪安全。规范的采砂行为可以确保河道通畅,提高防洪能力,减少洪水灾害的发生。③规范采砂行为还有助于防止地质灾害的发生。非法开采砂石资源可能引发地质灾害,对人民群众的生命财产安全构成威胁。通过规范采砂行为,可以有效地防止地质灾害的发生,保障人民群众的生命财产安全。④规范采砂行为能够促进经济发展。砂石产业的发展对于经济发展具有重要意义。规范的采砂行为可以提高砂石资源的利用效率,促进砂石产业的发展,为经济发展注入新的动力。同时,规范的采砂行为也有助于提高行业的整体形象和信誉,增强市场竞争力。⑤规范采砂行为有助于实现资源的可持续利用。通过科学规划、合理开采,确保砂石资源的可持续利用,同时保护生态环境,实现经济、社会和环境的协调发展。这是可持续发展的核心思想,也是规范采砂行为的重要目标。因此,在河道采砂管理中规范采砂行为并促进持续发展具有深远的意义。通过加强监管、完善法规、强化执法等措施,可以实现保障砂石资源的可持续利用、防止地质灾害的发生、促进砂石产业的健康发展等目标。这将有助于保护生态环境、保障人民群众生命财产安全、促进经济发展以及实现资源的可持续利用。严厉打击"砂霸"及其背后"保护伞",加大对重点河段、水域、人员、船舶机具的管控力度,进一步规范河道采砂规划、许可、监管、执法各环节,健全河道采砂管理长效机制,推动河道采砂领域涉黑涉恶现象得到有效治理、河道采砂秩序持续向好、采砂管理机制进一步完善、河湖面貌不断改观、人民群众满意度持续提升,实现经济社会的可持续发展。

10.2.2　监督管理原则

坚持依法监督管理——河道采砂监督管理需要水行政主管部门及依法授权的组织实施法律、法规。主要法律依据包括《国土资源部关于加强河道采砂监督管理工作的通知》(国土资发〔2000〕322号)、《中华人民共和国水法》、《中华人民共和国河道管理条例》、《中华人民共和国刑法》等,执法部门作为监督管理的核心力量和主要落实主体,要在监督管理的全流程做到"有法必依、执法必严、违法必究",要结合总体监督管理的目标任务,深入开展拉网式排查摸底,深挖彻查背后的"保护伞",以法律依据为采砂活动提供坚实保障。

坚持实事求是原则——实事求是原则是监督管理所秉持的最基本的原则。"实事",就是客观存在着的一切事物;"是",就是客观事物内在的必然联系,即规律性;"求",就是去研究和探讨。实事求是,是辩证唯物主义的思想路线和重要原则,也是中国共产党历来经验的科学总结,科学决策同样离不开这一基本原则。在采砂监督管理工作中的基本要求是从实际出发,把管理对象本身的基本情况摸清楚,从河道环境、生态保护需求等客观实际出发,客观真实看待砂石开采的过程,分析实际需求,不能搞"一刀切",要根据实际情况求真务实,确保监督管理落地落实。

坚持预防为主原则——该原则首先明确了预防和治理的关系,提出了预防为主、防治结合的要求,即主要应采取有效措施防止新的环境污染和破坏的出现,而对于已经出现的环境污染和破坏要下大力气予以治理。该原则还确定了治理环境的途径和方式,提出了综合治理的要求,即针对已经出现的环境污染和破坏,应当运用经济、法律、行政、技术等多种手段进行综合治理。

坚持协调发展原则——协调发展原则全称为环境保护与经济、社会发展相协调的原则,是指环境保护与经济建设和社会发展统筹规划、同步实施、协调发展,实现经济效益、社会效益和环境效益的统一。该原则的核心就是要求人们正确对待和处理环境保护与经济、社会发展之间的关系,反对以牺牲环境为代价谋求经济和社会的发展,也反对为了保护环境而不进行经济和社会的发展,切实做到环境保护与经济、社会发展的良性互动。

坚持全面客观原则——开展监督管理不能根据个人好恶和价值判断做片面的、零碎的报道,甚至是有意隐匿事实,必须从多侧面、多层次、过程性以及与环境的关联性上进行立体化和梯度化的反映。客观原则源于西方的“客观报道”,要求对采砂违法行为掌握完整、细节详尽。客观原则,要求对于违法采砂活动的判断要与事实相符。对于主观虚构的情况、待证的情况或者与事实不相符的情况,或者没有任何证据作为支撑的情况,都是要给予必要纠正的,让监督管理始终保持干净、中立、客观,为维护社会公平提供必要支撑。

10.3　河道采砂监督主要机制

10.3.1　加强执法能力

10.3.1.1　加强执法能力建设

加强执法能力建设是推动各项工作顺利进行的基本要求,强化采砂管理能力需要从管理机构设置、执法队伍建设等方面入手。以《深化党和国家机构改革方案》与国务院的依法治国精神作为依据,构建符合水行政执法需求的执法新体制,强化流域机构及各级水行政主管部门相应的水政监察队伍建设,注重执法水平的提升,不断优化各类能力建设指标。

基于对现阶段执法队伍建设情况进行分析,在执法队伍建设方面,一是要加强执法队伍基础建设。需要引导执法人员加强河道采砂监管,使执法职能能够得到充分发挥,同时吸引人才,扩大执法队伍人员数量,使执法队伍更加充实。为相关的执法工作者提供基本的执法装备、执法经费。可定期组织人员培训工作,并引导执法工作者积极参与其中,从专业知识、责任落实等多方面增强其综合素质。二是要加强队伍考核机制建设。切实履行管理职责,做实做强水行政主管部门及其有关所属单位各级水政监察队伍,特别是强化基层执法力量,注重对水政监察队伍的考核工作,对其所展开的执法工作进行动态化监督考核,依照一定标准对执法能力进行考核,满足新形势下采砂管理需要,全方位提高执法能力与素质。

落实到具体施行细节上,主管部门应加大执法力度,细化管理责任。

一是站在维护河流健康发展的高度加强管理。流域的载体是河道,河道顺畅自然是流域健康的前提。

二是像管理工程一样管理河道。河道采砂就是一项在河道内的施工工程,要有施工设计、道路、场地、进度等的管理。一个好的工程管理现场是井然有序的,有各类施工但不混乱。

三是充实管理力量,优化配置管理设备。目前,河道管理部门缺少必需的执法设备,基础设施配备不全会制约执法能力的提高,使执法效率不够高效,执法成效也不够显著,给日常工作和开展高质量执法行动带来不便。

四是加强对河道采砂现场的突击监督检查、业务指导。对每个区域的开采范围、深度、作业方式、砂石堆放、道路交通、安全管理、紧急预案等要进行全面的监督管理。落实专人监督检查,发现问题及时解决。杜绝超范围、超深度等违规行为的发生。

五是全方位多层次针对违法违规采砂活动进行监测。如若确定存在违法违规情况,需进行严厉打击,严重者应给予行政处罚,推动河道采砂管理工作的可持续发展。通过新闻媒体对违法行为曝光,引起社会关注。

六是严格执法,依法行政。既不能行政不作为,又不能超越权限实施行政行为。

七是做好采砂现场的清障复平工作。监督采砂业主及时复平采砂坑和弃料堆体,或使用河道采砂清障抵押金雇佣机械和人员进行复平,避免出现疏于管理或只收钱不复平而导致人员溺水的悲剧发生。

10.3.1.2　加强采砂现场管理

堆砂场管理是采砂行为能够顺利开展的基础,然而现阶段在对河道采砂管理的过程中对砂石堆放的监管有所缺失。一方面,非法堆砂场间接地为盗采分子提供了便利,使盗采分子可以使用场地进行砂石销售与堆放;另一方面,非法堆砂场因占用河道,导致行洪的畅通受到阻碍。通常情况下,河道以外的堆砂场都会对林地、农用地、道路等区域进行占用,这极大地影响了道路的正常通行和农用耕地的正常耕作。在堆砂场管理方面,可参照广东省的管理措施,根据广东水利厅出台的《关于主要河道堆砂场规划设置和管理的办法》,在保证河道堤防安全的基础之上,根据科学规划合理布局并严格管控,由县区水务部门负责规划审批,之后上报市级水务部门进行备案,针对获批的堆放点同样需要严格监管,一经出现违法堆放行为,要及时制止,有效杜绝违法采砂行为。对于未获审批的堆放点,必须发现一起,打击一起,尤其是占用农用地的非法堆砂场,要对责任人进行刑事责任的追究,以此来有效杜绝违法堆砂行为的出现。同时,要严格临时堆砂场现场管理。在河道管理范围内禁止设置永久堆砂场。确需在河道管理范围内设置临时堆砂场(如临时出砂点、临时沉砂场等)的,各级水行政主管部门应当从河道界线、规划岸线、生态保护、河势情况、产砂情况、交通运输情况等方面综合考虑,在年度采砂计划或实施方案中对临时堆砂场的数量、位置、规模、堆放时限等予以明确。临时堆砂场位置需改变的,应经年度采砂计划或实施方案批复单位同意。

在对采砂过程的管理方面,一要在实现对采砂船只数量严格控制的基础上,继续加大对采砂范围的精细化控制,通过设立滩地保护界桩、引入采砂诚信机制等手段加大对抽采滩地、林地等行为的打击;加大许可砂场管理力度,明确砂场码头等辅助设施管理要求;既要登记船只数量,又要对之进行定期审核,同样要对不良开采的船只进行记录,以此作为采砂许可审批的重要依据。二要加强作业管理。在河道采砂的过程中,必须遵循许可的作业方式开展相关活动,不可出现超量、超期、超船数、超范围的情形。此外,不可出现危害岸坡安全、管线、桥梁、水利工程等行为,且不可对河道生态环境予以破坏。在采砂作业的开展中,必须根据采砂作业区要求进行。三要加强监督管理。在重点河段的管理上,必须埋设提示牌、警示牌、界桩等,且河中和岸上必须具有人员巡查值守,且始终坚持暗访与明察的有机结合,并协同地方有关部门一同执法,加大对许可后的监督力度,以此来有效打击非法采砂行为。

在采砂动态监控方面,由于大部分地区采砂作业是以水下作业为主,而且流动性大,给采砂监督管理带来了一定的困难。为了确保监管到位,需针对采砂作业区进行全方位、多层次的监管,立足法律标准构建管理体系,构建与之对应的信息化监管系统,并将其落实到具体的工作之中,充分发挥效应。

第一,制定采砂船集中停靠规范,划定集中停靠点和过驳船的作业点,严禁采砂船在禁采区内滞留。

第二,强化船舶(机具)管理。针对不同河段的具体情况,科学合理地确定采砂船舶(机具)类型、功率和数量,部分采砂管理问题突出的河段还要对采砂船舶间距进行控制。对于采砂主管部门而言,必须对管辖区内的采砂船舶进行统一管理,即统一标识和编号,同时对船舶的相关信息进行登记。采砂船舶和机具应安装卫星定位设备,采砂现场应设立电子围栏,实施有效动态监控。同时检查采砂区内采砂船数量、船名、船号与审批记录有无出入,采砂船相应的采砂时间有无超出有效期,对管辖范围内的滞留船量进行严格的管控。

第三,核实采砂设备及人员有无异常评价,需确保采砂船功率、船只数量符合规范要求,如果发现不符合要求的情况,需及时进行处理。

第四,设立采砂区标志,建立可采区现场监管制度、监管系统,充分借助现代化高科技技术提高监管效率及质量,运用现代化科技手段,实行河道采砂全过程监管,提高监管效能和精准度,严格控制采砂活动,确保各项规定落到实处。

第五,重视安全管理。从事河道采砂的单位或个人应按规定设置安全警示标志。采砂场安全警示标志主要设置在采砂场所占水边线、临时堆砂场周边和进出口醒目位置等。靠近城区、交通便利的采砂场以及危险性较高的区域,应加密安全警示标志设置。对于可能发生的各种情况做好应急管理预案。当相关部门和管理单位发现河道采砂行为影响河势稳定、基础设施安全、供水与生态安全,或者存在其他重大隐患、发生其他重大事件的,应当责令停止河道采砂作业。

10.3.1.3　推动非法采砂入刑,提供法律保障

在黄河流域生态保护和高质量发展的契机下,最高人民法院于 2020 年 6 月 1 日发布

了《关于为黄河流域生态保护和高质量发展提供司法服务与保障的意见》(法发〔2020〕19号)(简称《意见》)。《意见》中明确提出"充分发挥审判职能,为黄河流域生态保护和高质量发展提供公正高效的司法服务与保障。助推水沙调节,维护黄河长治久安。在流域审判工作中可以将依法审理涉水关系调解作为重点工作内容之一,以保障黄河治理保护成果。在具体实施期间,可以根据法律规定,落实治理生态环境的工作……"在《意见》出台的背景下,在刑法规制中科学合理地纳入对非法采砂行为的处理意见是当前非法采砂管理工作的需要,不仅体现了建设社会主义生态文明的价值,也是保证发展国家战略质量和保护黄河流域生态环境的迫切需求。

我国建筑行业近年来的发展速度不断加快,对砂石的需求也随之增加,导致一些人在利益的驱动下进行非法采砂。乱采、滥采河砂资源的行为进一步增加了供求矛盾,河砂保护河堤的功能也因此受到影响,所以加大对河砂开采的保护力度和设置专门的保护方案具有一定的必要性。在水砂均衡关系中,天然砂石资源是其中较为重要的一项物质基础,也是稳定河势和保护河堤的关键因素之一,在防涝、防洪期间也发挥着重要作用,而采砂船舶之间竞争谋利和争夺砂源的行为也增加了敲诈勒索、寻衅滋事等涉恶、涉黑案件发生的概率;非法采砂者为了获得更多利益对抗公安、水政等部门的行为阻碍了相关部门的执法,严重妨碍了正常的公务活动;肆意开采河砂的行为严重影响了沿河涉水居民与企业的正常生产运营和生活,甚至一些采砂船舶在非法采砂期间损害了村民的合法利益,或因此引发维稳、上访和民事纠纷等群体性事件。通过分析可以发现,非法采砂的行为对自然环境、沿河治安、居民和企业的正常生活等都造成了一定负面影响,在《中华人民共和国刑法》中明确非法采砂行为的惩罚力度具有一定的必要性。

在推动非法采砂行为纳入现行《中华人民共和国刑法》范畴的过程中,要强化保护河砂资源意识,在对资源进行分类时可以将其归为不可再生自然资源范围内,并根据管理不可再生资源的方法来严格执行审批流程,以实现高效节约、科学利用河砂资源的目的,有效降低河砂资源消耗率。在砂石开发利用过程中,也要严格监督采砂审批流程,在法律责任系统规制中将保护天然砂石资源纳入在内,创建集行政、民法、刑事于一体的法律治理体系,通过利用刑事手段保证河道生态系统的稳定性与平衡性,有效遏制非法采砂者行为,在法律层面上树立权威意识后,实现法律效果与社会效果有机统一,进而取得更好的管理和保护效果。

10.3.1.4　加强采砂动态监控能力建设

为了确保监管到位,应对采砂作业区实行动态监测管理,并形成一整套管理制度,严格执行定点、定时、定船、定量、定功率的采砂规定:

(1)强化采砂监管信息化手段,积极运用卫星遥感技术、无人机、卫星定位、视频监控等现代信息技术,丰富监管手段,提高监管效能和精准度。

(2)加强采砂动态监控系统建设,接入流域河湖管理平台,对许可的采砂船要安装定位系统,对采砂船集中停靠地实行在线监控。

(3)对可采区、堆砂场、采砂船集中停靠地等,要在"水利一张图"上进行标注。

(4)建立采砂船登记管理制度,严禁采砂船在禁采区内滞留。

（5）检查可采区内采砂船数量、船名、船号或采砂机具是否与审批的一致，采砂时间是否超过审批的采砂期，严格控制区域滞留采砂船数量和可采区候载运砂船数量。

（6）检查采砂设备、采砂技术人员配置和采砂机具是否符合要求，限制采砂船功率和可采区船只数量。

（7）设立可采区标志，建立可采区现场核查监管管理制度，实行河道采砂全过程的旁站监管，严格控制采砂活动。

（8）建立进出场计重、监控、登记等制度，确保采砂现场监管全覆盖、无盲区。

10.3.2　运用经济杠杆

在河道采砂管理中，经济杠杆发挥着重要的作用。河道砂石资源是一种具有经济价值的自然资源，其开采和利用与经济发展密切相关。因此，通过运用经济杠杆，可以有效地调节河道采砂活动，促进资源的合理利用和生态环境的保护。

首先，经济杠杆可以通过价格机制来调节河道采砂。在市场经济条件下，价格是调节资源分配最直接、最有效的手段。通过对河道砂石的价格进行合理调控，可以控制采砂的规模和速度，减少过度开采和破坏性开采行为。同时，通过价格机制还可以引导社会资本的投入，促进河道采砂行业的健康发展。

其次，经济杠杆可以通过税收政策来调节河道采砂。税收是一种通过对采砂企业征收税费的方式来调节其经济行为的重要手段。通过对采砂企业征收适当的税费，可以增强其成本意识，促使其提高资源利用效率，减少浪费行为。同时，政府还可以通过税收政策来引导企业进行技术创新和转型升级，推动河道采砂行业的可持续发展。

再次，经济杠杆可以通过政府补贴政策来调节河道采砂。政府补贴是一种通过对采砂企业给予财政补贴的方式来调节其经济行为的重要手段。在河道采砂行业中，一些企业可能因为各种原因而面临经营困难和生存危机，这时政府可以通过补贴政策来给予支持。这样既可以保障企业的正常运转，又可以促进资源的合理利用和生态环境的保护。

最后，经济杠杆可以通过市场准入机制来调节河道采砂。市场准入机制是指对河道采砂行业中的企业进行资质审核和许可证颁发的一种制度。通过建立市场准入机制，可以筛选出具有资质和实力的企业进入河道采砂市场，避免一些不具备资质的企业进行违法开采和破坏性开采。这样可以有效地保护河道资源和生态环境，同时可以提高行业的整体素质和水平。

综上所述，经济杠杆在河道采砂管理中发挥着重要的作用。通过运用价格机制、税收政策、补贴政策和市场准入机制等手段，可以有效地调节河道采砂活动，促进资源的合理利用和生态环境的保护。然而，在实际操作中还需要根据不同地区的实际情况进行灵活运用和调整。同时，需要加大监管力度和完善相关法律、法规，确保经济杠杆作用的充分发挥和河道资源的可持续利用。

10.3.3　先进技术应用

10.3.3.1　创新监管方式,高效研发综合监管平台

在监管体系的创新探索上,各地都开展了一系列研发工作,并取得了良好的效果。

如南阳市河长办为加强监管、提升效率,联合设计院共建、开发河长制 App"南阳市河长制",可以省级–市级–县级–乡级河长实时监控流域问题,时效性较高。西峡县坚持人防与技防相结合,加快推进河湖管理"智能化",全面启动"智慧河长"综合监控系统建设,设置县级指挥中心 1 处。目前,西峡县"智慧河长"综合监控大厅已安装完毕,架设外部监控探头 10 余个,"智慧河长"系统已开机上线运行。该系统全面完成后可实现全县乡采砂点等无人值守及安全监控,及时对可能或正在发生的乱采、险情等情况进行动态监视,随时了解现场情况,并采用相应的预防和补救措施确保相关系统的安全运行。对各级领导做出科学决策,减少河道灾害,缓解治砂压力,合理调度资源,保障人民群众生命财产安全具有重要作用。

提升采砂监管水平,可以通过依托"强监管"主基调,提升技术支撑,切实解决乱采问题。随着我国治水矛盾的变化,"水利工程补短板、水利行业强监管"已经成为当前和今后一个时期水利工作的重心,而"强监管"是其主基调。应该以"强监管"为契机,不断加强对采砂活动的技术支撑,建立健全采砂后评估体系,创建务实高效的监管系统,切实解决好河道砂石的乱采问题,从根本上提高河道采砂监管能力。借鉴河长制实施过程中各地开发的"智慧河长"平台,可以通过运用现代化科技创新,进一步提高执法能力。

目前,水利部河湖保护中心为调查分析当前采砂监管技术应用情况及存在的问题,已与相关单位、高校联合研究制定了河湖采砂监管技术应用方案,建立了采砂监管体系,在山东省费县与沂水县开展了河湖采砂监管技术试点项目。试点项目使用了自主研发的基于智能 AI 图像识别的全光谱水利影像监测仪、智能界桩、车船载采砂定位终端、水利大数据一体机等硬件设备,并定制研发了智慧砂石大数据监管平台、智慧砂石营销管理系统等软件系统。监管单位通过智慧砂石大数据监管平台实时发现问题采砂行为,及时监督管理,实现河道砂石科学、限域、限时、控量、有序的开采活动,经营单位通过智慧砂石营销管理系统提高生产效率,避免因人为原因而出现作弊现象。运用采砂船只智能识别模型算法,可准确识别常见的多种采砂船、运输船,算法内嵌至全光谱水利影像监测仪内,部署在采砂河段边界,有效监控及统计采砂相关船只工作情况。配合船载采砂定位终端与智能界桩,通过智慧砂石大数据监管平台智能分析,可以准确判别并告警违规出入界船只,避免合法采砂船只越界开采,杜绝非法采砂船只入界偷采。

在现代社会环境下,可以综合利用物联网、大数据等方式,探索形成系统的河道采砂监管体系,并提炼出河道采砂监管的技术规范,为全国河道采砂监管奠定基础,全面提高采砂管理能力。积极研发适合黄河河道实际情况的河道采砂执法监管系统,综合利用硬件与软件相结合的方式来动态监管运砂车、砂厂和运砂船等执法对象,由原本的水政执法

办案和管采向移动办公、无纸化办公、可视化管理视频监控的现代化管理方向转变,从而更好地掌握监控对象的资源动态,保证办案执法的智能化与高效性,通过优化监管方式来提高监管采砂的能力,不仅砂厂管理会更加规范,执法活动也会取得更好的管理效果。

10.3.3.2　运用信息化方式,加强全方位日常监管

河道采砂管理任务复杂艰巨,必须深入现场和基层、突发性强并且可能涉及众多监督点,因此需要大量的人力、物力支撑。在日常管理过程中,需要结合地方实际,综合制定政策措施,进行针对性人力、物力投入,整合执法资源,运用电子监控系统等新科技手段,建立综合执法的概念。提升综合执法能力,建立健全相应执法保障体系和采砂管理体系,形成较为有效的长效管理机制。

这就需要运用科技手段,通过信息化的方式来改进管理手段,加强对日常采砂活动的全方位监管,提高采砂管理能力。科技不仅是管理创新采砂的主要方式,也是提升采砂管理效果的关键,在现代社会环境下,也要及时改进和优化管理方式,根据新时代、新形势基本特点,在管理采砂方面积极引入科技手段。例如:创建视频监控系统,通过安装摄像探头的方式全天监控河道采砂情况,以便于及时了解非法采砂情况,并以此制定具有针对性的打击方案。与此同时,针对一些采砂船只,也可以安装定位,以便于了解船只活动方向等基本状况,在发现意外情况或存在非法采砂现象后,也可以及时处理。此外,可以根据实际需求来创建采砂信息管理系统,如采砂处罚、许可情况、违章记录以及采砂信息和船舶信息等数据信息,通过这种方式来实现调度、共享和查询信息情况,从而为执法调度和管理采砂提供参考依据。

10.3.4　联合执法机制

10.3.4.1　加强多部门合作,开展专项治理

为全面落实河长制工作要求,构建河湖管理保护机制是非常重要的手段之一,其不仅能结合工作实际合理整合执法资源,也能根据有关法律、法规构建统一协作的联合执法长效机制,同时能解决实施河长制工作过程中的难点问题,目前一些地区已制定了河长制联合执法机制。

河道采砂是一项涉及水利、自然资源、生态环境、交通等多部门、多行业利益和责任的复杂水事活动,在河长制平台下充分利用联合执法机制作用,通过提升部门协作形成管理合力,以此来提升河道采砂管理力度,并为管理提供新思路。这就需要切实加强相关多个部门的沟通合作,在各部门履行各自职能的前提下,建立高效决策机制、突发事件应急机制和沟通反馈机制,以此来确保河道采砂的科学性与合法性,进而达到所期目标,促进河道采砂管理依法、科学、有序开展。

对于联合执法机制而言,其启动机制主要包含以下内容:

(1)常规启动机制。按照河长制工作实际,在遵循上级要求的前提下,开展重大的、

常规的联合执法,联合执法行动方案由县河长制办公室牵头,相关单位组织制定并实施。

(2)专项启动机制。当单一监督职能部门无法对违法行为予以制止或纠正时,将由相关部门制定联合执法行动方案,并由河长办进行审核,审核通过之后,交由相关单位组织并实施。

(3)突发启动机制。当遭遇紧急事项或突发事件时,如果这时需要开展河长制联合执法行动,那么必须先经由河长办首肯,之后协同其他部门联合制定方案,并协同实施。在联合执法过程中,如果遭遇重大问题,应根据情况提请河长会议商定。

10.3.4.2　强化河长制优势,明确责任分工

目前,我国的河道采砂管理涉及多个部门,如公安部、交通运输部、水利部等。通常在河道采砂管理上都是由水利部牵头,之后对各部门权力进行切割,因为各部门所属单位的不同,所以水利部门在协调时常出现力不从心的现象,这时就必须由更高层次的机构加以协调,才能确保河道采砂管理的高效性,并达到稳定社会发展、维护公共安全、充分运用社会力量的目的。因此,在河道采砂管理过程中,必须加强政府主导力量,明确主要领导作为第一责任人对本辖区内河道采砂管理工作负总责,有效落实地方政府责任和河道采砂过程中的行政首长责任制。

由以往的采砂管理经验可知,行政首长责任制的落实既有助于加强采砂管理秩序,又能对打击非法采砂行为产生良好效果。对于采砂管理混乱区域,既要追究水利部门责任,又要追究当地行政首长责任。可以结合 2018 年以来在沁阳沁河河段河道采砂管理试点的经验,充分利用河长制平台,形成"政府主导、河务牵头、治河引领、环保智能、联审联批、联防联控"采砂管理新模式。

一是建立县级对采砂管理统一负责制度和河道采砂权招标确定机制。切实落实水利部、省政府关于县级政府为采砂管理责任主体、河长负总责和有关部门建立联动机制的意见以及河道采砂权出让通过招标等公平竞争的形式进行的要求,依据《中华人民共和国行政许可法》有关规定,由当地县(市、区)成立采砂管理工作领导小组,具体负责采砂管理日常工作,相关部门及沿河相关乡镇办事处为成员单位,下设采砂管理办公室,采砂办一般设在县河务局,县委、县人民政府领导担任采砂办主任,河务局主要负责人为副主任;领导小组及采砂办负责河道采砂权出让,出让收益全部进入当地财政。建议实行国有企业统一经营管理。河务部门所属企业不得参与采砂生产经营活动。

二是充分发挥流域管理机构主导作用。认真贯彻执行流域管理与行政区域管理相结合制度,河务部门作为黄河河道主管机关编制和审批年度采砂实施方案、办理采砂许可、办理河道内有关活动批准、开展采砂监管。

三是建立采砂许可联审联批机制。严格执行《中华人民共和国行政许可法》《中华人民共和国河道管理条例》《水利部流域管理机构直管河段采砂管理办法》《黄委关于加强和规范直管河段河道采砂管理工作的通知》等关于办理采砂许可和会同有关部门批准的规定,充分结合实际,县级河务局协同采砂办对中标者统一受理采砂许可申请,采砂办组织相关单位联审联批,办理采砂许可证。

四是建立有关部门联合监管机制和实行信息化智能监管。按照水利部关于许可机关

应当运用智能化、信息化等技术手段,加强河道采砂现场监管的要求,认真落实河长制框架下黄河河道管理联防联控机制,在采砂生产运营期间,采砂办组织成员单位开展联防联控、综合监管,从实际生产和监管需要开发建设信息化监管系统,实行信息化智能监管。

五是建立河道采砂权出让收益分配机制。依据《河南省黄河防汛条例》、河南省全面推行河长制工作方案、河道管理和生态保护、关于保障采砂管理经费需求等有关规定,由当地县级政府会议纪要明确河道采砂权出让收益中分配给河务部门的比例。

六是推行规模化、集约化的厂站式环保型采砂生产作业系统,积极研究和实践符合当地黄河河段泥沙颗粒状态的水沙分离技术,提高生产效率和河砂质量,降低生产成本,提升采砂企业生产效益。

在河长制背景下,利用河长制平台对采砂管理责任予以落实,能够使河道采砂管理工作取得更加良好的效果。按照《河南省黄河河道管理条例》规定,各级政府要在地方行政首长管辖范围内开展河道采砂管理事项,以行政首长为第一责任人,落实各部门管理工作,并对各部门责任予以明确,坚决杜绝部门之间的推诿、"扯皮"。各级业务主管部门要全面落实河道采砂的监督管理任务,进一步完善各项制度,有效落实采砂许可机制,并征收采砂管理费,同时在现场指导采砂工作,并实施日常巡查管理,将责任落实到人,监督措施有效,实现河道采砂管理有法可依、有序实施的目的。通过发挥河长制的制度优势,将采砂管理责任制与河长制有机结合,在相关部门协同与水利部牵头下,强化河道采砂监管力度,形成合力,使非法采砂行为得以遏制。

第 11 章　加强河道采砂管理的对策建议

11.1　制定完善采砂管理法规

河道采砂相关法律、法规的出台对于河道采砂管理具有至关重要的作用。通过建立科学、合理的采砂制度,可以明确采砂行为的规范和标准,为管理提供明确的指导。尽快出台全国性的《河道采砂管理条例》,为河道采砂管理提供强有力的法律依据。要把目前各地在河道采砂管理中的一些行之有效的经验和方法,上升到法律层面,以提高法律、法规的可操作性,将全国的河道采砂统一纳入依法管理的轨道,保证河道采砂管理法治统一。

完善非法采砂法律责任,提高处罚的上限和下限,对于无证采砂、未按要求采砂、非法转让采砂许可证、非法交易及运砂等严重违法行为规定可按违法所得的倍数处罚,提高违法成本,遏制违法行为。加快完善刑事法律,增加刑罚手段打击非法采砂行为,在《中华人民共和国刑法》中增加非法采砂罪,主要从防止非法采砂可能造成的影响河势稳定、防洪安全、堤防安全、灌溉安全、航运安全和水生态安全的角度,对非法采砂行为进行规范和制裁。

11.2　落实地方行政首长负责制

将河道采砂管理工作纳入河长制、湖长制管理。健全河道采砂管理的督察、通报、考核、问责制度,明确管理体制中部门之间的责权利。河道采砂管理实行按流域统一管理和按行政区域分级管理相结合的管理体制。根据地方与流域管理机构各自的河道管理权限对河道采砂实行分级管理。采砂制度的建立有助于明确管理责任和义务,促进相关部门之间的协调与合作,形成有效的管理机制。河道采砂制度的建立还有助于提高管理的有效性和可操作性。通过规定采砂许可的条件、程序和审批权限等,确保采砂行为的合法性和规范性。同时,制度中规定的监管措施、执法手段和处罚规定等,可以有效地遏制非法采砂行为,保障合法采砂的进行。河道采砂制度的建立还有助于提高公众对规范采砂行为的认识和理解。通过宣传教育和舆论引导,使公众了解规范采砂的重要性和必要性,增强公众的法律意识和环保意识,形成全社会共同参与的良好氛围。因此,河道采砂制度的建立对于河道采砂管理具有不可替代的重要作用。通过制度的规范和引导,可以实现河道采砂的科学、合理、有序管理,保护生态环境和人民群众的生命财产安全,促进经济的可持续发展。

11.3　实行河道采砂统一规划制度

河道采砂规划是采砂管理工作的基础,也是推动河道采砂向科学有序、规范管理方向发展的必由之路。采砂规划需要始终走绿色发展之路,不能以牺牲环境为代价推动经济发展。在砂石利用、河湖健康二者中探寻平衡途径,规范采砂活动,维护河湖生态功能。要坚持统筹兼顾、科学论证的原则,在实现人水和谐、协调发展的治水理念,在治理与保护、规划与实施之间寻找平衡,在不违背自然规律的基础上合理利用河砂资源。维护通航安全、生态安全,充分考虑沿河涉水工程和设施正常运行的要求,提出合理的采砂分区方案及采砂控制指标,实现保护中进行开发、开发中促进保护。坚持因地制宜、总量控制的原则。河道采砂要考虑黄河不同河段的河道冲淤特性,对于以开采历史储量为主的建筑砂开采河段,严格控制年度开采量。对于黄河下游等淤积型河段,采砂应与河道治理相结合,采砂控制总量适度放宽,在满足采砂需求的同时,实现河道减淤。坚持依法有序、强化监管的原则。按照现行法律、法规的要求,针对河道采砂管理过程中存在的突出问题,研究制定强化河道采砂综合管理的可行措施,健全长效管理机制,全面规范采砂秩序,推动黄河河道采砂活动健康持续进行。

在采砂规划中需要针对可采区、禁采区等进行明确划分,严格进行管理,采砂规划必须经过各级地方行政首长和常务委员会的批准才能实施,并认真贯彻落实。同时构建河道采砂的一体化制度。以《中华人民共和国水法》作为基准,综合考虑具体需求,使河道采砂规划相应的编制主体清晰化,进行责任的细化。在河道采砂规划的制订过程中,需征集多方意见,特别是交通运输、生态环境等相关部门的建议,也可通过论证会、听证会等形式邀请专家、社会公众发表自身见解。

年度采砂实施方案的制定需体现出较强可行性、合理性。以此为目标,责任主体需及时收集相关资料信息,并进行整合梳理,为河砂总量控制、规划开采量等指标的确定提供技术支持;在开采区的布置、开采高程的确定上需体现出科学性、规范性,以此为目标,做好与之相关的各类评估工作。采砂总量得以明确后,需将"量"的控制细化到各个河段之中,并通过远程监控等形式,确保总量控制。

11.4　严格许可审批制度

在河道采砂的行政许可过程中,要立足《中华人民共和国行政许可法》等法规条文展开各项工作,参照河道采砂规划,科学合理确定采砂河段,在审批过程中要严格落实现场勘测,详细划定可采区域,制定采砂场的各项安全管理制度等。同时,在办理采砂许可证时要严格履行水行政主管部门的监督管理,可以通过公开招标、竞价等公平公正的方式确定河道采砂企业,并要求申请组织必须提供各类相关的证明材料,确保采砂活动合法合规。

采砂许可需建立在相关标准之上,如批复的采砂规划、年度采砂计划等,对于无法明确阐述采砂可行性的、管理制度欠缺的、责任主体模糊的,或实施方案不具体、未预先制定防范措施的,可视情况拒绝申请。

在许可模式上,针对现行的许可模式进行优化,以"一证一费"作为基本原则,水行政主管部门需在这一过程中正确引导,与相关部门共同做出审查决定,既可以体现各部门不同的管理职权,又符合现实工作和简政便民的需要。采砂许可需要具体化,即针对重要指标进行明确规定,这些指标包括但不限于采砂总量,作业范围、作业方式等。

在许可流程上,要按照规划审批。水行政主管部门需要立足国家政策及政府要求,坚持以生态保护为主的发展原则,合理控制采砂总量,选择恰当的开采方式。明确自身的审批权限,并将之充分体现在河道采砂规划、审批工作之中,保持较强的责任意识。在审批流程上,要依法严格审批,规范职能单位的执法行为,行政审批部门需严格遵从国家法律、法规的要求,在明确自身职责的基础上,使采砂审批、管理等一系列执法活动更加规范。首先,严格采砂审批制度。要求相关责任方在明确采砂规划的基础上,落实自身的主体责任,履行自身的审批权限,做好采砂许可审批工作。倘若发现未得到采砂许可便进行采砂活动的、未严格依据采砂许可进行采砂活动的,需及时予以处理,视情节的严重程度进行惩处。其次,严格采砂许可审批程序。为使采砂行业健康有序发展,采砂许可需本着透明、公平的选择,杜绝"走后门"现象,对所有申请人一视同仁,审批流程需统一化。由采砂活动的组织者向相对应的行政审批部门发出申请,随即递交申请书,审批部门接收后与其他职能部门一同商议,后依据程序决定是否发放许可证。随后,要严格采砂审批管理。这一环节是采砂审批中的重要内容。针对在管辖范围内所存在的采砂活动不规划、现场管理缺失、日常监管敷衍的情况,拒绝采砂许可审批。通过全过程的严格审批流程,为规范河湖采砂行为提供有力保障。最后,创新运营管理。各级地方政府可结合区域内的经济发展需求,在坚持生态环境保护的前提下,针对自身管辖范围内的河道砂石资源展开统一化经营管理。在河道采砂权方面,应以招标、拍卖等方式确定,但需确保整个过程的公平性,优先选择那些在信誉、能力、规模等方面占据优势的企业。

11.5　强化提升监督管理能力

加强部门之间的协商合作,根据流域特性整合部门职权,坚持日常执法与重点打击相结合,适时开展执法打击和专项整治行动,始终保持对非法采砂高压严打态势。各级水行政主管部门应参考长江河道采砂管理专门管理机构、专职管理人员、专用执法装备和专项管理经费("四个专门")的要求,开展对执法基地、执法装备、管理经费、执法队伍等能力建设规划的研究与编制工作,提出政策建议,力争得到国家支持,从根本上解决采砂管理机构编制、经费渠道、执法人员身份和着装等问题,全力推进采砂管理和执法保障体系建设,逐步形成长效管理机制。

加快建立河道采砂许可证防伪溯源数字监管平台,以手机 App 为主要监管手段、以电子证照和现场影像为监管依据,构建"互联网+监管"体系,努力实现信息化、精准化监管。建设河道采砂"互联网+"监管系统,实现采砂管理"一张图",通过汇集河道采砂基础数据,根据可采区控制点坐标勾画电子围栏,通过前端感知设备进行实时监控,采砂船一旦越线,系统就会自动预警预报,可以从系统上调取采砂现场视频,实时监控采砂范围、弃渣处置等情况,实现河道采砂"一张图"信息管理;应用电子采砂合法来源单,采砂人(运砂人)通过手机 App 填报相关信息,县级以上水行政主管部门无论身在何处,使用手机App 或电脑端根据现场照片、视频及相关扫描件就可审核,审核通过后形成唯一二维码,运输过程中,执法人员扫码即获取与纸质单完全一致的关键砂石运输数据信息,准确判断砂石来源的合法性,有效遏制违法采砂运砂行为,实现河道采砂"采、运、销"全过程监管。

探索创新河道采砂监管模式,全面分析河道采砂管理工作中存在的风险隐患,做到早预防,从源头治理,提高河道采砂的管理效能。采取"河砂采销分离"模式,紧紧盯住河道砂石开采、砂石运输、砂石销售这 3 个关键的环节,瞄准河道采砂业主、采砂船舶、堆砂场3 个关键要素,破解河道采砂管理难题,对河道采砂进行全面的清理整治,实现河道采砂管控从"无序"到"有序"的根本性转变。其中,"采"是指河道砂石的开采权,由政府采取招标拍卖等方式进行出让,中标企业获得开采权后按照规定进行河砂的开采,开采出来的河砂统一堆放到政府设置的堆砂场;"销"是政府将已经开采的河道砂石的销售权以公开招标拍卖等方式进行出让。这种新模式通过采砂权和销售权这两次公开竞争,将河砂开采工作进行公开化、透明化,斩断河道砂石开采和销售的相关利益链。

参 考 文 献

[1] 陈仁升,康尔泗,吴立宗,等. 中国寒区分布探讨[J]. 冰川冻土, 2005, 27(4): 469-475.

[2] 丁永建, 张世强, 吴锦奎,等. 中国冰冻圈水文过程变化研究新进展[J]. 水科学进展, 2020, 31(5): 690-702.

[3] Köppen W. Das geographische systemder klimate [A]. Handbuchder Klimatologie, Vol. Ⅰ, Part C [C]. Berlin: Borntrager, 1936.

[4] Gerdel R W. Characteristics of the cold regions [A]. CRREL Monograph A, Cold Regions Research and Engineering Laboratory, U. S. A. [C]. New Hampshire: Army Corps of Engineeering, 1969.

[5] Wilson C. Cold regions climatology [A]. CRREL Monograph A, Cold Regions Research and Engineering Laboratory, U. S. A. [C]. New Hampshire: Army Corps of Engineeering, 1967.

[6] 王喜峰, 李玮, 牛存稳,等. 寒区水循环与寒区水资源演变[J]. 南水北调与水利科技, 2011, 9(3): 88-91.

[7] 杨针娘, 刘新仁, 曾群柱,等. 中国寒区水文[M]. 北京: 科学出版社, 2000.

[8] Hamelin L E. Canadian Nordicity: Its, Your North Too [M]. Montreal Quebec: Harvest House, 1979.

[9] 孙云飞. 水利工程中河道清淤治理技术研究[J]. 珠江水运, 2023(13): 110-112.

[10] 霍惠玉, 赵云云, 赵名彦,等. 基于河北省河道采砂规划的砂石供需分析[J]. 南水北调与水利科技. 2022, 20(4): 826-832.

[11] 郭学仲. 松辽流域江河重要河道采砂控制指标体系研究与实践[M]. 北京:中国水利水电出版社, 2014.

[12] 赵红玲. 基于改进 SWAT 的东北寒区融雪径流模拟及预测[D]. 长春:吉林大学, 2023.

[13] 焦剑, 谢云, 林燕,等. 东北地区融雪期径流及产沙特征分析[J]. 地理研究, 2009, 28(2): 333-344.

[14] Qi W, Feng L, Yang H, et al. Spring and summer potential flood risk in Northeast China[J]. Journal of Hydrology: Regional Studies, 2021, 38: 100951.

[15] 舒秋香. 采砂对河道生态及水环境的影响分析[J]. 中国资源综合利用, 2020(2): 153-155.

[16] 袁婷, 黄道明, 陈锋,等. 河道采砂对水生态的影响与减缓对策[J]. 中国水利, 2020(2): 50-53.

[17] 中华人民共和国水利部. 河道采砂规划编制与实施监督管理技术规范:SL/T 423—2021[S]. 北京:中国水利水电出版社, 2021.

[18] 门昭宇, 侯志军, 侯佼健. 黄河大北干流河段采砂量分析[J]. 人民黄河, 2019,41(7): 57-60.

[19] 彭欣, 薛晨亮. 渭河下游渭南市境内河段砂石资源需求量预测分析[J]. 陕西水利, 2015,(1): 155-156.

[20] 徐建华, 高亚军, 李晓宇. 用水泥产量估算黄河上中游河道采砂量[J]. 人民黄河, 2016, 38(9): 17-18,23.

[21] 雷鹏, 罗亮, 侯婷. 采砂对天然河床断面演变及堤防稳定影响分析[J]. 人民珠江, 2017, 38(4): 48-51.

[22] 王国栋, 杨文俊. 河道采砂对河道及涉水建筑物的影响研究[J]. 人民长江, 2013,44(15): 69-72.

[23] 毛野, 黄才安. 采砂对河床变形影响的试验研究[J]. 水利学报, 2004(5): 64-69.

[24] 杨兴菊, 黑鹏飞. 人工采砂对蚌浮段河床演变的影响分析[J]. 应用基础与工程科学学报, 2011(增刊1): 78-84.

[25] 王卓甫, 杨高升, 陈朵,等. 基于河道安全的河道砂石资源优化利用模型[J]. 水利学报, 2013, 44(8): 958-965.

[26] 陈广华. 河道采砂管理的创新模式研究[J]. 黑龙江水利科技,2021,12(49):213-215.

[27] 董文津. 基于防洪安全影响的河道采砂场设置方案比选研究[J]. 吉林水利,2021(9):39-41,49.

[28] 胡朝阳,王二朋,王新强. 水库与河道采砂共同作用下的河道演变分析[J]. 水资源与水工程学报,2015(2603):178-183.

[29] 李叶. 基于水沙耦合模型河道采砂影响数值模拟研究[J]. 水利技术监督,2020(1):190-194.

[30] 杨惠雯. 鄂伦春自治旗河道采砂对河势稳定与防洪安全的影响研究[D]. 哈尔滨:黑龙江大学,2021.

[31] 黑龙江省人民政府办公厅. 黑龙江省河道采砂管理办法:黑政办规〔2021〕123 号[A/OL].

[32] 陈李明. 哈尔滨市蚂蚁河中下游河道采砂对河道演变的影响研究[D]. 哈尔滨:黑龙江大学,2021.

[33] 李义天,赵明登,曹志芳. 河道平面二维水沙数学模型[M]. 北京:中国水利水电出版社,2001.

[34] DANISH HYDRAULIC INSTITUTE(DHI). MIKE21 Flow Model:Hydrodynamic Module Scientific Documentation[M]. Denmark:Danish Hydraulic Institute,2014.

[35] 梁志杰,王立军,张森. 河道演变及河道整治浅析[J]. 水利科技与经济,2001(3):138.

[36] 雍镇著,雷孝章,刘勇. 采砂对河道生态与环境的影响以及对策:以梓江梓潼河段采砂为例[J]. 科技创新与应用,2020(4):64-67.

[37] 吕奕霖. 智慧河道采砂监管平台系统的设计与实现[D]. 郑州:华北水利水电大学,2019.

[38] Kai Fan,Wei Jiang,Qi Luo,et al. Cloud-based RFID Mutual Authentication Scheme for Efficient Privacy Preserving in IoV[J]. Journal of the Franklin Institute,2019.

[39] 马水山,吴志广. 试论河道采砂管理与和谐社会建设[J]. 人民长江,2006(10):9-12,19,84.

[40] 江玉才,符富果,王炎龙,等. 河道采砂智能监控系统的设计[J]. 现代计算机(专业版),2014(16):53-57.

[41] 李靓亮,李文全,王志军. 吹填采砂、河道疏浚与航道维护结合的应用与启发[J]. 水运工程,2012(9):132-135.

[42] 李晓妹. 国内外河道采砂管理体制对比研究[J]. 中国矿业,2010,19(9):50-52,62.

[43] 王刚. 河道采砂对堤防安全影响研究[D]. 武汉:武汉大学,2004.

[44] 方安丽. 河长制背景下河南黄河河道采砂精细化管理研究[D]. 郑州:华北水利水电大学,2021.

[45] 颜玲. 四川省河道采砂管理中的问题与对策研究[D]. 成都:四川大学,2021.

[46] 黎满山. 河道采砂管理工作研究[J]. 广西水利水电,2023(4):133-134,140.

[47] 丁继勇,林欣,卢晓丹,等. 河道采砂管理问题及其研究进展[J]. 水利水电科技进展,2021,41(4):81-88.

[48] 刘蓉,钱兆燕,赵志舟. 采砂对河道的影响分析及治理措施研究[J]. 重庆交通学院学报,2006(2):146-149.

[49] 侯良泽. 河道采砂管理工作存在的问题及对策[J]. 中国水利,2011(10):27,34.

[50] 王金生. 浅议河道采砂管理体制[J]. 中国水利,2012(20):32-34.

[51] 刘振胜. 长江中下游河道采砂现状与管理对策[J]. 人民长江,1997(2):16-18.

[52] 孙晓伟. 我国河道采砂管理研究[D]. 大连:大连海事大学,2016.

[53] 王琼杰. 为砂石行业可持续发展提供中国方案[N]. 中国矿业报,2023-11-29(001).

[54] 孙墼隆. 大连市庄河采砂管理规划编制探讨[J]. 黑龙江水利科技,2023,51(9):150-153.

[55] 李政,张必欣,吴琪,等. 我国砂石类矿产资源形势分析及展望[J]. 新疆地质,2023,41(增刊1):109.

[56] 贡鹏,陆美凝,陆海田,等. 采砂对淮河蚌埠段河势稳定与防洪安全影响分析[J]. 人民长江,2023,54(3):16-20,27.

[57] 何勇,陈正兵,曾令木. 长江中下游干流河道采砂规划发展与实施效果分析[J]. 水利水电快报,2022,43(5):40-44,48.

［58］庄淑蓉，TORRES Aurora，陈睿山，等. 中国砂石资源利用的现状、问题与解决对策研究［J］. 华东师范大学学报（自然科学版），2022（3）：137-147.

［59］李紫婷. 我国砂石资源政策变迁机理研究［D］.长沙：中南大学，2022.

［60］陈广华.河道采砂管理的创新模式研究［J］.黑龙江水利科技，2021，49（12）：213-215.

［61］高振晓.探讨河道采砂管理问题及其进展［J］.皮革制作与环保科技，2021，2（20）：140-141.

［62］蒋卫.四川省河道采砂行业治理存在问题与对策研究［D］.成都：电子科技大学，2021.

［63］罗小利，史登峰.我国机制砂石资源开采管理当前面临的主要问题和对策［J］.当代经济，2020（6）：76-78.

［64］李志晶，姚仕明，王军，等. 关于新形势下河道采砂管理制度的思考与建议［J］.水利发展研究，2020，20（4）：22-24，44.

［65］刘江. 河道采砂管理存在问题及对策分析［C］//中国智慧工程研究会智能学习与创新研究工作委员会. 2020 年智慧工程建造设计座谈会（一）论文集. 张家口市水政监察支队，2020：6.

［66］袁杰锋. 新时期长江河道采砂管理思考［J］. 水利发展研究，2018，18（1）：16-18.

［67］程晓娜，张博，董晓方，等. 我国砂石土矿开采现状及对策研究［J］. 中国矿业，2015，24（5）：23-26.

［68］李晓妹，吴琼. 美国联邦和州河道采砂管理体制［J］. 国土资源情报，2010（7）：11-13.

［69］李文全. 长江中下游采砂对航道演变及整治工程影响研究［D］.武汉：武汉大学，2004.